The basis of

Semiconductor Processes and Equipments

반도체 공정과 장비의 기초

김학동, 이선우, 이세현 지음

홍릉과학출판사

머리말

우리나라의 산업구조는 제조업을 기반으로 구성되어 있으며, 이를 통해 눈부신 발전을 거듭하고 있다. 특히, 반도체와 디스플레이를 중심으로 한 IT 관련 소자 및 완성품의 비중이 큰 특징을 가지고 있다. 반도체 산업은 통신, 컴퓨터, 가전, 자동차 산업 등 거의 모든 산업 분야에서 핵심적으로 요구되는 고부가가치의 중요한 기반 기술이다. 이와 같이 현대 산업 사회는 반도체에 의해 주도되고 있으며, 우리 생활 전반에 걸쳐 폭넓게 적용되고 있다.

반도체 산업은 연간 6천여 명의 체계적으로 양성된 인력이 확보되어야 하는 전문 기술 중심의 산업이므로, 학제적 능력을 갖춘 고급 인력뿐만 아니라 전문 기능 인력의 양성이 요청되고 있다. 이에 본 반도체 공정과 장비의 기초에서는 반도체 산업에 입문하는 기능 인력의 양성을 목적으로 반도체 공정과 장비에 대한 기초적인 지식을 전달함은 물론이고, 실제 공정에 대한 실습을 가능하도록 구성하였다.

제1장에서는 반도체 산업에 사용되는 재료, 반도체 공정, 그리고 반도체 제조라인에 대해 학습한다. 그리고 제2장에서는 반도체 공정에 사용되는 장비에 대해 구성과 동작원리를 중심으로 학습하기로 한다. 또, 제3장에서는 반도체 제조 공정별 작업 내용을 실습을 통하여 학습할 수 있도록 구성하였다. 마지막으로 제4장에서는 메모리 제품의 종류와 동작원리, 비메모리 반도체 제품의 특징과 시장동향에 대해서 학습한다.

이 책은 반도체 산업에 입문하는 기능 인력의 양성을 목적으로 설립된 각급 학교의 반도체 재료, 정보 재료, 전기 및 전자 분야를 전공하는 학생들에게 전공 이론 및 실습교재로 활용이 가능하도록 각 장을 구성하였으며, 산업 현장에서 반도체 공정과 장비를 담당하는 기술자들에게도 좋은 참고서가 되기를 바라며, 아무쪼록 이 책이 반도체에 관심이 있는 모든 분들에게 좋은 참고서로 도움이 되었으면 하는 바램이다.

끝으로 이 책의 출간을 위해 여러모로 도움을 주신 홍릉과학출판사 사장님 이하 임직원들께 깊은 감사의 마음을 전한다.

저자 씀

차례

I 반도체 재료와 공정

II 공정장비

III 반도체 공정 실습

IV 반도체 응용

I

반도체 재료와 공정

반도체 재료는 게르마늄(Ge), 실리콘(Si)과 같은 단원자형인 단일 원소 반도체와 갈륨비소(GaAs), 갈륨인(GaP)과 같은 화합물 반도체가 있다. 그러나 실리콘은 돌, 유리, 수정 등의 주성분으로 열에 강하고, 지구상에서 산소 다음으로 매우 풍부하여 현재 가장 많이 쓰인다. 실리콘을 반도체로 사용하기 위해서 모래를 화학 처리하여 실리콘만을 뽑아 정제 과정을 거쳐 순도를 높인다. 이것을 다결정 실리콘(poly silicon)이라고 한다. 이를 다시 녹인 다음, 특수한 기술로 천천히 굳혀서 원통 모양의 단결정 실리콘 기둥을 만든다. 이렇게 만든 단결정 실리콘 기둥은 얇게 자른 원판인 웨이퍼로 만들어진다. 이러한 반도체 제조에 사용되는 웨이퍼를 기본으로 단결정의 성장법과 그 실습 방법을 알아보고, 웨이퍼와 칩에 관련된 용어 및 반도체에 사용되는 단위에 대하여 학습한다.

1. 단결정 성장 방법

학 습 목 표

- 단결정 성장 방법의 종류와 특징을 비교하여 설명할 수 있다.

01 고순도 실리콘 제조

우선 SiO_2를 탄소 도가니에 넣고 전기를 이용하여 가열해서 녹인다.

$$SiO_2 + C \rightarrow Si + CO_2 \uparrow$$

그러면 금속 공업용 실리콘을 얻을 수 있는데, 아직은 순도가 낮다(98~99%). 여기서, 탄소 도가니를 사용하는 이유는 SiO_2로부터 산소(O)를 떼어내기 위한 것이다. 그 다음엔 이 실리콘을 미세하게 분쇄하고 염산 증기로 300℃에서 염화시켜서 사염화실리콘($SiCl_4$), 삼염화사일렌($SiHCl_3$)으로 만든다.

$$Si + 3HCl \rightarrow SiHCl_3 + H_2 \uparrow$$

이 물질들은 액체 상태인데, 이렇게 액체로 만들어 주는 것은 고체를 순수한 결정으로 만드는 것이 매우 어렵기 때문이다. 그래서 대부분의 순수한 결정을 만드는 작업에서 액체 상태로 만드는 공정을 선호하게 되는데, 매우 순수한 $SiCl_4$, $SiHCl_3$는 복합적인 화학 정제 과정(필터와 응축)을 거쳐서 이루어진다. 마지막으로 $SiCl_4$, $SiHCl_3$를 수소 분위기에서 1100℃로 가열해 준다. 이때 발생하는 이물질(HCl)만 제거해 주면 초고순도의 실리콘(Si) 결정을 증착물 형태로 얻게 된다.

$$SiHCl_3 + H_2 \rightarrow Si + 3HCl$$

02 | 기둥 형태로 제작하는 방법

(1) 브리지만법

브리지만(Bridgeman)법은 도가니(crucible)를 수직으로 이동시켜 최고 온도 부위에서 원료를 용융시킨 후 용융 온도 이하의 저온 부위로 천천히 내려 단결정을 성장시킨다. 그러므로 이 방법의 주된 핵심은 도가니가 온도 구배를 통과할 때 액·고상 경계에서 핵이 생성되는 것이다. 이때 도가니의 형상이 단결정의 핵생성과 성장 과정에 중요한 인자이지만, 특히 단결정 성장로의 내부 온도 및 온도 구배를 정확하게 제어하는 기술이 매우 중요하다. 따라서 단결정 성장 전에 사용하고자 하는 성장로의 내부 온도와 온도 구배를 정확히 측정하여 성장 온도 및 도가니 위치를 선정하여야 한다. 단결정 성장시 대부분은 도가니를 이동시켜 단결정을 성장시키나 도가니에 미소한 진동이라도 없도록 하기 위해서 도가니를 고정시키고 성장로를 이동시키는 경우도 있다.

현재 세라믹 단결정 성장에 사용되는 도가니 재질로서는 백금(Pt), 로듐(Rh), 이리듐(Ir), 몰리브덴(Mo) 등이 있으며, 이리듐, 몰리브덴은 2000℃ 이상의 고온에서 사용이 가능하나 산화 분위기에서는 사용이 불가능한 단점이 있다. 백금의 경우 1700℃ 부근 정도에서 사용이 가능하며 산화 분위기에서도 사용이 가능한 장점을 보유하고 있으나, 고온에서 기계적 강도가 급격히 떨어지므로 기계적 강도가 요구될 때에는 로듐과의 합금으로 사용해야 한다. 그러나 로듐은 고온에서의 기계적 강도는 뛰어나지만 고가이고, 또 산소와의 반응이 백금보다 잘 발생되므로 산화 분위기를 사용할 때는 로듐양을 줄이는 것이 좋다.

그림 I-1 브리지만법

(2) 쵸크랄스키 인상법

● 용어해설

잉곳(ingot)
용융 상태의 금속을 응고시켜 기둥이나 덩어리 상태로 만든 것

쵸크랄스키 인상법은 CZ법이라고 하며 반도체급의 다결정 실리콘을 가열하여 용해시키고 성장시킬 단결정 실리콘 결정의 방향을 선택하고 종자(seed) 결정을 용융액 속에 담궈서 천천히 돌리면서 끌어올리면, 그 종자를 따라 순수한 실리콘 결정 덩어리가 만들어진다. 이 덩어리를 **잉곳**(ingot)이라 한다. 규소(Si) 단결정을 만드는 가장 일반적인 방법으로 우수한 결정을 만들 수 있다. 특히, 이와 같은 결정을 만들기 위해서는 정밀한 온도 제어 기술이 필요하다. 여기서 쵸크랄스키 인상법을 좀 더 자세히 살펴보면 다음과 같다.

종자 결정(seed crystal)을 도가니(crucible) 내에 담근 다음 회전하는 인상봉(rotating pull rod)으로 이 종자 결정을 천천히 밖으로 당겨서 끄집어낸다. 결정은 도가니의 용융 욕(molten bath)으로부터 끄집어 낼 때 냉각되므로, 액체 영역의 위 표면 부근에 고체-액체 경계면이 남게 된다. 종자가 도가니 내에 들어갈 때 그것은 부분적으로 용해되며 도가니로부터 제거될 때는 액상에 있는 원자들이 **성장하는 종자**(growing seed)에 달라붙게 된다. 종자에 달라붙는 원자들은 종자의 결정 구조를 크게 만들게

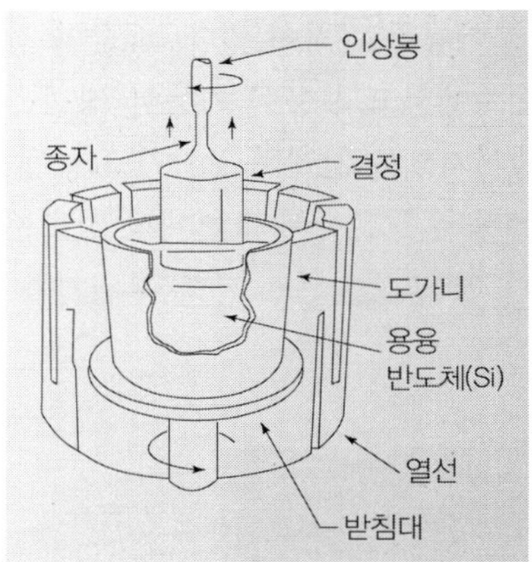

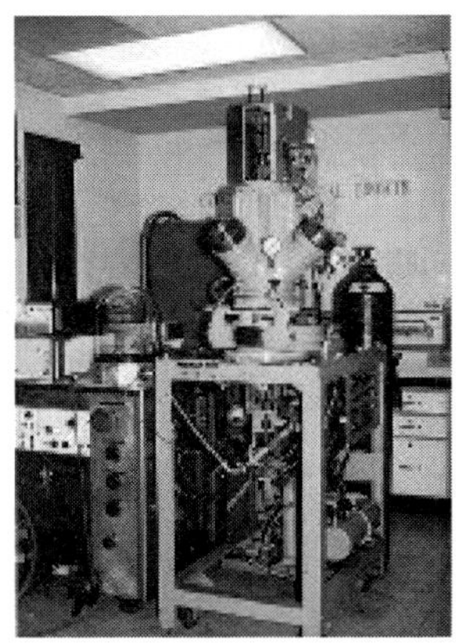

그림 I-2 쵸크랄스키 인상법

그림 I-3 쵸크랄스키 인상법으로 제작한 단결정

된다. 이러한 방법으로 형성된 결정은 종자와 같은 결정 방위(orientation)를 가지게 된다.

(3) 부유 대역 용해법

부유 대역 용해법은 쵸크랄스키 인상법과 같게 반도체를 육성하는 방법의 하나로, FZ법이라고도 한다. 그림 I-4와 그림 I-5는 FZ법 단결정 육성 장치의 개략도 및 기본 조작을 나타낸 것이다.

용융 대역법에서는 원료가 되는 다결정 실리콘을 상부로부터 공급해 높은 주파수의 고주파 가열 방법으로 다결정과 단결정의 사이에 국부적인 용융층을 형성시키며 그 용융액이 냉각되면 단결정으로 형성되는 것이다. 종자와 다결정을 회전시키는 것은 쵸크랄스키 인상법과 같지만 도가니를 사용하지 않기 때문에 결정 중에 산소 등의 불순물이 혼입되지 않아 매우 고순도의 단결정을 얻을 수 있다. 용융 대역법에 의해

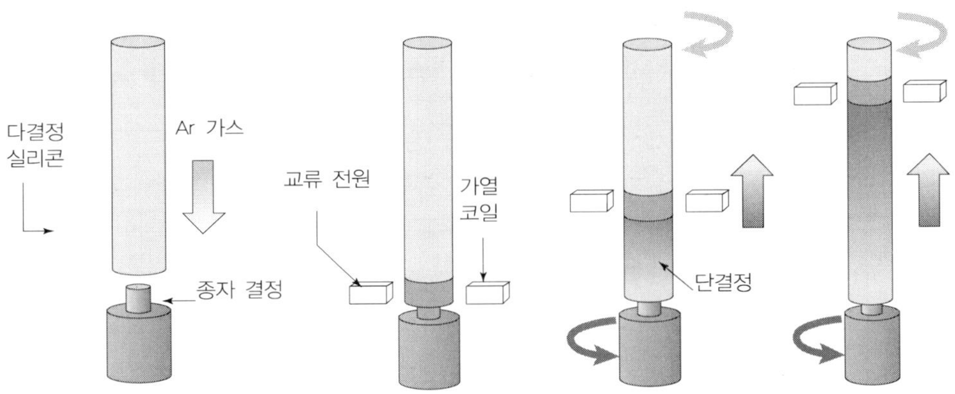

그림 I-4 용융 대역법(floating zone)

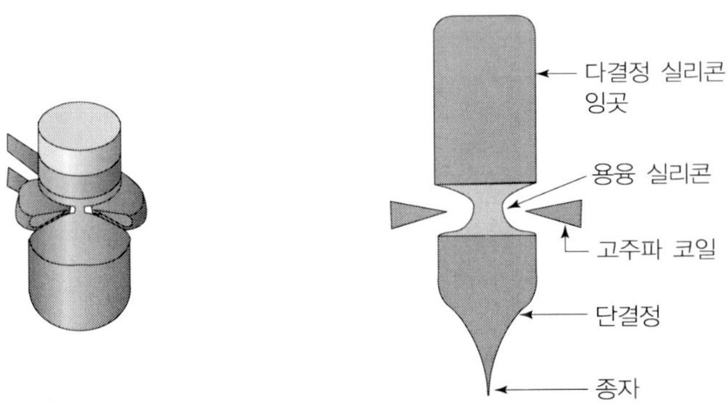

그림 I-5 용융 대역법의 세부 내용

제조되는 Si 웨이퍼는 내압 특성이 필요한 사이리스터 등의 전력 소자 기판, 즉 SCR 나 GTO(gate turn-off)-SCR 등의 기판으로서 사용되는 일이 많다.

● 용어해설

SCR(Silicon controlled rectifier)
실리콘 제어 정류기

03 에피택시얼 성장법

에피 성장(epitaxial-growth)은 단결정 기판(substrate) 위에 기판과 동일한 결정 방위를 가지는 새로운 층을 쌓아 단결정 층을 형성하는 방법이다. 그리스 문자 epi(위에)와 taxis(배열)의 합성어로서 실리콘 기판 위에 실리콘을 쌓듯이 기판 물질과 적층 물질이 같은 경우에는 호모에피택시(homo epitaxy)라 하며, 사파이어 기판 위에 갈륨비소(GaAs), 질화갈륨(GaN) 등을 적층할 경우와 같이 기판과 적층된 물질이 화학적으로 서로 다를 경우를 헤테로에피택시(hetero epitaxy)라 한다. 에피층을 성장시키는 방법은 반응 가스를 주입하면서 성장시키는 기체 성장법(VPE : Vapor Phase Epitaxy)을 비롯해 액체를 적층시켜 결정을 얻어내는 액상 방식(LPE : Liquid Phase Epitaxy), 분자선 에피택시(MBE : Molecular Beam Epitaxy) 방식 등이 있다.

1) VPE

결정 재료가 포함된 반응 가스를 기판 위로 흘리면서 열에 의한 분해와 반응을 통해 기판 위에 결정을 성장시키는 것으로서 반응 가스의 원료 형태에 따라 수소화물 VPE(hydride VPE, HVPE), 할로겐화물 VPE(halide VPE, H-VPE), 유기 금속 VPE (metal organic VPE, MOVPE) 등으로 분류된다.

① H-VPE

Hydride VPE의 약자로, **수소화물 기상 에피택시**라고 한다. 수소와 결합된 비금속 물질을 원료로 사용하는데 빠른 성장 속도를 장점으로 하여 최근에는 GaN 성장에 많이 사용된다.

② MOVPE

Metal Organic VPE의 약자로, **유기 금속 기상 에피택시**라고 한다. 메틸이나 에틸 등 알킬기를 가지는 유기 금속 화합물을 원료로 사용하는데 III-V족 화합물 반도체로는 1960년에 인화 인듐(InP) 성장이 최초이다. 반응 가스 종류를 달리 하여 물질의 조성을 쉽게 바꿀 수 있으므로 GaAs나 InP와 같은 2원계 화합물뿐만 아니라 3원계 (GaAsP, InGaAs, …), 4원계(AlGaInP, InGaAsP, …) 화합물 반도체 성장에 주로 많이 사용된다. 이러한 MOVPE 공정에 이용되는 전구체는 휘발 온도가 낮고, 기화 특성이 우수하고, 박막을 증착할 때에 불순물이 남지 않아야 한다. 그 외에도 전구체의 합성과 정제가 쉬워야 하며, 장기 보관해도 변질되지 않아야 한다.

● 용어해설

전구체(precursor)
어떤 물질에 선행하는 물질

2) LPE

결정 재료가 녹아 있는 포화 용액(GaAs의 경우 As가 포화된 Ga 용액)을 기판과 접촉시켜서 결정을 성장시키는 것으로서 1963년 넬슨(Nelson)에 의해 최초로 구현된 후 주로 Si, GaAs, AlGaAs, GaP 에피택시에 널리 이용되고 있다.

3) MBE

molecular beam epitaxy의 약자로 **분자선 에피택시**라고 한다. 초고진공 반응관에서 증발된 물질이 분자나 원자 형태로 빔을 형성하면서 기판 위에 도달한 후 기판 표면과 반응하여 결정 성장이 되는 것으로서 종래의 물리 증착 방식(PVD : Physical Vapor Deposition)을 발전시킨 것이다. 특히, RHEED(Reflection High Energy Electron Diffraction)와 같이 성장 중에 에피택시층을 분석할 수 있는 장치가 있어서 정밀한 성장이 필요할 때 주로 사용된다.

읽을거리

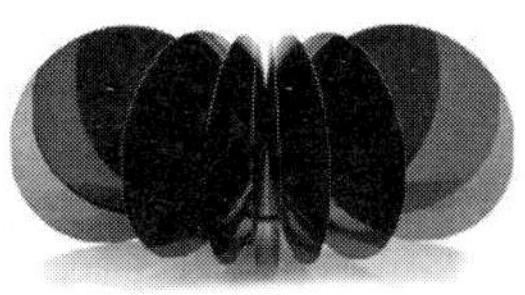

웨이퍼가 둥근 이유는?

실리콘 단결정은 고순도로 정제된 실리콘 용액에 종자(seed) 결정을 접촉, 회전하면서 단결정 규소봉을 형성시키는데, 이것을 잉곳(ingot)이라고 한다. 결정을 성장시킬 때에 성장 속도가 느리면 세로방향 결정 성장뿐만 아니라 가로 방향으로도 성장되기 때문에 기둥 형태의 결정이 만들어진다. 기둥의 지름은 성장 속도에 따라 바꿀 수 있다. 이렇게 만들어진 기둥 모양의 결정을 잘라 사용하므로 원반형의 판형태가 된다. 예전에 게르마늄(Ge)을 성장시킬 때는 성장 방법이 달라서 사각형의 웨이퍼도 있었다고 한다.

2. 반도체 원/부자재

학 습 목 표

- 웨이퍼의 종류 및 특성을 설명할 수 있다.
- 웨이퍼에 관련된 용어를 설명할 수 있다.
- 반도체의 수율과 관련된 용어를 설명할 수 있다.
- 반도체에 사용되는 단위의 차이를 말할 수 있다.

01 웨이퍼

오늘날 반도체 소자 제조용 재료로서 광범위하게 사용되고 있는 실리콘 웨이퍼(silicon wafer)는 다결정의 실리콘을 원재료로 하여 만들어진 단결정 실리콘 박판을 말한다. 실리콘은 일반적으로 산화물인 실리콘다이옥사이드(SiO_2)로서 모래, 암석, 광물 등의 형태로 존재하며, 그림 I-6과 표 I-1에서 나타내는 것과 같이 지각의 $\frac{1}{3}$ 정도를 구성하고 있어 지각에서 산소(O_2) 다음으로 가장 많다. 따라서 반도체 산업에 매우 안정적으로 공급될 수 있는 재료일 뿐만 아니라 독성이 전혀 없어 환경적으로 매우 우수한 재료이다.

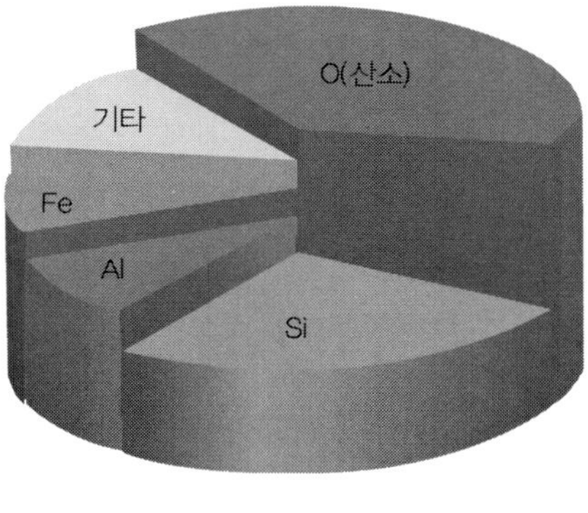

그림 I-6 지각의 구성 원소 분포

또, 실리콘으로 만들어진 실리콘 웨이퍼는 대체로 넓은 에너지 갭(energy gap = 1.1[eV])을 가지고 있기 때문에 비교적 고온(약 200℃ 정도까지)에서도 소자가 움직일 수 있는 장점이 있다. 이러한 장점 때문에 실리콘 웨이퍼는 반도체 산업에서 다양한 형태의 반도체 소자를 만드는 데 이용되며, 이들 소자들은 컴퓨터, 전자제품, 산업용 기계, 인공위성 등 모든 산업 분야에서 없어서는 안 될 매우 중요한 부품들이다. 따라서 산업 발전이 고도화되어 감에 따라 실리콘 웨이퍼의 수요는 앞으로 더욱 증가될 것으로 전망된다.

표 I-1 지각을 구성하는 8대 원소

원소	산소 (O_2)	규소 (Si)	알루미늄 (Al)	철 (Fe)	칼슘 (Ca)	나트륨 (Na)	칼륨 (K)	마그네슘 (Mg)
질량비 (%)	46.6	27.7	8.1	5.0	3.6	2.8	2.6	2.1

반도체를 만들 때 사용되는 실리콘 웨이퍼를 만들기 위해서 우선 순수한 실리콘 단결정을 만드는데, 이때 만들어진 실리콘 덩어리를 얇게 자른다. 이렇게 자른 것을 **웨이퍼**라고 하는데, 실리콘 웨이퍼에서 어떠한 결정 방향의 웨이퍼라는 것으로 표시하는데, {111}면은 표면에서 원자 밀도가 가장 큰 면이기 때문에 이들 면에서 가장 쉽게 결정 성장이 일어나고 {100}면보다 산화 속도가 빠르다. 〈111〉 방향의 P형 웨이퍼는 양극성 트랜지스터를 만들 때 주로 사용되고, 〈100〉 방향의 N형 웨이퍼는 단극성인 MOS형 트랜지스터를 만들 때 주로 사용된다. 이와 같이 앞에서 학습한 밀러 지수는 이러한 방향을 표시하는데 사용된다.

▲ 실리콘 잉곳의 모양

▲ 실리콘 웨이퍼의 모양

그림 I-7 단결정 실리콘 잉곳과 웨이퍼 모양

02 | 웨이퍼 종류

반도체 기판의 종류에는 실리콘(Si), 게르마늄(Ge) 등의 단일 원소 반도체와 갈륨비소(GaAs)와 같은 화합물 반도체가 있으며, 불순물의 주입 여부에 따라 단일 원소만으로 구성된 진성 반도체와 단일 원소에 불순물을 주입한 불순물 반도체가 있다. 그림 I-8은 실리콘 진성 반도체의 전자와 정공의 생성 모형을 나타낸 것이다. 실리콘 웨이퍼 종류는 다음과 같이 구분된다.

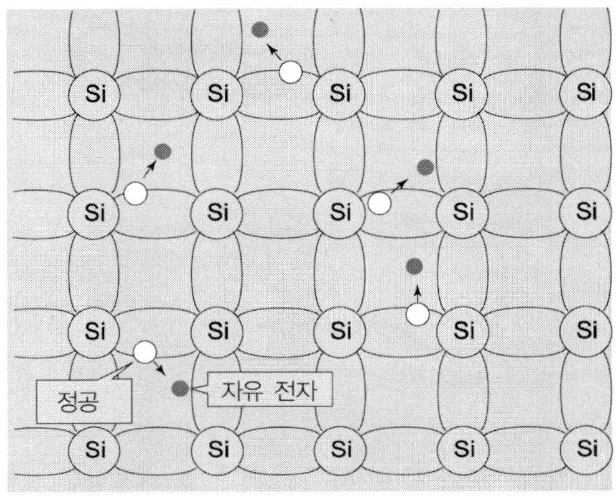

그림 I-8 진성 반도체의 전자와 정공 생성

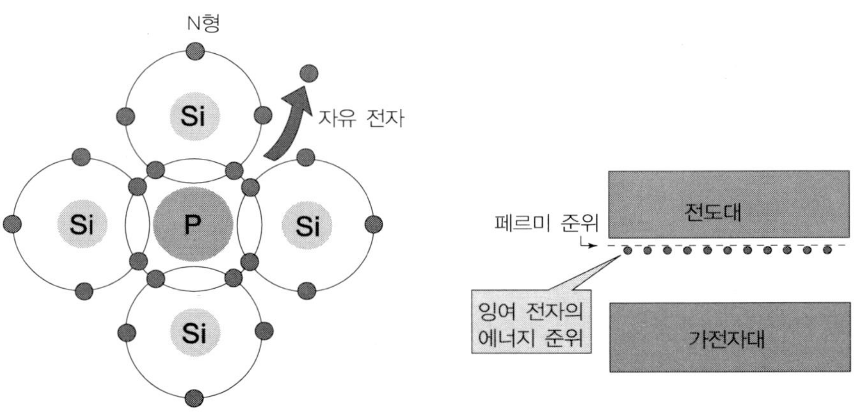

그림 I-9 실리콘 반도체의 인(P) 첨가에 따른 자유 전자 생성

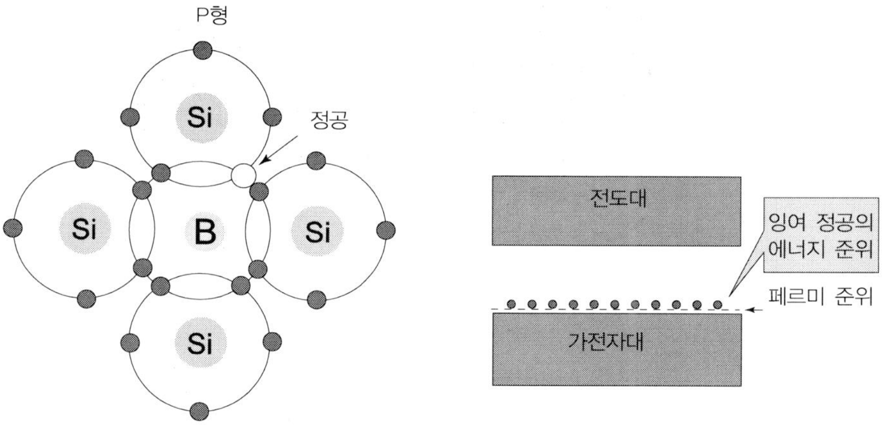

그림 I-10 실리콘 반도체의 붕소(B) 첨가에 따른 정공 생성

(1) 도핑제(dopant) 종류에 따라

N형은 그림 I-9와 같이 5가 원소(P, Sb)를 도핑제로 사용하여 잉여 전자가 발생한 것이고, P형은 그림 I-10과 같이 3가 원소(B)를 도핑제로 사용하여 정공(hole)이 발생한 것이다. 페르미 에너지 준위는 도핑 농도에 따라서 변화하게 되면 N형은 전도대를 향해서 P형은 가전자대를 향해서 각각 이동하게 된다.

(2) 결정 성장 방향에 따라

웨이퍼의 성장 방향에 따라 〈100〉과 〈111〉이 있으며, 보통 웨이퍼의 지름이 150 mm 이하인 경우는 동그란 웨이퍼를 방향에 따라 플랫(flat)을 만들고, 200 mm 이상인 경우는 노치(notch)를 만들어 표시한다. 그럼 누가 보아도 이 웨이퍼가 어떤 결정 방향의 웨이퍼인지 알 수 있게 되는 것이다. 지름이 150 mm 이하인 경우는 그림 I-11에서와 같이 {111}면의 P형 웨이퍼는 결정면에 평행하게 면을 자르는 플랫을 표시하고 {111}면의 N형 웨이퍼는 결정면에 평행한 면에 1차 플랫과 45° 방향인 면에 2차 플랫을 표시한다. 반면에 {100}면의 P형 웨이퍼는 결정면에 평행한 면에 1차 플랫과 90° 방향인 면에 2차 플랫을 표시하고, {100}면의 N형 웨이퍼는 결정면에 평행한 면에 1차 플랫과 180° 방향의 면에 2차 플랫을 만들어 표시한다.

(3) 웨이퍼의 지름에 따라

웨이퍼의 지름은 4인치, 5인치, 6인치(150 mm), 8인치(200 mm), 12인치(300 mm) 등이 있는데, 현재 8인치와 12인치가 주로 사용되고 있다.

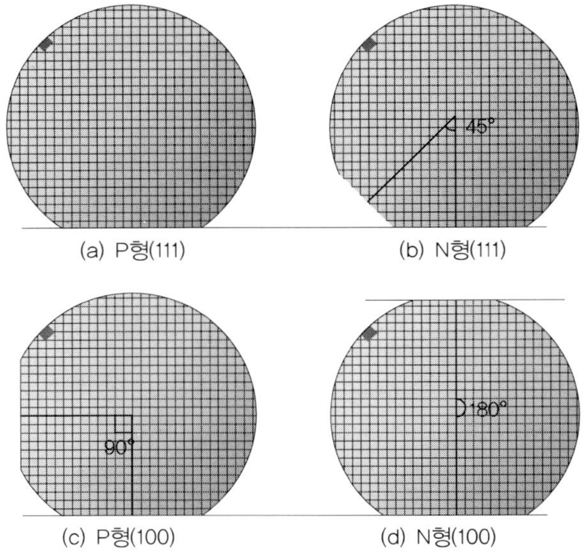

그림 I-11 웨이퍼의 결정 방향과 플랫 모양(150 mm 이하인 경우)

03 웨이퍼의 특성

(1) 전기적 특성

단결정으로 성장시킨 실리콘(Si) 결정에는 전기 전도율을 향상시키기 위해 의도적으로 첨가한 불순물(B, P, Sb) 이외에는 가능한 한 불순물을 억제시켜야 한다.

(2) 결정 특성

실리콘 웨이퍼는 고순도의 다결정 실리콘을 용융시켜 특정 방향으로 성장시킨 단결정 실리콘으로서, 이 성장 방향은 반도체 공정에서 기계적 성질, 확산, 식각 등에 영향을 끼친다.

(3) 가공 특성

실리콘 웨이퍼의 표면은 반도체 공정의 원활함과 고품질 회로를 구성하기 위해 회로 제조시 치명적인 영향을 주는 표면 손상(scratch) 또는 미량의 화학적 성분이 표면에 잔존해서도 안 되며, 극도의 평탄도(flatness)가 요구된다. 따라서 절단(slicing), 래핑(lapping), 연마(polishing) 작업시 미세한 진동도 억제되어야 하며, 웨이퍼 운반시에는 손으로 만져서도 안 된다. 또 전기적 극성이 없는 탈이온수(deionized water)로 세척하여 표면의 정전기를 방지하고, 청정실(clean room)에서의 작업으로 고도의 청결을 유지해야 한다.

● 용어해설

탈이온수(DI water)
초순수 물속에 녹아 있는 각종 이온과 무기물을 제거하여 반도체 세척에 사용하는 순수한 물

04 웨이퍼 개발 방향

(1) 12인치로의 대구경화

한 장의 웨이퍼에서 얻을 수 있는 칩의 수를 증가시키기 위해서는 칩 크기를 줄이거나, 웨이퍼 크기를 크게 할 필요가 있다. 현재 그림 I-12와 같이 4", 5", 6", 8", 12"를 사용하고 있으며, 향후 점차적으로 더 커지게 될 것이다.

12인치 웨이퍼는 단결정 제조 방법, 웨이퍼 모양 및 특성면에서 현재 제조되고 있는 4~8인치 웨이퍼와 유사하나 웨이퍼의 크기가 기존의 웨이퍼에 비해 매우 크기 때문에 생산 기술 및 장비의 발전이 뒷받침되어야 한다. 그러나 소자의 생산성 향상에 따른 생산원가 저하라는 측면에서 256메가, 1기가 DRAM 시대에는 주력 웨이퍼로 자리 잡을 것으로 예측된다.

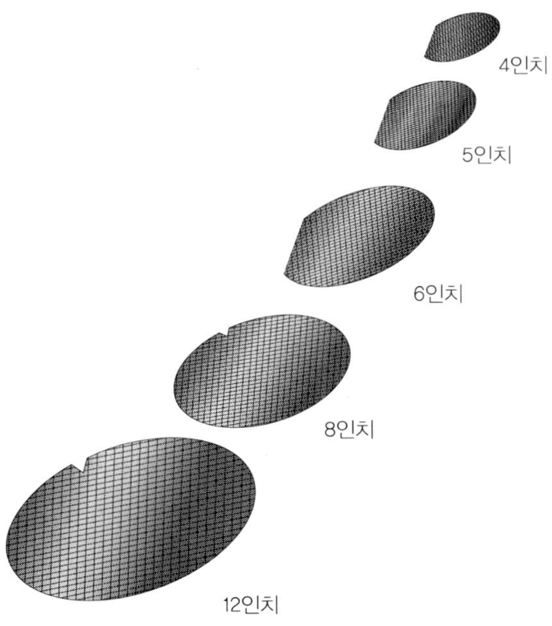

그림 I-12 웨이퍼의 크기

(2) SOI 웨이퍼

SOI(silicon on insulator)는 웨이퍼 표면에 산소 이온을 주입하고 열처리를 하면 표면의 이온 주입에 의한 손상의 회복과 함께 표면에 매립된 형태의 SiO_2가 형성된다. 따라서 실리콘 웨이퍼 속에 절연 박막을 삽입시킨 개념으로 실리콘 웨이퍼 기판 위에 절연막이 있고, 다시 그 위에 집적 회로가 제작될 단결정 실리콘 필름이 있는 상태이다. 이러한 SOI 웨이퍼 위에 제작된 반도체 소자는 고온 특성이 우수하고, 80% 정도 낮은 소비전력 특성을 지니며, 일반 실리콘 웨이퍼보다 3배 빠른 응답 특성을 나타내기 때문에 CMOS, CCD(Charge Coupled Device), 광 검출기(photo-detector) 등에 사용된다.

(3) 에피택시얼(epitaxial) 웨이퍼

에피택시얼 웨이퍼(또는 에피 웨이퍼)는 기존의 실리콘 웨이퍼 표면에 또다른 단결정 층을 성장시킨 웨이퍼를 말하며, 기존 실리콘 웨이퍼보다 표면 결함이 적고 불순물의 농도나 종류의 제어가 가능한 특성을 지니게 된다. 에피 공정은 현재 반도체 제조에서 가장 기본이 되는 공정이면서 핵심이 되는 공정이며, 실리콘 웨이퍼 제조에 이용되어 고품질, 고부가가치화가 가능하게 되었다. 에피층(epitaxial layer)의 성장은 결정 성장법에서 학습한 바와 같이 다양한 방법으로 가능하며, 그 중에서도 화학증착(CVD : Chemical Vapor Deposition)법을 가장 일반적으로 사용하고 있다.

05 반도체 소자 제조용 부자재

반도체 제조 과정은 그림 I-13과 같이 원재료 투입과 가공 공정, 출하/판매의 3단계로 나눌 수 있고, 반도체는 원재료, 장비(설비), 부대시설(탈이온수, 화학약품, 가

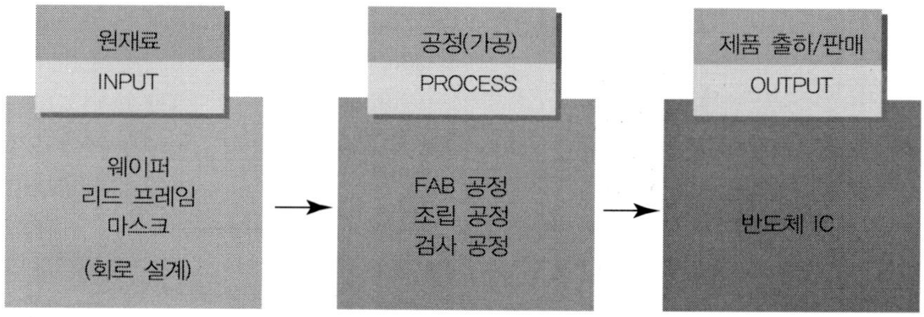

그림 I-13 반도체 가공 공정 흐름도

스, 전기) 등으로 만들어지게 된다.

반도체의 3대 원재료는 웨이퍼, 마스크, 리드 프레임이라 할 수 있으며, 그림 I-14는 이것을 나타낸 것이다.

그림 I-14 반도체 3대 원재료

● 용어해설

마스크(mask)
웨이퍼 위에 만들어질 회로 패턴의 모양을 각 층(layer)별로 유리판 위에 그려 놓은 것으로, 사진 공정 시 스텝퍼(반도체 제작용 카메라)의 사진 건판으로 사용된다.

리드 프레임(lead frame)
보통 구리로 만들어진 구조물로서, 조립 공정시 칩이 이 위에 놓여지게 되며 가는 금선(金線)으로 칩과 연결된다. 이렇게 하여 IC칩이 외부와 전기 신호를 주고받게 되는 것이다.

읽을거리

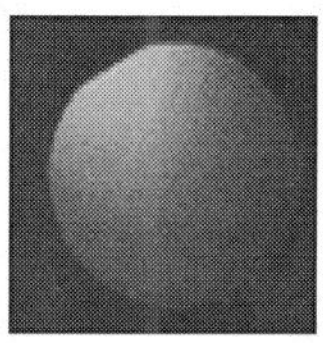

웨이퍼와 웨하스

시중에 나와 있는 유명 과자 중에 웨하스를 기억할 것이다. 이 과자의 표지를 보면, 영어로 Wa-fers라고 쓰여 있는데, Wafers(웨이퍼스)라고 쓴다. 웨하스 과자를 보면 과자/크림/과자/크림의 순서로 얇은 층이 계속되어 있음을 알 수 있다. 그런데 왜, 웨이퍼스라고 하지 않고 웨하스라고 했을까? 이는 일본식 발음에서 기인했다. 일본식으로는 웨이퍼스로 발음되지 않고 웨하스로 발음이 되기 때문이다. 이것이 그대로 우리나라로 들어와서 사용된 것이다. 지금도 일본 사람들은 실리콘 웨이퍼를 웨하, 웨하스라고 읽고 있다. 그러나 정확한 발음은 웨이퍼, 웨이퍼스가 된다.

06 | 용어 설명

(1) 웨이퍼 용어

그림 I-15에 나타낸 각 번호에 해당하는 웨이퍼 용어는 다음과 같다.

1) 칩(chip), 다이(die)

반도체 공정에서 가공된 전자 회로가 들어 있는 아주 작은 얇고 네모난 반도체 조각으로 수동 소자, 능동 소자 또는 집적 회로가 만들어진 반도체이다.

2) 스크라이브 라인(scribe line)

웨이퍼에서 아무런 소자나 회로가 없는 지역으로, 웨이퍼를 개개의 칩으로 나누기 위해 톱질하는 영역이다.

> **● 용어해설**
> **스크라이브 라인(scribe line)**
> 칩과 칩 사이에 형성된 일정한 간격의 분리를 위한 lane 또는 line

3) TEG(Test Element Group)

각 웨이퍼에는 특이한 패턴의 칩 또는 다이가 몇 개 있다. 현미경으로 보면 서로 다르다는 것을 확실히 알 수 있다. 이는 정상적인 다이와 같은 공정으로 형성된 특별한 검사를 위한 소자가 들어 있다. IC의 트랜지스터, 다이오드, 저항 및 커패시터는

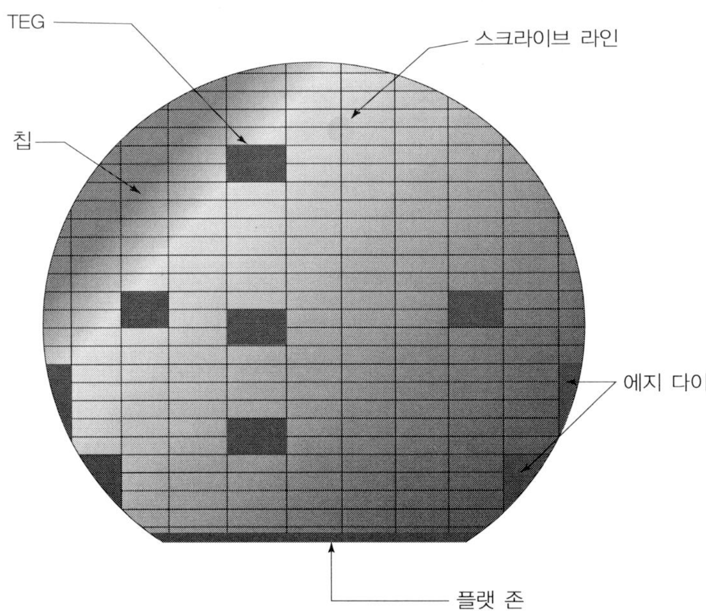

그림 I-15 웨이퍼 모양과 명칭

너무 작아서 공정 중에 검사하기가 어려우므로 테스트 다이는 공정 중의 품질 관리를 위해서 만들어진다. 또, 테스트 다이는 수율을 높이는 데에도 기여하는데 완성된 웨이퍼의 TEG 패턴이 여러 공정의 품질을 보여주기 때문이다. 그러나 요즘에는 별도의 TEG 다이(die)를 만들지 않고 스크라이브 라인에 바로 만들어 주기도 한다.

4) 에지 다이(edge die)

웨이퍼는 가장자리 부분에 미완성의 다이를 가진다. 이들은 미완성이기 때문에 결국 웨이퍼의 손실이 된다. 작은 웨이퍼에 큰 다이를 만든다면 웨이퍼의 손실률도 그 만큼 커지게 된다. 따라서 가능한 한 보다 큰 지름의 웨이퍼를 생산하는 것이 필요하다.

5) 플랫 존(flat zone)

웨이퍼의 결정 구조는 육안으로는 식별이 불가능하다. 따라서 웨이퍼의 결정 방향을 식별하기 위해 결정에 기본을 둔 플랫 존을 만들어 준다. 스크라이브 라인 중 하나는 플랫 존에 수직하게 되고, 다른 하나는 수평하게 된다.

(2) 칩 용어

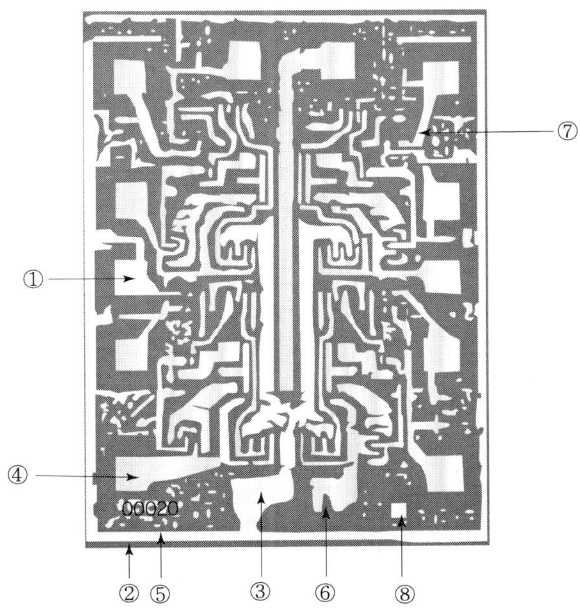

그림 I-16 칩의 모양과 각 부위의 명칭

① 금속 배선(보통 Al) : 그늘에서도 밝게 보이며 돌출된 형태를 가진다.

② 회로 표시 : 회로 번호 표시는 좌측 하단에 한다. 보통 제조(fab)를 위한 회로 번호는 판매시 회로 번호와는 다르다.

③ 오염 : 발견되는 오염 조각은 일반적인 실내 먼지보다 훨씬 작다.

④ 본딩 패드(bonding pad) : 회로의 입력과 출력 단자는 리드 프레임에 연결하기 쉽도록 칩의 가장자리에 위치시킨다.

⑤ 스크라이브 라인(scribe line) : 회로 부분은 어떤 라인으로 둘러 싸여 있다. 라인 바깥쪽은 칩이 절단되기 위해 아무 것도 없는 지역이다.

⑥ 연결 안 된 소자 : 보통 몇 개의 서로 다른 회로를 만들기 위해 개별 소자를 만들어 주는데 완성된 회로에도 쓰이지 않는 회로가 남아 있는 경우도 있다.

⑦ 양극성 트랜지스터 : 전형적인 양극성 트랜지스터가 보인다.

⑧ 마스크 정렬(alignment marks) : 칩 가장자리에 있는 정렬용 마크의 도움으로 이루어진다.

(3) 공정 용어

1) 캐리어(carrier)

웨이퍼를 담는 용기로 25장을 담을 수 있는 홈이 있다. 종류로는 청색 캐리어, 백색 캐리어, 흑색 캐리어 등이 있다. 청색 캐리어는 폴리프로필렌 재질로 되어 있으며, 청색으로 화공 약품에는 강하나 열에 약하다. 백색 캐리어는 테플론 재질로 되어 있으며, 백색으로 화공 약품과 열에 모두 강하나 가격이 비싸고 무겁다.

2) 런(run)

웨이퍼를 가공하기 위해서 연속적으로 투입되고 동일 공정에서 흐르고 있는 웨이퍼의 묶음을 말한다. 반도체 제조 공정은 이러한 런 단위로 진행된다(공정기준 용어).

● 용어해설

런(run)
동일 공정에서 흐르고 있는 웨이퍼의 묶음을 말한다.

그림 I-17 웨이퍼용 캐리어

3) 로트(lot)

생산이 실시되는 웨이퍼의 25장 한 묶음을 말한다(웨이퍼 기준 용어).

07 반도체 수율(yield)

수율은 한마디로 '불량률의 반대'라고 말할 수 있다. 반도체 제조 과정을 그림 I-18에서처럼 간단하게 나타냈을 때, 투입량(input) 대비 제조되어 생산량(output)의 비율을 바로 **수율**이라고 할 수 있는 것이다. 만일 투입량이 100일 때 '처리'를 거쳐 나온 생산량이 80이면 수율이 80%라고 할 수 있다. 반도체 산업은 바로 이 수율을 높이기 위한 전쟁이라고 해도 과언이 아니다.

이처럼 수율을 강조하는 이유는 제조 공정에서 발생하는 실수나 문제점이 제품에 치명적인 영향을 끼치기 때문이다.

반도체는 결함이 있는 부분을 수리하거나 교체하기가 곤란하다. 단, 최종 검사과정에서 일부 회로에 결함이 발견되면 레이저 가공을 통해 여분의 회로로 대체할 수 있다. 반도체 수율은 각 제조 단계에 따라 보통은 4그룹(fab, probe, package, test)으로 구분하며, 이 네 가지 수율을 다 곱하면 CUM 수율(fab 입고에서 제품을 출하까지의 종합인 수율)이 된다.

그림 I-18 반도체의 수율 측정시 흐름도

CUM 수율 = 가공(fab) 수율 × 선별(probe) 수율(= EDS 수율) × 패키지(package) 수율(조립 수율) × 최종 검사(final test) 수율

일반적으로 개발 제품은 수율이 50%일 때 프로젝트가 성공한 것으로 인식되며 생산 단계에서는 60~70%로 안정화된다. 80% 수율은 골든 수율(golden yield)이라고 하여 극히 일부업체만 가능한 것으로 알려지고 있다.

● 용어해설

CUM

cumulative의 약자로 누적 또는 축적을 나타냄.

08 반도체에 사용되는 단위

(1) 비트(bit)

2진수로 표시된 개개의 숫자로 '1' 또는 '0' 중 하나를 의미하며, 디지털의 최소 단위이다.

(2) 바이트(byte)

보통 8개의 bit를 1byte라고 하며, 컴퓨터에서 한 개의 숫자나 문자를 나타낸다. Word의 한 단위로 사용된다(단, 한글은 한 글자에 2byte씩 사용된다).

표 I-2 컴퓨터 메모리 크기 용어

이 름	표현	약어	비고
비트(bit)	한 개의 2진수	(없음)	컴퓨터에서 정보의 최소 단위
바이트(byte)	8비트	(없음)	
킬로바이트	1024바이트	K 또는 KB	2의 10승
메가바이트	1,048,576바이트	M또는 MB	2의 20승
기가바이트	1,073,741,842바이트	G 또는 GB	2의 30승 1024 메가바이트
테라바이트	1,099,511,627,776바이트	T 또는 TB	2의 40승: 1024 기가바이트
페라바이트	1,125,899,906,842,624바이트	P 또는 PB	2의 50승: 1024 테라바이트

(3) 2진법

① 2진법은 0과 1의 숫자로만 표현하는 방법이다.

ON과 OFF의 두 가지뿐인 전기적 형태를 표현하는 데에 알맞다. 스위치가 OFF된 상태를 0, ON된 상태를 1로 표현하면 전자적 형태를 0과 1의 두 가지 수로 나타낼 수 있다.

② 2진법의 밑수는 2이며, 각 자리는 아랫자리의 2를 의미하므로 11012와 같은 수는 다음과 같은 산술식으로 나타낼 수 있다.

$$1101_2 = (1\times2^3) + (1\times2^2) + (0\times2^1) + (1\times2^0)$$
$$= 1\times8 + 1\times4 + 0\times2 + 1\times1 = 8 + 4 + 0 + 1 = 13_{10}$$

표 I-3 8비트바이트 속의 비트 자리에 따른 동등값 표

자리수	8	7	6	5	4	3	2	1
비트값	1	1	1	1	1	1	1	1
10진 변환값	27	26	25	24	23	22	21	20

2진수에서 자리값이 오른쪽에서 왼쪽으로 이동할수록 2의 승수가 증가한다. 그리고 가장 오른쪽 자리수는 8비트바이트에서 1의 값은 가지고 있어 2의 0승이라 할 수 있으며, 왼쪽 옆 자리수는 2의 값을 가지며 2의 1승이다. 셋째 번 자리에 있는 수는 2의 2승으로 2×2＝4이다. 넷째 번 자리는 2의 3승으로 2×2×2＝8로 나머지도 같다.

표 I-4 각 진법의 표기

10진법	2진법	8진법	16진법
0	0	0	0
1	1	1	1
2	10	2	2
3	11	3	3
4	100	4	4
5	101	5	5
6	110	6	6
7	111	7	7
8	1000	10	8
9	1001	11	9
10	1010	12	A
11	1011	13	B
12	1100	14	C
13	1101	15	D
14	1110	16	E
15	1111	17	F
16	10000	20	10

2진수의 각 자리에 2^0, 2^1, 2^2, ……과 같은 일정한 자리값을 가지고 있다.

(4) 연산 속도의 단위

K Hz(킬로헤르츠)의 주기 : ms(밀리초, milli second) = 천분의 1초(10^{-3})

M Hz(메가헤르츠)의 주기 : μs(마이크로초, microsecond) = 백만분의 1초(10^{-6})
G Hz(기가헤르츠)의 주기 : ns(나노초, nano second) = 10억분의 1초(10^{-9})
T Hz(테라헤르츠)의 주기 : ps(피코초, pico second) = 1조분의 1초(10^{-12})
P Hz(페라헤르츠)의 주기 : fs(펨토초, femto second) = 천조분의 1초(10^{-15})
E Hz(엑사헤르츠)의 주기 : as(아토초, atto second) = 백경분의 1초(10^{-18})

(5) inch : 보통 웨이퍼(wafer)의 지름을 나타내는 단위

1inch = 1" = 2.54 cm = 25.4 mm
6" 웨이퍼 = 6 × 2.54 cm = 15.24 cm → 면적은 약 730 cm^2
8" 웨이퍼 = 8 × 2.54 cm = 20.32 cm → 면적은 약 1,297 cm^2 = 6" 웨이퍼의 1.8배

(6) 클래스(class)

청정실의 청정도를 나타내는 단위로, 통상 1세제곱피트(ft^3)의 공간 내에 0.5 μm 이상의 먼지 입자수를 의미한다. 표 I-5에서 알 수 있듯이 클래스 1은 입방피트(ft^3)의 공간(가로, 세로, 높이가 각각 30cm) 내에 0.5 μm 이상의 크기를 가진 먼지 입자가 1개 있다는 의미로, 쉽게 말하면 잠실야구장 안에 야구공이 한 개 있는 정도를 의미한다. 일반 교실은 클래스 100만에 해당하며, ULSI는 클래스 1에서 작업이 진행된다. 따라서 1G DRAM과 같은 최첨단 반도체는 클래스 1에서 생산되고 있다.

표 I-5 청정도의 클래스 조건

클래스 (입자수/체적)	입자 지름[μm]				
	0.1	0.2	0.3	0.5	5
1	35*	7.5	3	1	·
10	350	75	30	10	·
100	·	750	300	100	·
1000	·	·	3000	1000	7
10,000	·	·	30,000	10,000	70
100,000	·	·	300,000	100,000	700

* 체적 $1ft^3$의 공기 중에 0.1[μm] 크기와 같거나, 큰 입자가 35개까지 있다는 뜻이다.

3. 반도체 공정의 실제

학 습 목 표

- 실리콘 웨이퍼 제조 방법을 설명할 수 있다.
- 웨이퍼 가공 공정을 말할 수 있다.
- 반도체 조립 공정을 기술할 수 있다.

실리콘은 지구상의 가장 풍부한 원소 중의 하나로서 모래에서 추출된 실리콘은 반도체 소자나 회로가 된다. 실리콘 웨이퍼의 제조 공정은 다음과 같이 크게 6가지로 나눌 수 있다.

- 고순도 다결정 실리콘(polysilicon) 제조
- 웨이퍼 제조 과정
- 회로 설계 및 마스크 제작 과정
- 웨이퍼 가공(fabrication) 과정
- 조립(assembly) 공정
- 웨이퍼 선별(시험) 공정

01 다결정 실리콘 제조

(1) 재료 형성

실리콘 반도체 소자 생산의 첫 단계는 모래로부터 실리콘을 추출하는 일이다. 단순히 추출만 해서 되는 것이 아니고, 극히 고순도로 만들어야 한다. 몇 ppb(10억분의 일) 이하의 불순물을 가지는 실리콘을 **전자급** 또는 **반도체급**이라 부른다. 이러한 고순도 실리콘을 추출하는 데에는 수소 환원과 실리콘 함유 가스의 열분해 등 2가지 방법이 있다. 수소 환원은 사염화실리콘이나 삼염화사일렌으로 시작한다.

$$\text{사염화실리콘 : } SiCl_4 + 2H_2 \xrightarrow{1100℃} 4HCl + \underline{Si}$$

$$\text{삼염화사일렌 : } 2SiHCl_3 + 2H_2 \xrightarrow{1100℃} 6HCl + 2\underline{Si}$$

이때, 추출된 실리콘은 다결정 실리콘(Si)이다.

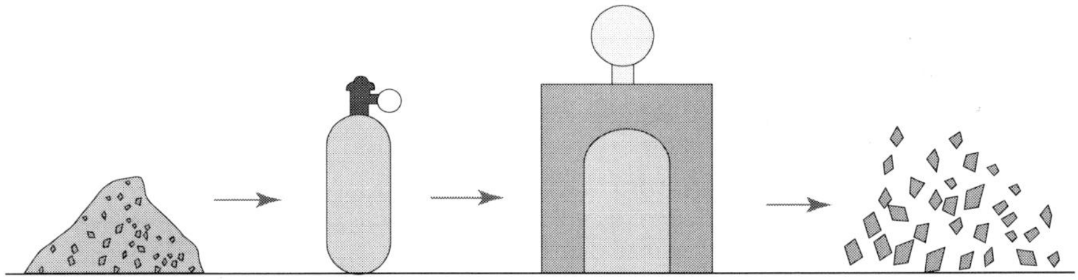

그림 I-19 다결정 실리콘의 제조

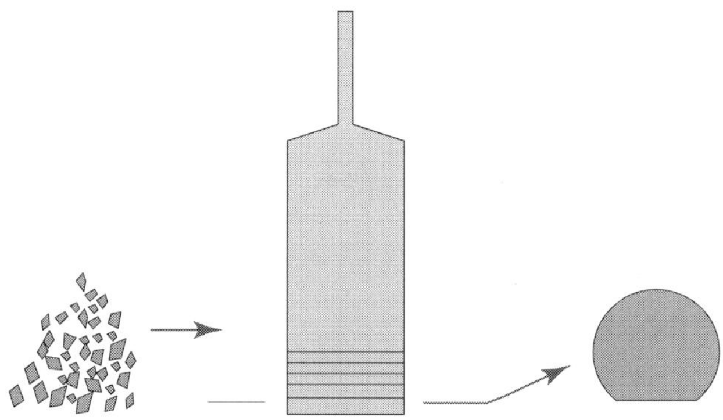

그림 I-20 실리콘 웨이퍼의 제조

02 결정 성장 및 웨이퍼 형성

다결정 실리콘으로부터 단결정 실리콘을 제조하는 과정을 **단결정 성장**이라고 하며, 성장된 단결정 봉을 얇게 절단한 것이 **실리콘 웨이퍼**(wafer)이다. 단결정 성장시

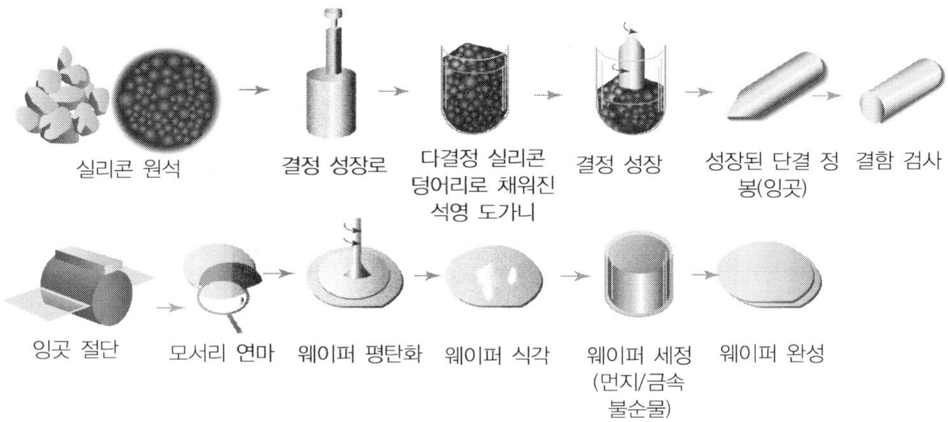

그림 I-21 실리콘 웨이퍼의 제조 공정

적절한 도핑제를 첨가하여 N형 및 P형 실리콘(Si) 웨이퍼를 제조한다. 이 웨이퍼 생산은 별도의 회사에서 하기도 하고, 또 큰 회사에서는 자체 생산하기도 한다. 대부분은 웨이퍼 그 자체로도 상품이 된다.

(1) 단결정 성장(single crystal growing)

단결정 성장은 실리콘 웨이퍼 제조를 위한 첫 번째 공정이다. 고순도의 일정한 모양이 없는 다결정 실리콘이 고도로 자동화된 단결정 성장로 속에서 단결정 봉으로 만들어진다.

평가 기준을 통과한 단결정 봉은 양 끝단부를 절단하고 측면을 연마한다. 또, 결정 방위를 표시하기 위하여 앞서 학습한 바와 같이 플랫(flat)이나 노치(notch)를 만든다.

● 용어해설

노치(notch)
급격하게 형상이 변화하는 부위

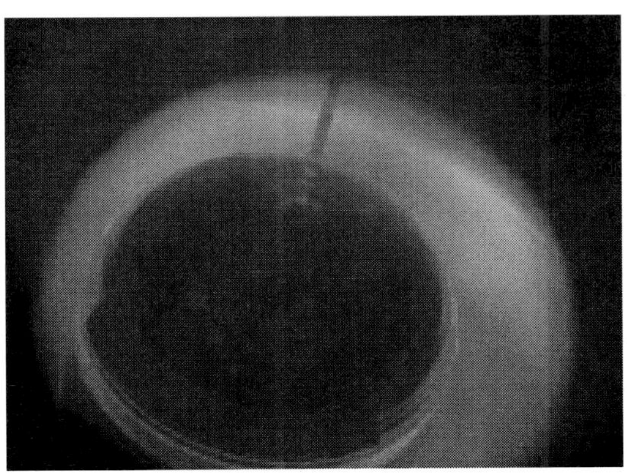

그림 I-22 실리콘 단결정 성장

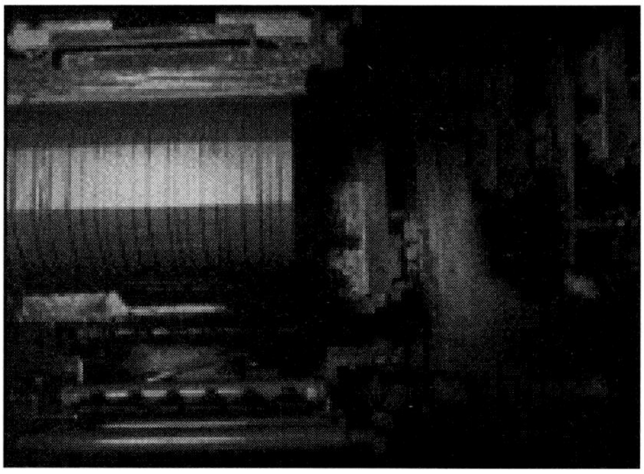

그림 I-23 실리콘 단결정 절단

(2) 절단(slicing)

절단 작업은 실리콘 단결정 봉을 웨이퍼, 즉 얇은 판(웨이퍼)으로 변형시키는 공정이다. 단결정 조직이 정확하게 배열되도록 단결정 봉을 흑연 빔에 놓은 다음, 고도의 절단 기술을 사용하여 실리콘 단결정 봉을 웨이퍼로 만들게 된다. 절단 작업을 거치는 동안 웨이퍼의 가장자리 부분은 매우 날카롭고 깨지기 쉽게 되므로 라운딩(rounding) 작업을 하여 둥글게 만든다. 세척 과정을 거친 후 정확한 모양과 치수로 가공해 손상되지 않도록 한다. 그 다음 이 웨이퍼들은 글리세린에 현탁시킨 알루미나(Al_2O_3)를 사용하여 조연마하여 표면이 평탄하고 두께가 일정하게 되어 표면의 질이 높아진다. 절단과 라운딩, 조연마(거친 연마) 과정에서 발생한 이물질과 표면 손상(damage)을 제거하기 위하여 질산과 불산, 아세트산을 혼합한 용액에 10μm 정도 식각한다. 여기서 질산은 실리콘을 산화시키고, 불산은 이 산화물을 용해하여 제거시키며 아세트산은 반응 속도를 조절한다.

(3) 경면 연마(polishing)

웨이퍼를 평탄하고 결함이 없도록 만드는 일은 고객에게 대단히 중요하다. 이 목적을 이루기 위해 경면 연마 공정에서 여러 가지 단계를 거치게 된다. 뿐만 아니라 고객의 요구를 충족시키기 위해 웨이퍼의 특성을 높이는 다른 작업들이 바로 이 부분에서 이루어진다. 조연마 과정을 거친 웨이퍼는 식각 공정을 거치면서 추가적인 표면 손상을 제거하고, 공정을 정밀하게 제어하는 완전 자동화된 장비인 CMP(chemical mechanical polishing)에서 수산화나트륨(NaOH)에 100Å 정도의 아주 미세한 실리카(SiO_2) 입자를 현탁시킨 연마제를 사용하여 가장자리 부분과 표면이 경면으로 연마

된다. 그 결과 얻어지는 웨이퍼들은 극도로 평탄하고 결함이 없는 상태가 된다.

(4) 웨이퍼 에피택시얼 공정(wafer epitaxial processing)

에피택시얼 증착은 기판 위에 기판과 동일한 결정 구조를 가지도록 단결정 층을 성장시키는 증착법이다. 이렇게 증착된 에피택시얼 층은 웨이퍼 표면 위에 전기적인 영향을 주는 불순물을 가능하면 적게 함유하는 고순도의 단결정 층을 얻기 위한 것이다. 실리콘(Si) 에피택시얼 층은 사염화실리콘($SiCl_4$)을 1000~1100℃의 반응기 내에서 기상 증착하여 성장시킨다. 이때 에피층의 도핑을 위해 도핑제 역할을 하는 인화수소(PH_3), 붕화수소(B_2H_6) 등의 기체를 반응기 내에 넣는다. 에피택시얼 증착을 이용하는 예로는 발광 다이오드와 양 극성(bipolar) 트랜지스터 등이 있다.

● 용어해설

에피택시얼층 (epitexial layer)
단결정 실리콘 기판 위에 기판과 동일한 결정 구조를 가지면서 증착된 단결정 실리콘 층을 말한다. 기판과 다른 도핑 특성 및 밴드 갭, 유전율 등의 물질 특성을 가질 수 있으며 기판보다 적은 결함 밀도를 보인다.

(5) 세척과 검사(cleaning & Inspection)

경면 연마 과정을 거친 웨이퍼는 표 I-6에서 나타낸 바와 같이 황산과 과산화수소(또는 염산과 과산화수소)의 용액에서 세척한다. 이 공정에서 웨이퍼에 있는 미립자, 금속, 유기 오염물질을 씻어 낸다. 이 공정은 미립자, 금속, 유기물에 대하여 대단히 엄격한 규정을 적용하는 청정실 환경에서 이루어진다. 마지막 세척 공정을 거친 웨이

(a)

(b)

그림 I-24 실리콘 단결정 연마

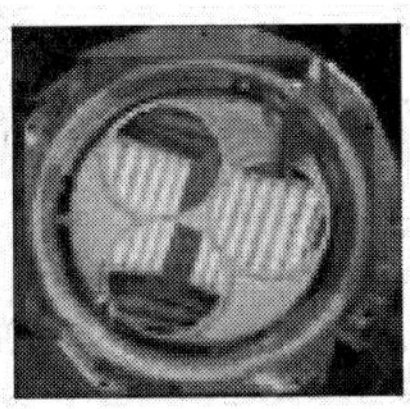

그림 I-25 에피택시얼 성장

퍼들은 0.1 μm 크기의 미립자까지 검출할 수 있는 레이저 검사 장치로 검사한다. 그리고 최종 검사가 끝나면 즉시 포장·출하되어 정해진 시간 안에 고객에게 전달된다.

03 회로 설계 및 마스크 제작

● 용어해설

확산(diffusion)
반도체 제조 공정 중, 고온의 전기로(furnace) 내에 서 농도차를 이용하여 웨이퍼에 불순물을 확산시키는 과정으로, 반도체 층의 일부분에 대한 전도 형태를 변화시키기 위한 공정이며, 온도 및 시간과 밀접한 연관을 가진다(참고:drive in).

건식 식각(dry etching)
가스나 플라스마, 이온 빔 등을 이용하여 행해지는 일련의 식각 공정을 통틀어 일컫는 말

플라스마(plasma)
원자나 분자는 외부에서 높은 에너지를 가해 주면 최외각 전자의 결합이 떨어져서 양이온 상태의 원자와 비결합 상태의 자유전자가 독립적으로 존재하게 된다. 이렇게 양이온과 음이온이 무작위로 흩어져 있는 상태를 물질의 제4상태인 플라스마라고 부르며, 전체적으로는 전기적으로 중성이다.

반도체는 수백 개의 공정 단계를 거쳐 만들어진다. 각 단계마다 마스크라고 부르는 2차원 설계도를 따라 패턴을 형성하며, 웨이퍼라고 하는 원판 위에 트랜지스터와 이를 서로 연결하는 회로로 제작된다. 따라서 설계하고자 하는 반도체 칩의 기능에 따라 마스크를 먼저 설계하고 이를 이용해 칩이 제작된다. 마스크의 모양은 무수한 사각형의 형태가 조합된 것이며, 여러 개의 마스크가 공정별로 구분되어 있다.

표 I-6 웨이퍼 세척 용액

대상 물질	세척 용액	세척 온도
웨이퍼	탈이온수(DI water) H_2SO_4/H_2O_2 아세톤, 메탄올 HF	상온 110℃ 상온 상온
확산/증착 전처리	$NH_4OH/H_2O_2/DI$ = 1:1:10 H_2SO_4/O_3	40~60℃ 110℃

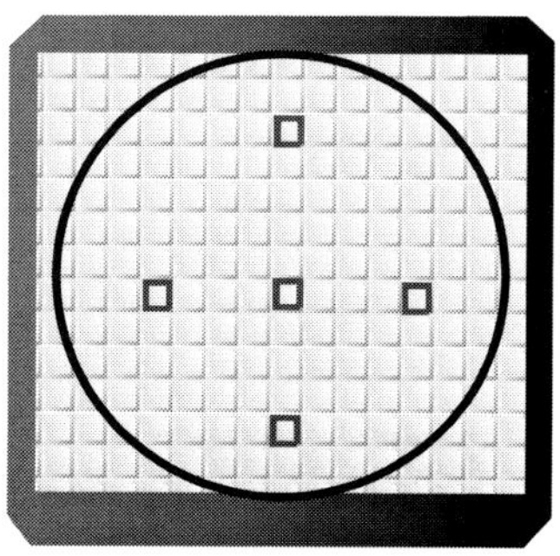
(a) 마스크

(b) 레티클

그림 I-26 마스크와 레티클

04 | 웨이퍼 가공

웨이퍼 가공은 웨이퍼 표면에 반도체 소자인 IC를 형성하는 제조 공정을 말한다. 웨이퍼를 가공할 때 웨이퍼에 회로를 형성하는 데는 많은 복잡한 공정이 필요하다. 공정 단계는 회로의 형태와 복잡도에 따라 다르다. 일반적으로 공정의 전(全) 단계는 30단계 정도의 주 공정과 주 공정마다 15단계 정도의 보조 공정으로 구성되어 있다. 그 중에 다음 세 가지의 기본 공정이 웨이퍼에 주로 적용된다.

- 박막 형성 : 여러 가지 물질의 박막을 웨이퍼 표면에 성장시킨다.
- 패턴 형성 : 웨이퍼로부터 박막을 선택적으로 제거한다.
- 도핑 : 웨이퍼의 저항과 전기 전도율이 도핑제 첨가에 따라 변화한다.

표 I-7은 세 가지 기본 웨이퍼 가공 공정의 개관을 나타낸 것으로, 그 기술도 함께 나타내었다.

표 I-7의 세 가지 기본 공정은 반도체 소자 제조에서 가장 많이 쓰이는 단계이다.

표 I-7 세 가지 기본 웨이퍼 가공 공정의 개관

분류	목적	기술
박막 형성	웨이퍼 표면에 막 형성	산화 : 대기압 CVD : EPI, 저압 플라스마 촉진 증착 : 금속 스퍼터링 : 금속, 절연체
패턴 형성	웨이퍼 위의 층 선택적 제거	포토레지스트(양성, 음성) 노광 : 접촉(contact), 프로젝션, 근접(proximity) UV, deep UV, 전자빔, X-ray 식각 : 습식, 건식(플라스마, 이온)
도핑	전도율 변화	열확산, 이온 주입

(1) 박막 형성

실리콘 반도체 소자를 만드는 첫 과정은 실리콘 웨이퍼 표면에 SiO_2 박막을 성장시키는 일인데 이 막은 절연체에 속한다.

이 외에 다른 물질로 코팅을 하기도 하는데, 이러한 막들은 종류에 따라서 절연체, 반도체, 도체로 나눈다. 표 I-8은 실리콘 반도체 제조 공정에서 쓰이는 박막의 종류와 박막 형성 기술을 나타내었다.

● 용어해설

박막(thin film)
1μ 이하의 얇은 층

열산화(thermal oxidation)
산소나 질소가스를 98~100℃의 물에 버블시켜 성장시키는 경우와 단순히 산소만을 이용해서 성장 시키는 열산화막

증착(evaporation)
고온의 열을 이용하여 물질을 증발시켜 웨이퍼에 증착시키는 공정으로, 금속을 단시간에 고온으로 가열하여 증발시키면 증발한 금속이 사방으로 튀어나가서 가까이에 있는 온도가 낮은 물 체(wafer)의 표면에 부착하여 얇은 금속 막이 형성되는 원리를 이용한 것이다. 반도체 제조공정에서 전자 빔(electron beam)이나 필라멘트를 쓰는 것이 보통이며, 이 조작은 금속이 고온으로 산화해 버리기 때문에 진공 속에서 하게 되는데 이것을 진공 증착(vacuum evaporation)이라고 한다.

스퍼터링(sputtering)
1852년 그로브(Grove)에 의하여 처음 발견되었으며, 높은 에너지(>30eV)를 가진 입자들이 타깃(target)에 충돌하여 타깃 원자들에게 에너지를 전달해 줌으로써 타깃 원자들이 방출되는 현상을 스퍼터링이라 하며, 이 현상을 이용하여 박막을 형성하는 기술로 사용된다.

표 I-8 반도체 공정의 박막 형성 기술

종류	열산화	화학 증착	증착	스퍼터링
절연체	SiO_2	SiO_2 Si_3N_4		
반도체		에피실리콘 다결정 실리콘		
도체		W Ti TiN $WiSi_2$	Al Al/Cu Ni Au	Al Al/Si Ti w

(2) 패턴 형성

웨이퍼 위에 형성된 박막을 부분적으로 제거하여 패턴을 형성한다(에피층은 다르다). 이러한 패턴 형성 공정은 사진 석판(photo lithography)이라 불린다. 설계된 회로 패턴은 처음에 크롬이 도금된 석영 유리판에 스텝퍼를 사용하여 노광하고 현상 및 식각 공정을 통하여 마스크나 레티클을 제작한다. 이렇게 제작한 마스크의 패턴은 회전 도포기에서 PR를 도포 후, 소프트 베이크된 웨이퍼와 함께 정렬기에 장착하고 UV(자외선)를 노광하고 현상하는 사진 석판 공정을 통해 웨이퍼 표면에 전사된다. 전사된 웨이퍼는 식각 공정을 통하여 표면의 산화물 층을 제거한다.

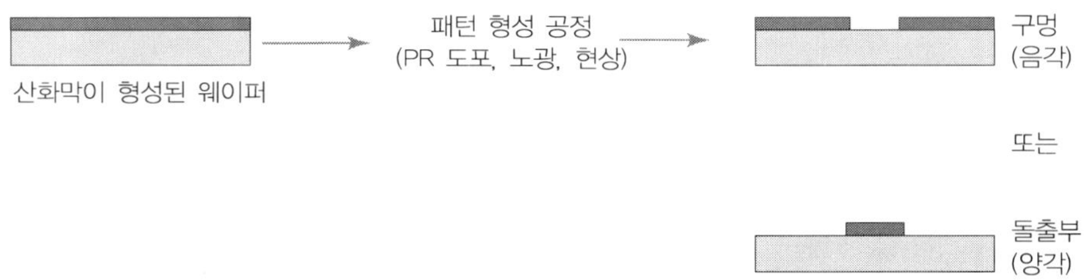

그림 I-27 패턴 형성

(3) 도핑(doping)

IC는 실리콘 웨이퍼 내에 형성된 트랜지스터, 다이오드, 저항의 조합으로 이루어져 있다. 이러한 요소들은 웨이퍼 표면에 전도 형태와 저항성을 바꾸기 위해 표 I-9와 같은 도핑제(dopant)가 첨가된 부분으로 구성되어 있다. 선택적인 도핑은 표면층에 형성된 확산 마스크(mask) 층(산화막)을 통해 이루어진다. 그림 I-28과 같이 도핑 방법에는 열확산법과 이온 주입법의 두 가지가 있다.

용어해설

PR(photoresist)
감광성 수지. 구성 성분은 다중체(polymer), 용제(solvent), 감응제(sensitizer)로 대표되며 현상되는 형태에 따라 양성(positive)과 음성(negative)으로 나뉜다. 양성인 경우는 sensitizer에 의하여 특징지어지며 음성 인 경우는 polymer에 의해서 특징지어진다. 미세 패턴을 얻기 위해서는 막이 얇고 균일하고, 핀홀이 없고 밀착성이 좋으며 내산성이 좋고 자외선 등에 대해 감도가 좋아야 한다.

음성 PR(negative photoresist)
빛을 받지 않은 부분이 현상(develop)시에 제거되는 PR

양성 PR(positive photoresist)
빛을 받은 부분이 현상(develop)시에 제거되는 PR

표 I-9 반도체 도핑 원소의 종류

도핑 원소	도핑제
B	B_2H_6(diborane, G), BBr_3(boron tribromide, L), BN(boron nitride, S), TMB(trimethy borate, L), B_2O_3(S)
P	PH_3(phosphine, G), $POCl_3$(phosphorous oxychloride, L), P_2O_5(S)
As	AsH_3(Arsine, G), As_2O_3(Arsenic Trioxide, S)
Sb	Sb_2O_3(Antimony Trioxide, S)

G : 가스, L : 액상, S : 고상

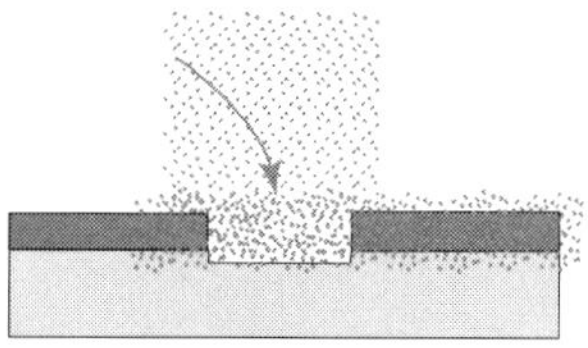

(a) 열확산법

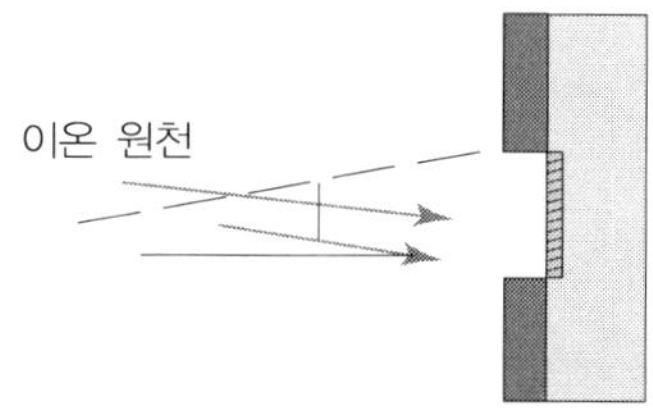

(b) 이온 주입법

그림 I-28 도핑 방법

1) 열확산법

열확산은 웨이퍼를 800~1,200℃ 가까이 가열하고, 도핑제를 함유한 고체, 액체, 기체에 노출시킴으로써 이루어진다. 불순물 원자는 웨이퍼 표면으로 확산해 들어가 불순물 원자가 도핑된 N형 또는 P형의 반도체를 형성한다.

2) 이온 주입(ion implantation)법

반도체 소자가 원하는 전기적 특성을 가지도록 반도체 기판 위에 필요한 부분에만 고전압으로 가속된 이온을 물리적으로 주입하는 기술이다. 이온 주입은 열확산보다 훨씬 낮은 온도인 200~400℃에서 일어난다.

> ● 용어해설
>
> **이온(ion)**
>
> 원자가 전자를 얻거나 잃은 상태를 말하며, 원자가 전자를 얻게 되면 음의 전 하를 띠게 되고, 전자를 잃으면 양의 전하를 띤다. 음 전하를 띠는 이온을 음이온, 양전하를 띄는 이온을 양이온이라고 한다.

05 칩 선별

웨이퍼 가공 공정 후에 웨이퍼는 개개의 칩으로 나누어 겉을 싸고 패키지로 연결한다. 이것을 **조립**(assembly) 또는 **패키지**(package)라고 하는데 마운팅과 결선 공정은 노동 집약적 공정이다. 사실 어셈블리하는데 소요되는 경비는 칩 제조단가와 비슷한 경우도 있다. 칩 중 상당수는 작동하지 않기 때문에 이를 조립하는 것은 낭비이다. 칩의 기능을 검사하는 일을 **칩 선별**(EDS : Electrical Die Sort)이라고 한다. 이 시험을 위해 웨이퍼는 진공 척에 고정되고, 다이의 각 본딩 패드는 금속 프로브(probe)로 연결된다. 접촉되면 다이의 DC 파라미터와 기능을 검사한다. 실제 검사는 컴퓨터로 진행되며, 1초에서 수분 정도의 시간이 소요된다.

06 조립 공정

웨이퍼 선별 후 거치는 주요 조립 공정은 다음과 같다.

(1) 뒷면 처리

웨이퍼는 패키지에 맞도록 기계적으로 얇게 연마하거나 패키지 다이에 붙도록 금속 박막을 증착한다.

(2) 선별(pick)

전기적 특성이 불량한 다이는 색을 칠해 표시하여 조립 공정으로 보내진다(레이저 수술 공정을 통해 재생도 실시함).

● 용어해설

–다이(die)
웨이퍼상에 소자 가공이 끝난 상태의 개개의 IC(=chip, pellet)

(3) 다이 분리(die separation)

웨이퍼는 스크라이빙이나 톱질에 의해 절단되어 분할된다.

(4) 다이 부착(die bonding)

패키지 제작을 위해 칩을 리드 프레임에 접착시키는 과정이다. 다이를 패키지에 붙인다.

(5) 도선 접착(wire bonding)

금이나 알루미늄의 가는 선으로 본딩 패드와 패키지의 접속 단자를 연결한다.

(6) 밀봉

다이를 밀봉해서 보호하기 위해 패키지에 껍질을 씌운다.

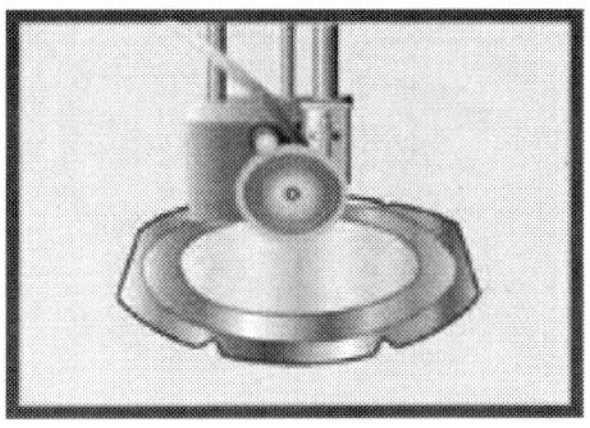

절단(sawing)

테이프에 접착된 웨이퍼를 고속으로 회전하는 다이아몬드 휠을 이용하여 개별의 반도체 칩으로 절단시키는 공정

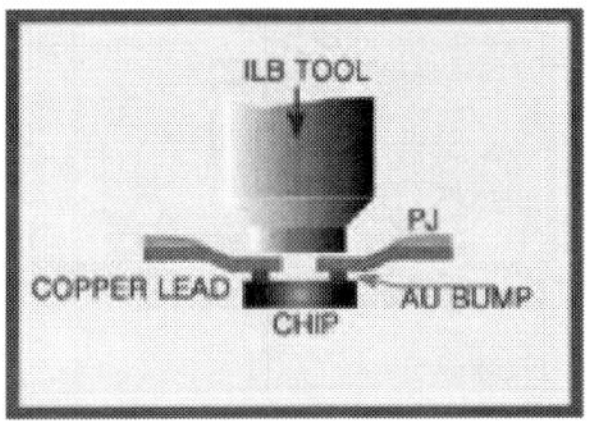

리드 부착(ILB : Inner Lead Bonding)

절단한 웨이퍼의 각각의 칩들의 금(Au) 범프(bump)의 내부 리드를 리드 부착 도구를 사용하여 온도, 압력, 시간을 주어 연결시키는 공정

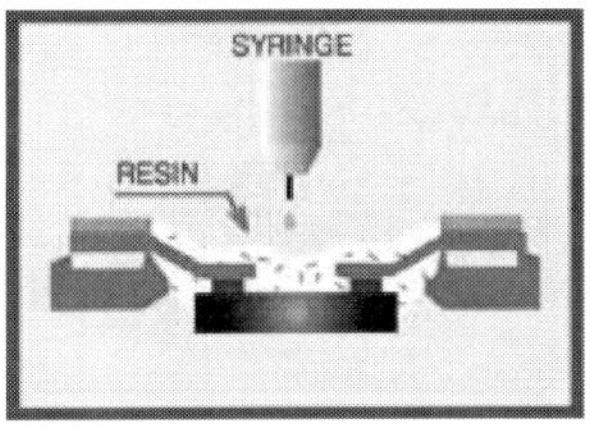

밀봉(potting)

리드 부착 공정 이후 칩의 표면에 액상 수지로 도포하여 외부 환경으로부터 칩을 보호시키기 위한 패키지 형성 공정

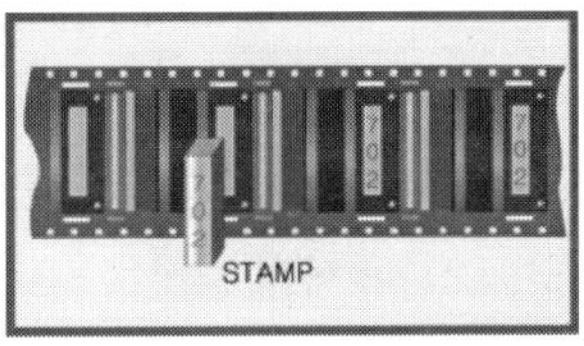

마킹(marking)

패키지의 수지 도포 표면 위에 UV 잉크로 제품의 명칭이나 제조 시기 등 제품을 구분, 관리하기 위해 활자로 인쇄하는 공정

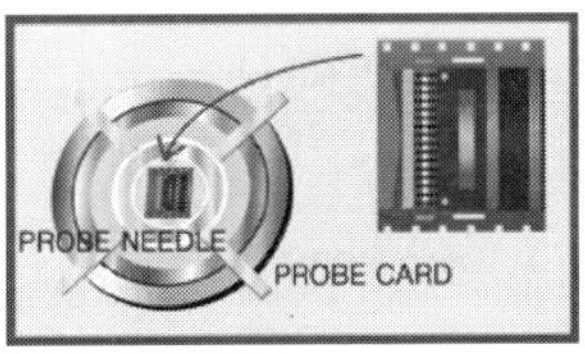

프로브 검사(probe testing)

컴퓨터를 이용하여 패키지의 외부 전극에 프로브 바늘을 접촉시켜 제품의 전기적 특성의 이상 유무를 판별, 양품만을 선별해내는 공정

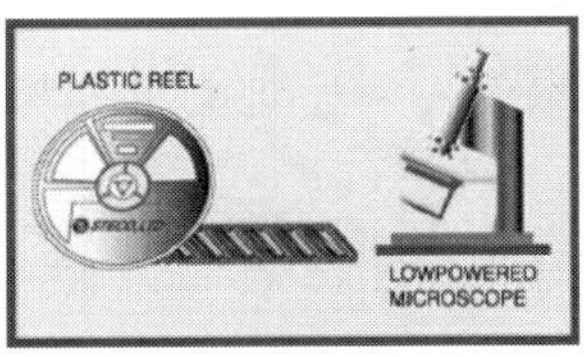

육안 검사(visual inspection)

전기적 특성을 판별하여 양품의 제품을 최종적으로 이물질의 부착, 오염, 흠집 등의 외관 검사를 하는 공정

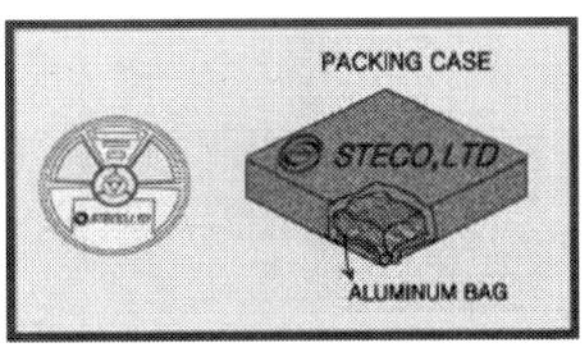

포장(packing)

모든 공정이 끝난 제품을 정전기, 습기 등으로부터 보호하기 위한 개별 포장 및 운송 포장 공정

그림 I-29 조립 공정도

(7) 환경 및 기계적 실험

회로와 패키지의 고온, 습도, 기계 충격 등에 대한 저항을 실험한다. 고신뢰도(high reliability) 회로 소자는 더 엄격한 시험을 받는다.

(8) 최종 시험

완성된 제품은 웨이퍼 선별에서처럼 전기적 시험을 받는다.

07 IC 제조 공정

트랜지스터의 종류에 따라 집적 회로를 분류하면 양극성(bipolar)과 단극성의 MOS(Metal Oxide Semiconductor)형으로 나누어진다. 바로 이런 트랜지스터, 저항, 커패시터가 웨이퍼 위에 만들어지며 서로 연결되어 반도체 IC로서의 기능을 발휘하게 된다.

IC의 제조 공정은 전공정과 후공정으로 나눌 수 있다. 전공정은 실리콘의 기판에 트랜지스터, 저항 등을 만들어 이른바 IC 칩을 만드는 공정이고, 후공정은 칩을 패키지에 밀봉해서 IC로 만드는 공정이다. 여기에서는 간단한 양극성 트랜지스터와 단극성의 MOS FET를 예로 하여 전공정의 기본을 설명한다. 실제의 IC에서는 이러한 트랜지스터가 하나의 칩에 수백 개로부터 수만 개, MOS LSI의 경우 많은 것에는 수천만 개나 들어가 있다. 또, 1매의 웨이퍼에 이런 칩이 수십 개로부터 수천 개도 들어가 있다.

(1) 양극성 트랜지스터 제조 공정

두 개의 극성(極性)을 가진 전하(전자와 정공)가 주로 수직으로 이동하며 그 작용에 관여하는 트랜지스터이다.

Bi(두 개) + Polar(극성)

양극성 트랜지스터는 이미터, 베이스, 컬렉터의 3개 부분이 서로 접촉하고 있는 형태로 되어 있으며 이미터-베이스, 베이스-컬렉터 간에 두 PN 접합을 가지고 있다. 일반적으로 양극성 트랜지스터는 고속이기는 해도 전력 소비가 많고 제조 공정이 복잡하기 때문에 VLSI급 이상에서는 많이 사용되지 않는다.

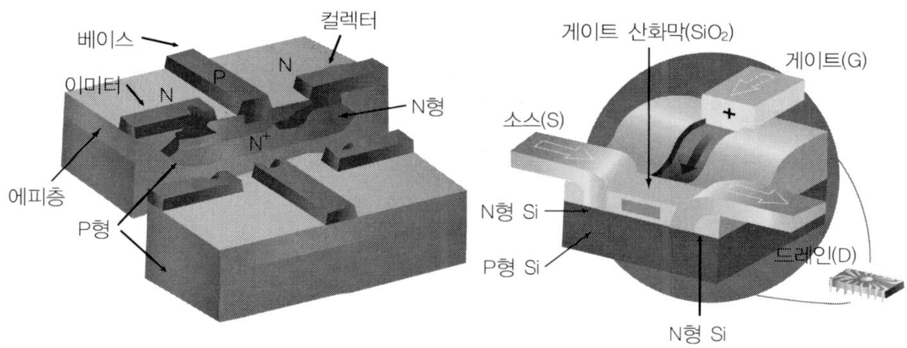

(a) 양극성 접합 트랜지스터(BJT) (b) 단극성 트랜지스터(MOS FET)

그림 I-30 트랜지스터의 구조

1) 실리콘 웨이퍼

NPN형 트랜지스터의 기판으로서 P형 실리콘 단결정을 원반상으로 절단한 것을 사용한다.

2) 매립층의 형성

컬렉터용 전극을 형성하기 위해 높은 농도의 N형층(N^+)을 만들어 저항을 감소시킨다. 이 층은 에피택시얼층 아래에 파묻히므로 **매립층**(buried layer)이라고 말한다.

● 용어해설

매립층(buried layer)
에피층을 키우기 직전에 P형 기판에 P, As와 같은 N^+ 확산을 하는 것, 소자 전류 경로에 저저항을 제공한다. 보통의 매립층 도핑제는 Sb나 B이다.

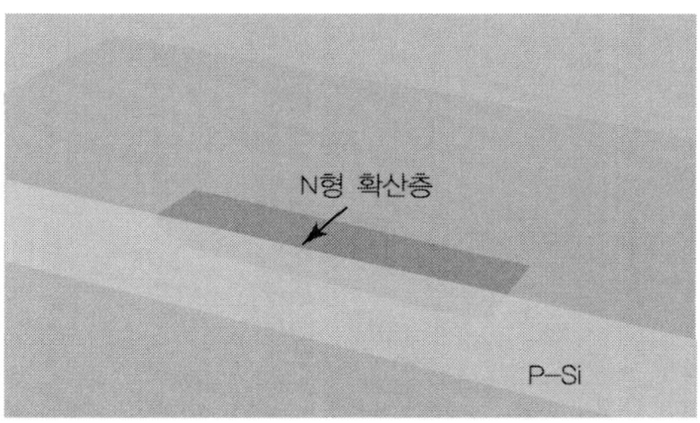

그림 I-31 매립층 형성

3) 에피택시얼 성장

기상 증착법으로 웨이퍼 위에 N형의 실리콘 단결정층을 성장시킨다.

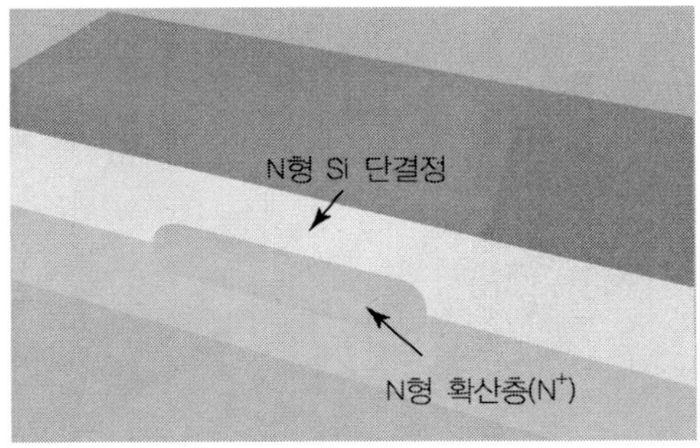

그림 I-32 에피택시얼 성장

4) 고립(isolation) 확산

1개의 트랜지스터를 형성하는 영역을 분리하기 위해서 높은 농도의 P형 불순물(P^+)을 확산시킨다. 이곳에 역바이어스가 작용되게 된다.

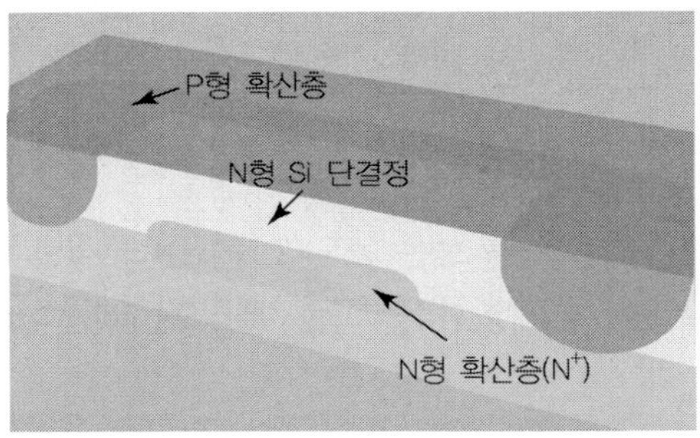

그림 I-33 불순물의 고립 확산

5) 컬렉터 형성

컬렉터가 되는 매립층으로 연결되는 높은 농도 N형 불순물(N^+)을 열확산 또는 이온 주입시킨다.

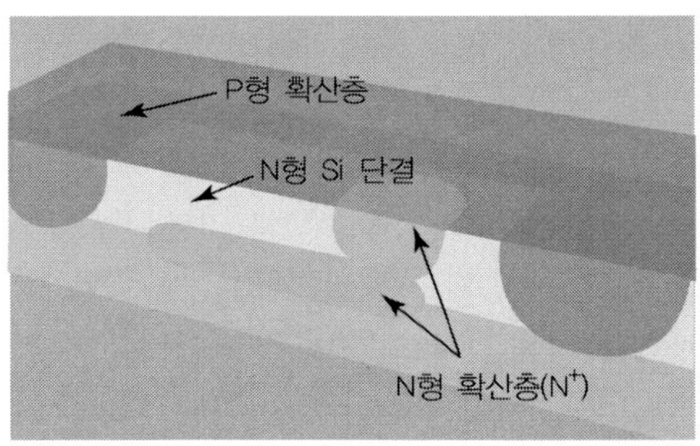

그림 I-34 N형 불순물의 확산

6) 베이스 형성

베이스 영역과 고립 확산층에 P형 불순물을 열확산 또는 이온 주입시킨다.

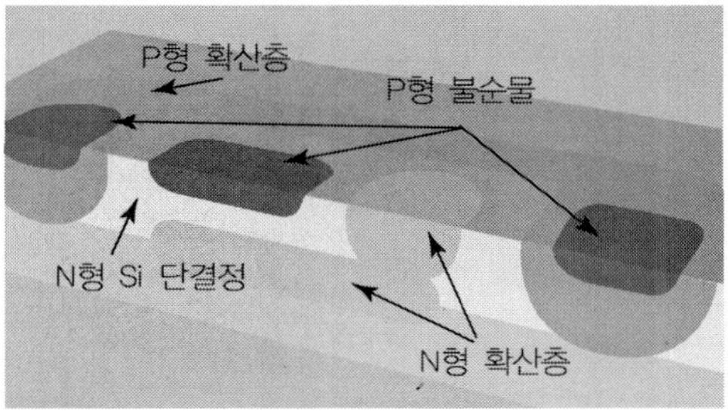

그림 I-35 P형 불순물의 확산

7) 이미터(emitter) 형성

이미터 영역에 높은 농도의 N형 불순물(N^+)을 열확산 또는 이온 주입시킨다.

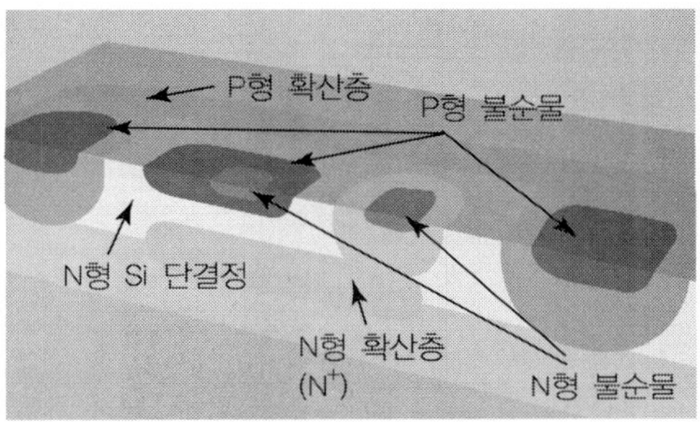

그림 I-36 N형 불순물의 확산

8) 산화막 형성

상층면에 산화막을 형성한다.

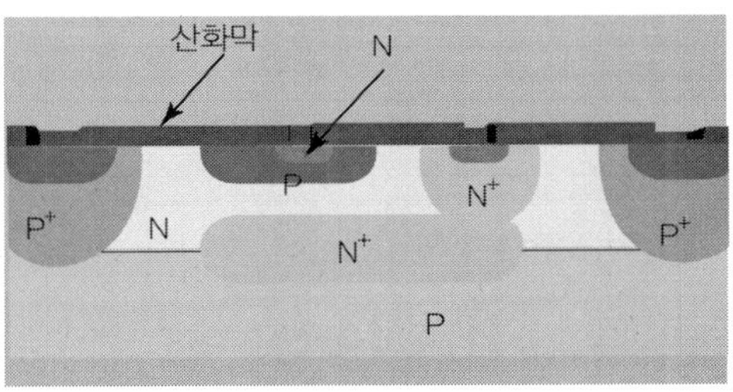

그림 I-37 산화막 형성

● 용어해설

P^+

P형 불순물(B)을 과잉으로 도핑하여 전도성을 좋게 한 것

N^+

N형 불순물(P)을 과잉으로 도핑하여 전도성을 좋게 한 것

9) 콘택트 홀 형성

전극을 연결하기 위해 웨이퍼 표면의 실리콘 산화막에 구멍을 뚫는다.

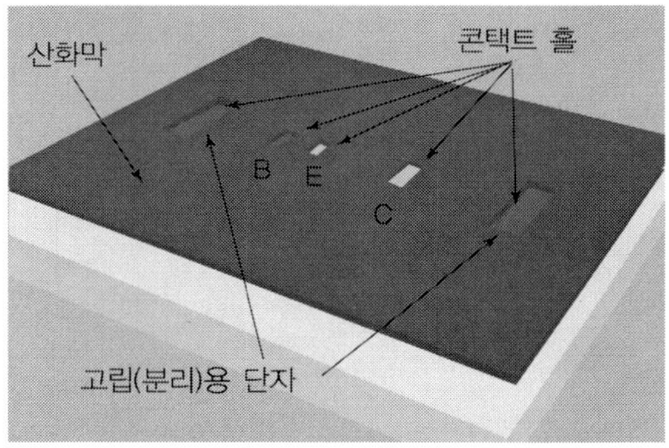

그림 I-38 콘택트 홀 형성

10) 알루미늄 배선

콘택트 홀을 통해 알루미늄의 박막으로 배선을 한다. 이것은 일단 전면에 알루미늄 막을 증착시킨 후, 부분적으로 식각(etching)을 해 배선 부분을 남긴다.

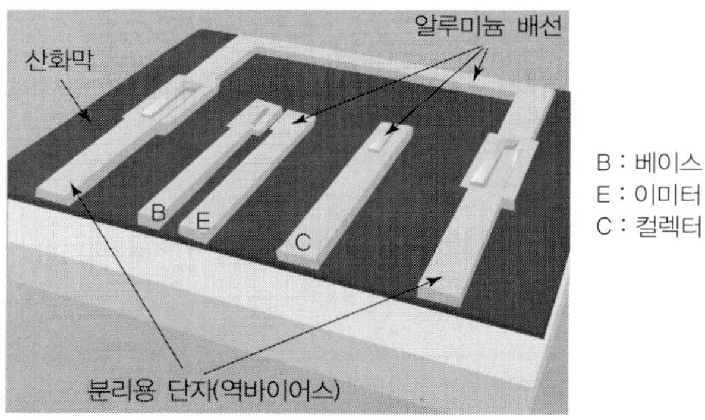

그림 I-39 알루미늄 배선

11) 보호막의 형성

밖으로부터 더러운 오염물이라든지 기계적인 손상을 막기 위해 칩의 표면에 CVD법을 사용하여 SiO_2 보호막을 형성시킨다. 그후 사진 석판 기술에 의해 칩의 전극(bonding pad)을 식각하고 PR를 박리한다.

12) 검사

제작된 IC 칩이 정상적으로 동작하는지 여부를 1개씩 검사하고, 동작하지 않는 칩에는 잉크로 점을 찍어 표시를 한다.

13) 칩의 절단 분리

통상 1매의 웨이퍼 위에 동시에 수십~수천 개의 칩이 만들어진다. 이것들을 다이아몬드 커터로 1개씩 칩을 분리한다.

(2) MOS FET 제조 공정

MOS 트랜지스터는 산화막에 의하여 전기적으로 절연된 게이트(gate : 제어 목적으로 쓰이는 전극)에 전압을 걸어 수평으로 흐르는 전류의 통로를 제어하는 전기장 효과 트랜지스터(field effect transistor)이다. 제조 공정이 비교적 간단하고 전력 소비가 적어서 대규모 집적에 적합하다. 처음에는 제조하기가 쉽다는 점에서 N형 실리콘을 기판으로 사용하는 PMOS형이 사용되었으나 동작 속도가 느리기 때문에 보다 고속인 NMOS형이 채용되기 시작하였다.

● 용어해설

MOS FET(metal oxide semiconductor field effect transistor)
실리콘 위의 얇은 산화막 위에 금속 게이트를 가진 전 계 효과 트랜지스터

그렇지만 VLSI급 이상에서는 전력 소비가 많으므로, 이들을 조합한 형태인 CMOS (Complementary MOS)형이 주류를 이루고 있다.

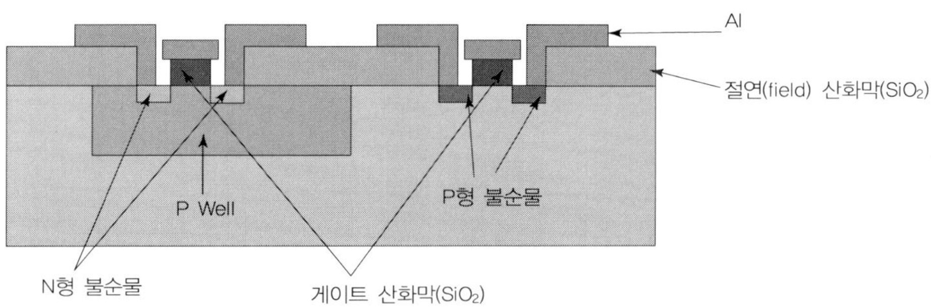

그림 I-40 CMOS의 구조

그림 I-41은 NMOS형 트랜지스터의 제조 공정을 나타낸 것이다.

1. 자연 산화막

대기 중 산소에 의해 실리콘이 산화되어 형성된 막(약 30Å)

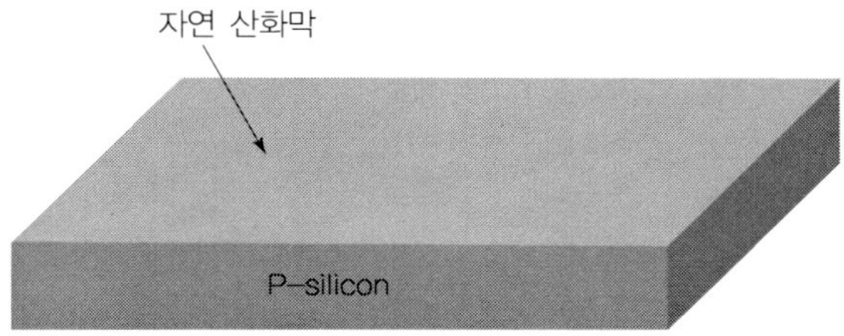

2. 초기 세정(wet station에서 작업)

아세톤(유기물 제거), 5분 메탄올(아세톤 잔류물 제거), 5분

황산(황산 : 과산화수소= 3 : 1) 무기물 제거, 2분 탈이온수, 5분

불산 세정(탈이온수 : HF = 10 : 1), 식각 속도 : 5~10Å/초

웨이퍼 초기 세정

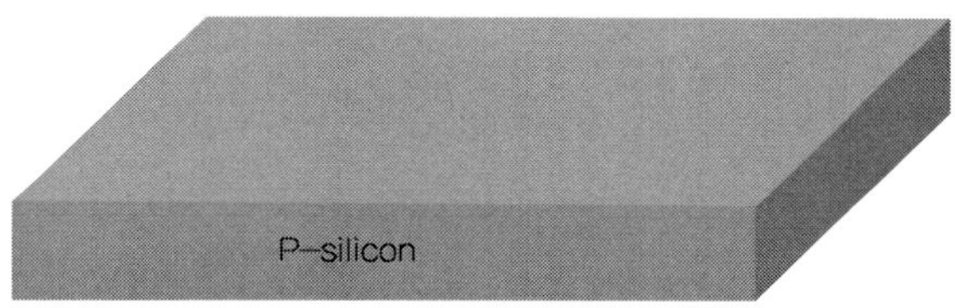

규소는 소수성, 산화규소는 친수성이므로 세정 상태를 물이 묻어 있는 상태로 확인 가능

3. 습식 산화(furnace에서 작업)

P형 실리콘으로 형성된 웨이퍼의 표면을 산화시켜 얇은 실리콘 산화막(SiO_2)을 만든다.

승온 단계 : 400℃ → 700℃ → 1,100℃

시험편의 장입과 배출 시 3분 정도의 시간 동안 서서히 이동하여 열충격을 방지한다.

1,100℃ × 50분(4,000Å 이상 성장)

고순도(99.999%) 질소가스 분위기(4mL/min)

산화막의 성장 속도는 질소 분위기일 경우는 5,700Å/시간이고, 산소 분위기에서는 4,900~5,000Å/시간이다.

● 용어해설

습식 산화(Stream oxide)

산소나 질소가스를 98~100℃의 물에 버블시켜 키우는 열 산화막

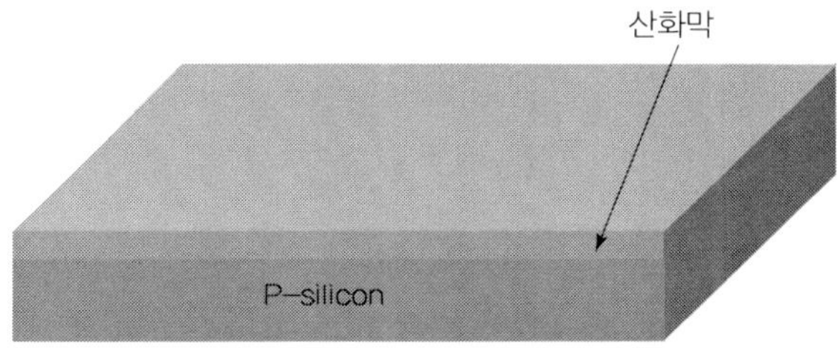

4. 세정(초음파 세척기에서 작업, 상온)

아세톤(5분) → 메탄올(5분) → 탈이온수(5분)

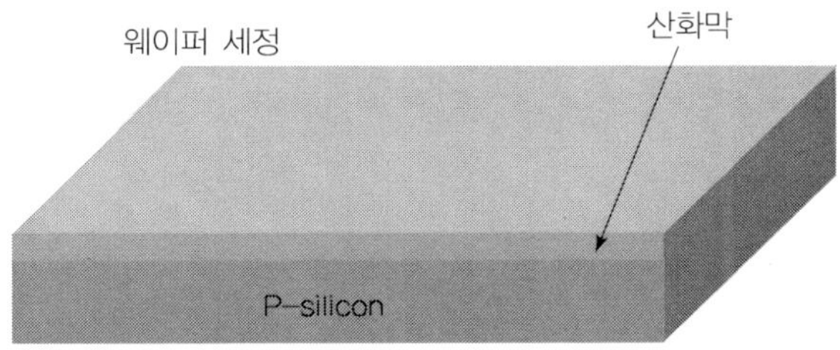

5. PR 도포(Yellow room에서 작업)

회전 도포기의 회전 속도(2,500rpm × 5초(PR 펴 줌), 3,500rpm × 25초(두께 조절), 2,500rpm × 5초)

사용 PR : AZ 1512 양성(감광 부분이 분해하여 현상시 소실됨)

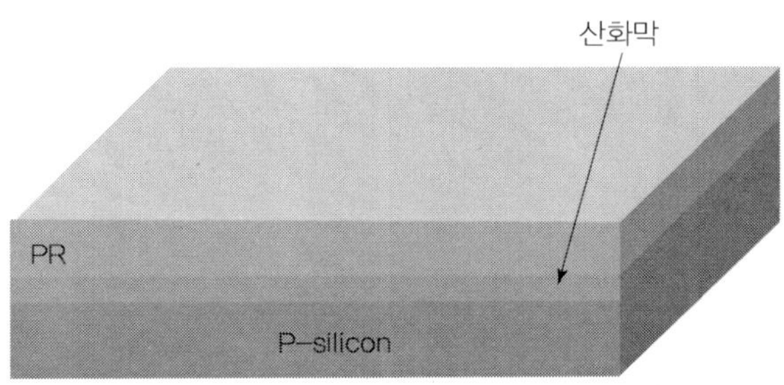

6. 소프트 베이크

PR에 포함된 용제의 양을 감소시켜 변형에 대한 강도와 밀착력을 향상시킨다.

90℃ × 10min

7. 노광

PR막에 적절한 노광을 하여 선택적으로 고분자화한다.

정렬기에서 마스크(#1)를 통해 노광한다.

노광 시간 : 45초, gap : 180μm

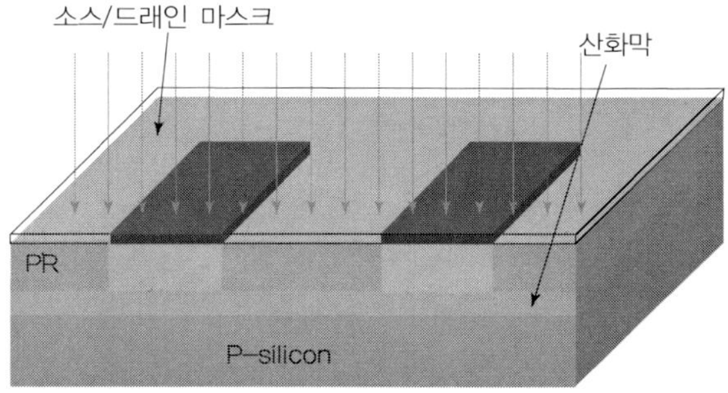

8. 현상

마스크 패턴에 의해 노광된 부분이 분해하여 소실된다(양성 PR).

사용 시약 : MIF 300

시각적으로 보면서 현상을 하고 최종적으로는 건조 후, 현미경으로 현상 상태를 확인한다(×50).

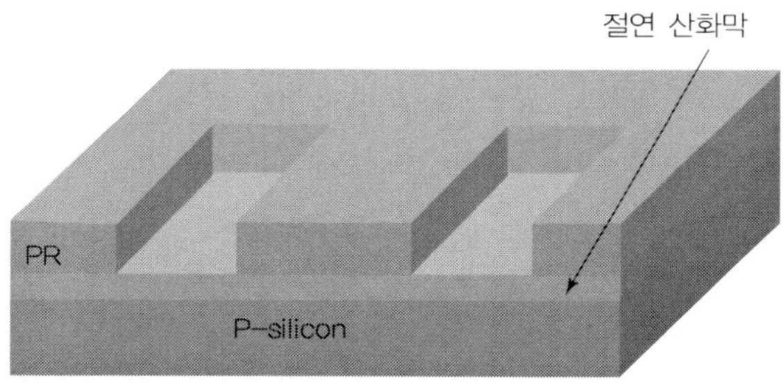

9. 하드 베이크

잔류 용제를 제거하여 막의 밀착력을 향상시키고 경도를 높여 식각 용액에 대한 내구성을 높인다.

120℃ × 12분

10. 식각

PR에 의하여 마스킹되지 않은 부분을 식각 용액을 사용하여 식각하여 필요한 패턴을 얻는다.

BHF(NH4F : HF = 6 : 1) 4분, 식각 속도 : 800~1,000Å/분

● 용어해설

베이크(bake)

PR 도포 후 열에 굽는 것으로 식각이나 현상시 PR의 접착력을 증가시키기 위한 목적으로 이용되며, soft bake, hard bake, post bake가 있다.

① soft bake : 웨이퍼에 PR를 도포하고 나서 약 100℃로 굽는 것
② hard bake : 식각 공정 이전에 130~140℃로 베이크 오븐에서 굽는 것
③ post bake : PR가 도포된 웨이퍼를 정렬기로 노광(exposure)한 다음 약 100℃로 굽는 것

현미경으로 현상 상태를 확인한다(×50).

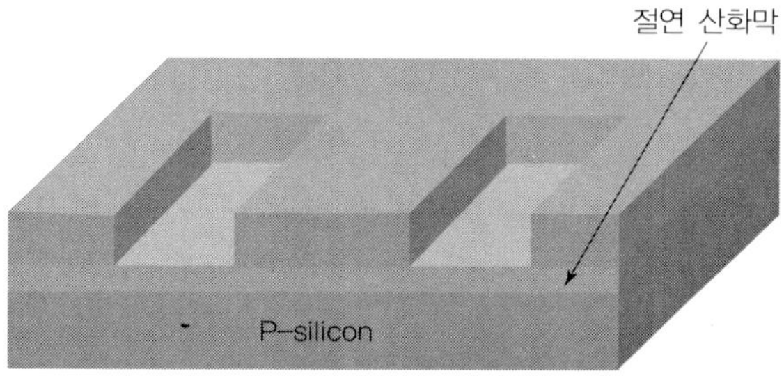

11. PR 박리

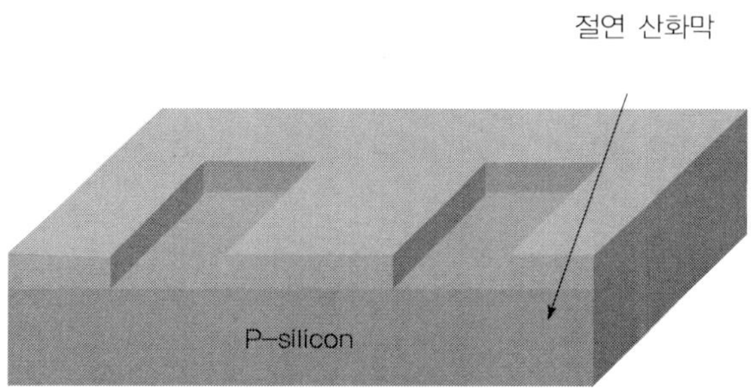

12. 세정

13. 불순물 도핑

N형의 소스와 드레인을 만들기 위해 게이트 부분의 양쪽에 N형 불순물인 인(P)을 침투시키고, 가열하여 확산 및 산화막을 생성한다.

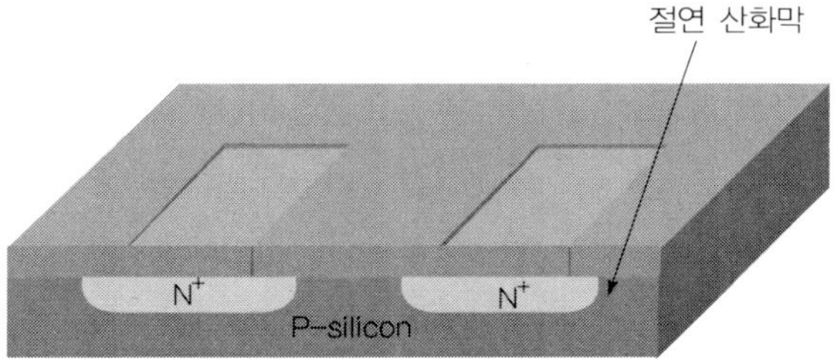

회전 도포기(spinner)를 사용하여 액체 상태인 P_2O_5를 도포한다.

회전 속도(2,500rpm × 5초, 3,500rpm × 25초, 2,500rpm × 5초)

소프트 베이크(110℃ × 10분) : 수분, 휘발 성분 제거

14. 프리데포지션(predeposition)(100 Å)

1,050℃ × 10분

분위기 : 질소로 전기로 내 분위기를 잡은 후, 고순도 산소(5mL/min.)

15. PSG 식각

BHF(6 : 1) 1분 30초

16. 세정(초음파, 상온)

아세톤(5분) → 메탄올(5분) → 탈이온수(5분)

17. 드라이브 인(drive in)

1,100℃ × 20분

분위기 : 습식, 캐리어 가스는 산소(또는 질소)

18. 세정(초음파, 상온)

아세톤(5분) → 메탄올(5분) → 탈이온수(5분)

19. PR 도포

회전 도포기 속도(2,500rpm × 5초, 3,500rpm × 25초, 2,500rpm × 5초)

사용 PR : AZ 1512 양성(감광 부분이 분해하여 현상 시 소실됨)

20. 소프트 베이크

90℃ × 10min

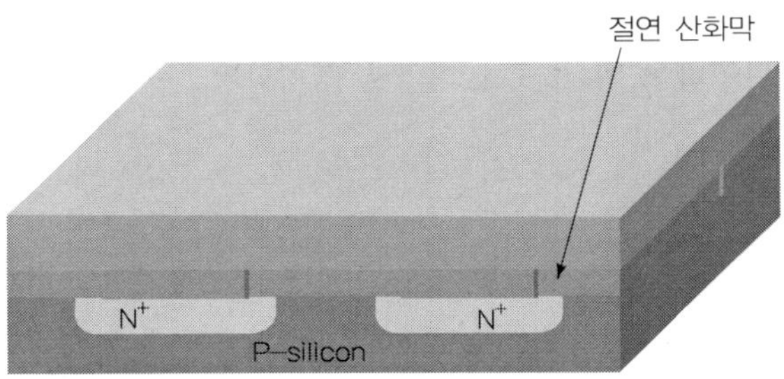

21. 노광

정렬기에서 마스크(#2)를 통해 노광한다.

노광 시간 : 52초

마스크-웨이퍼 간극 : 100μm

● 용어해설

프레데포지션(predeposition)
정해진 양의 도핑제가 반도체 결정에 들어가는 공정

BSG(Boro-Silicate Glass)
반도체 표면의 안정화 등에 사용되는 silicate 유리의 일종으로 B과 Si이 결합한 유리질의 혼합물이다. 이 물질은 열확산 과정, 고주파 스퍼터링, CVD법 등으로 생성된다.

드라이브 인(drive in)
공정의 하나로 웨이퍼 표면에 주입된 B, P 등의 불순물을 전기로에서 고온으로 장시간 열처리하여 웨이퍼 기판 내부로 침투시키는 공정

PSG(Phospho Silicate Glass)
산화실리콘의 표면에 P를 확산할 경우 산화실리콘의 표면은 P를 다량 함유한 층으로 바뀐다. 이 층을 PSG라고 한다. PSG는 수분이나 그밖의 불순물을 흡착하는 성질이 있고, 또 PR의 밀착성을 나빠지게 하므로 P 확산 후에 이것을 제거해 버리는 경우가 있으며, 또 gattering 효과를 위해 남겨 놓는 경우도 있다.

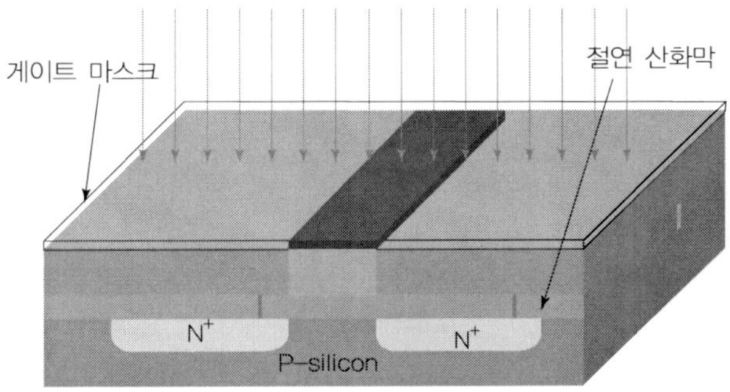

22. 현상

사용 시약 : MIF 300(5~10초)

23. 하드 베이크

120℃ × 12분

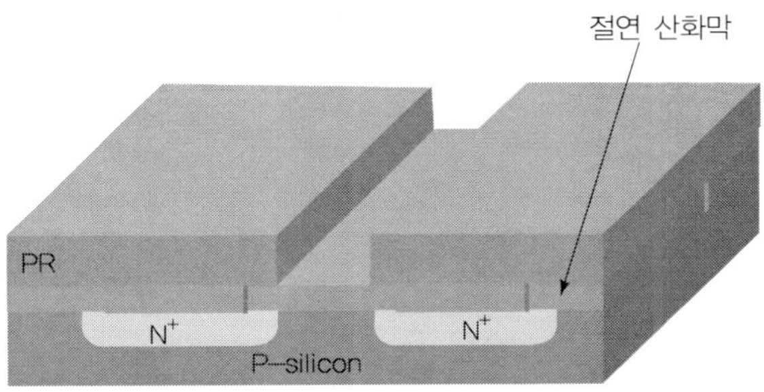

24. 식각

BHF(6 : 1) 4분

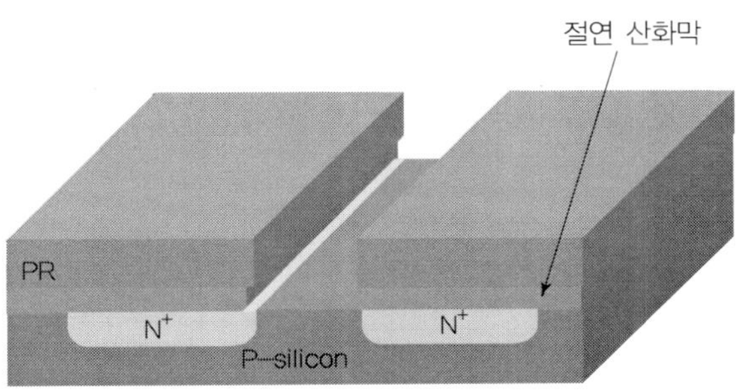

25. PR 박리

PR 박리제(80℃에서 약 1분 30초)

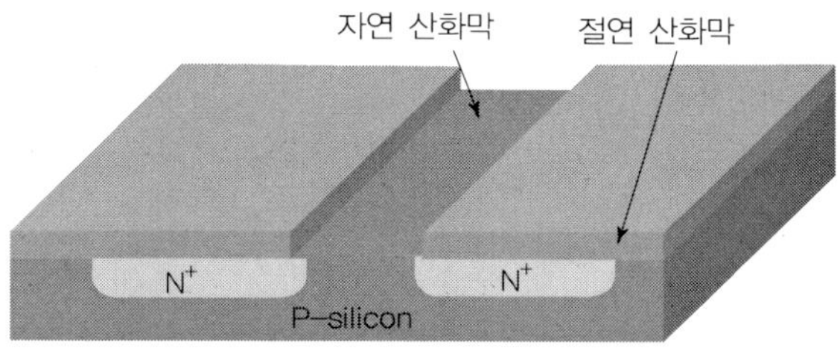

26. 세정(초음파, 상온)

아세톤(5분) → 메탄올(5분) → 탈이온수(5분)

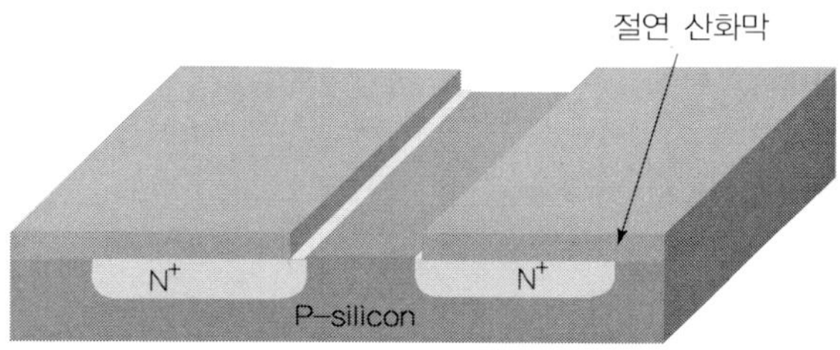

27. 건식 산화(700Å)

1,100℃ × 30분

분위기 : 산소(5mL/min)

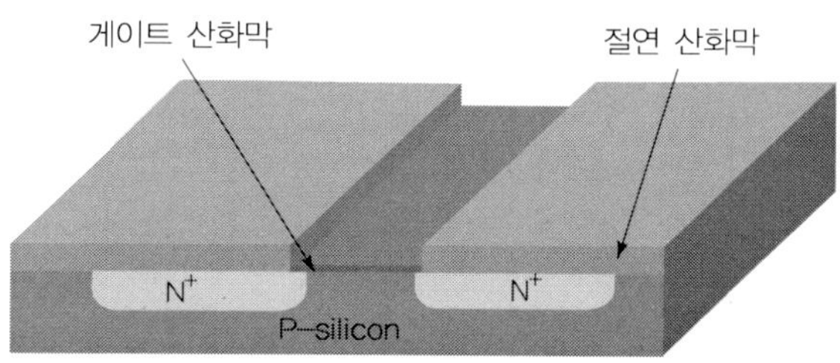

28. 세정(초음파, 상온)

아세톤(5분) → 메탄올(5분) → 탈이온수(5분)

29. PR 코팅

회전 도포기 속도(2,500rpm × 5초, 3,500rpm × 25초, 2,500rpm × 5초)

사용 PR : AZ 1512 양성(감광 부분이 분해하여 현상 시 소실됨)

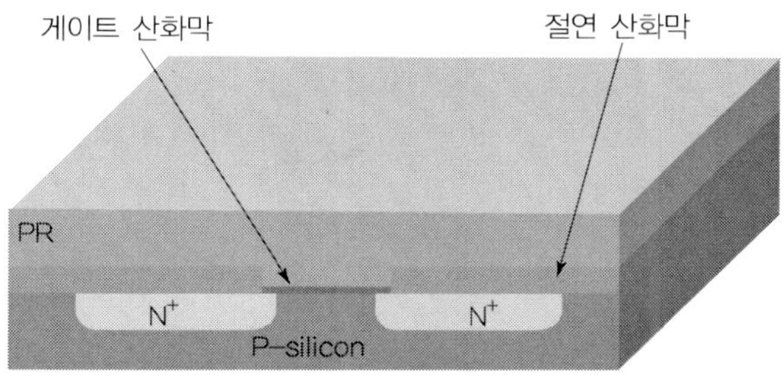

30. 소프트 베이크

90℃ ×10 min

31. 노광

정렬기에서 마스크(#3)를 통해 노광한다.

노광 시간 : 52초

마스크-웨이퍼 간극 : 100μm

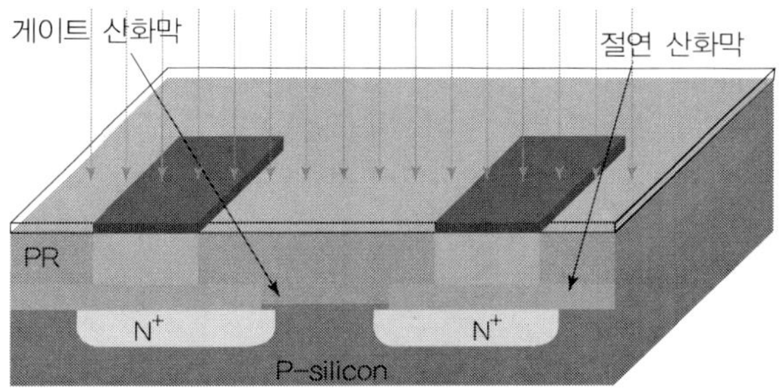

32. 현상

사용 시약 : MIF 300(15초)

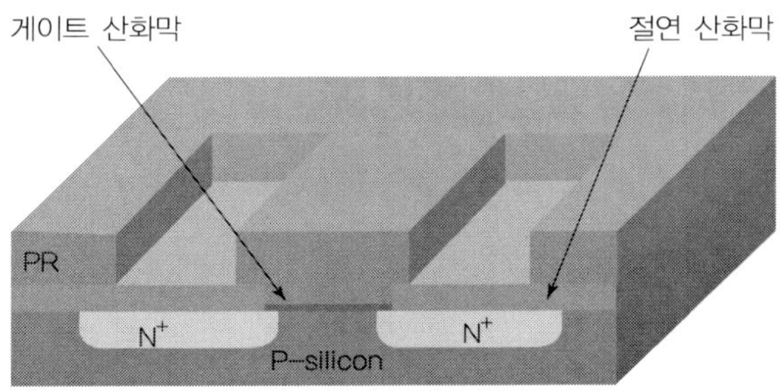

33. 하드 베이크

120℃ × 15분

34. 식각

BHF(6 : 1) 5분

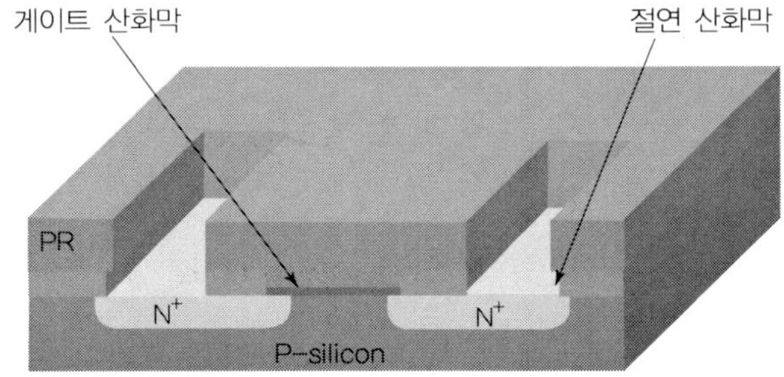

35. PR 박리(1분, 80℃)

36. 세정(초음파, 상온)

아세톤(5분) → 메탄올(5분) → 탈이온수(5분)

37. Al(99.99%) 또는 Al-Si 증착

진공 증착 조건 : 로터리 펌프 + 터보 펌프(10^{-5} Torr), 4A

Al : 두께 2,000Å 이상 요망

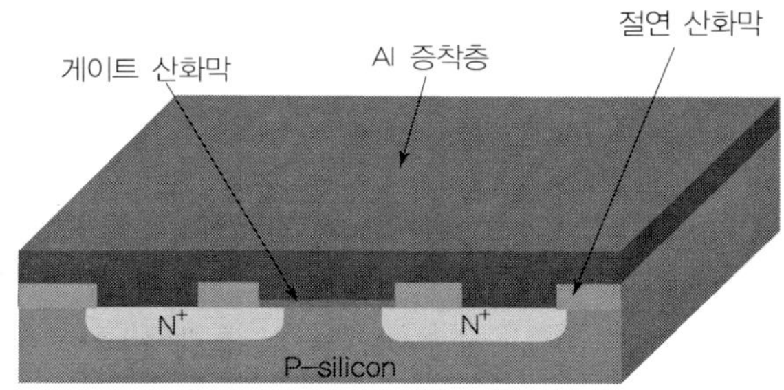

38. 세정(초음파, 상온)

아세톤(5분) → 메탄올(5분) → 탈이온수(5분)

39. PR 코팅

회전 도포기 속도(2,500rpm × 5초, 3,500rpm × 25초, 2,500rpm × 5초)

사용 PR : AZ 1512 양성(감광 부분이 분해하여 현상시 소실됨)

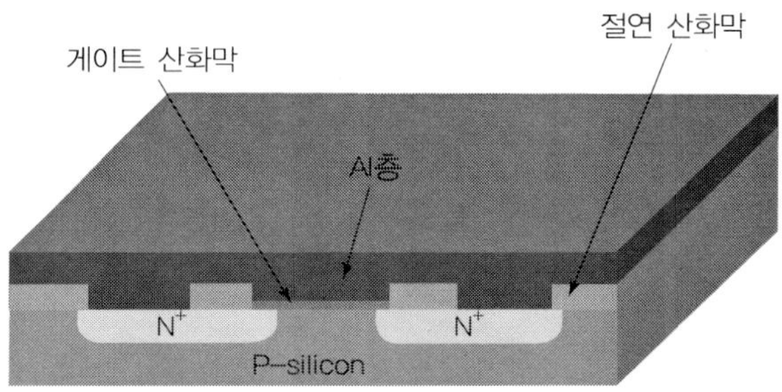

40. 소프트 베이크

90℃ × 10 min

41. 노광

정렬기에서 마스크(#4)를 통해 노광한다.

노광 시간 : 52초

마스크-웨이퍼 간극 : 100 μm

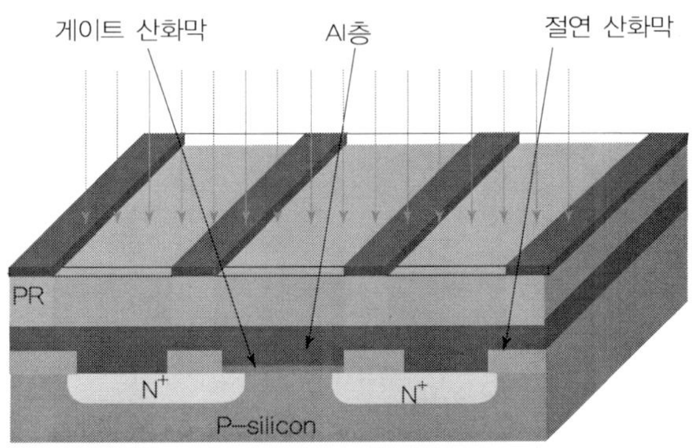

42. 현상

사용 시약 : MIF 300(15초)

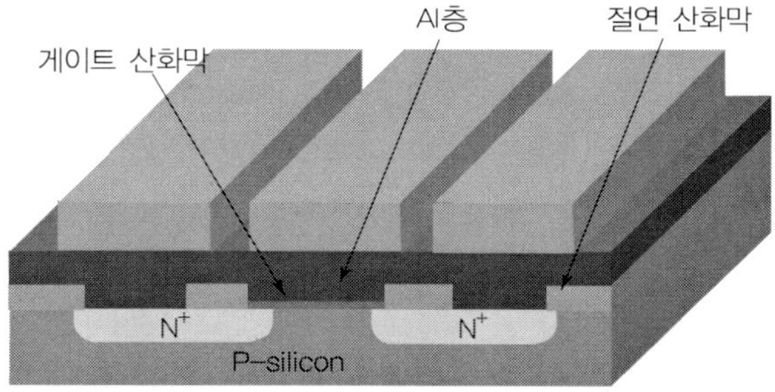

43. 하드 베이크

120℃ × 15분

44. 알루미늄 식각(aluminium etch)

Aluminium ETCH III를 적당히 가열하여 10~15초간 부식한다.
수세 후 현미경(×50) 관찰을 통하여 식각이 완료되었는지 검사한다.

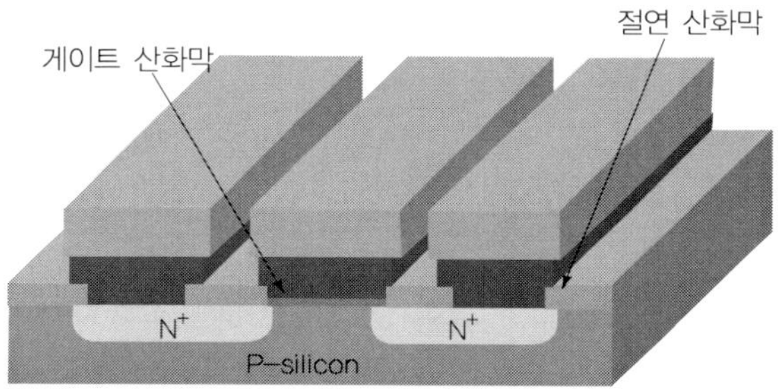

45. PR 박리

PR 박리제(AZ 400T)(1분, 80℃)

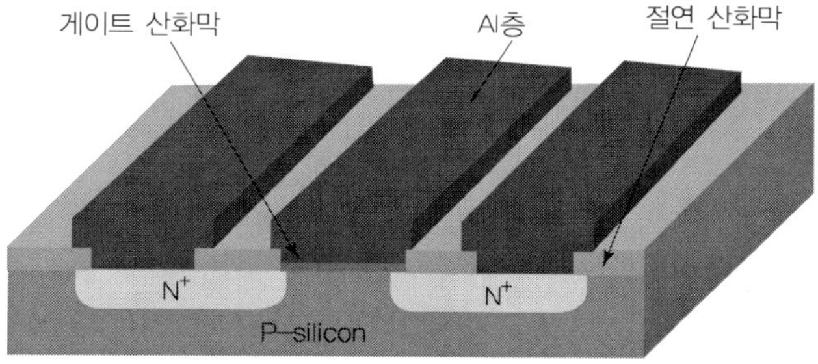

46. 세정(초음파, 상온)

아세톤(5분) → 메탄올(5분) → 탈이온수(5분)

47. 어닐링(전극의 밀착력과 저항 접촉 형성)

450℃ × 30분

질소가스 분위기 : 3 mL/min.

48. 보호 산화막 코팅(표면 긁힘 방지)

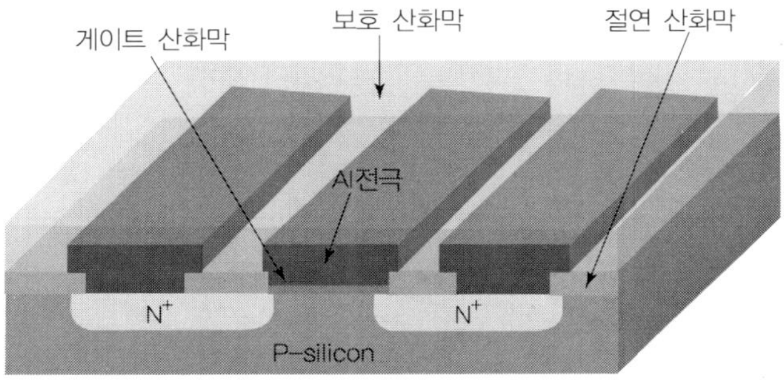

49. PR 도포

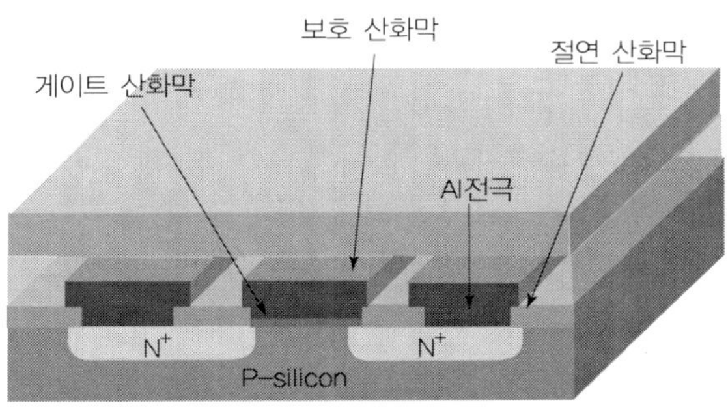

50. 소프트 베이크

51. 노광(마스크# 5) : 패드 패턴 형성

52. 현상

53. 하드 베이크

54. 식각 : 패드 형성

● 용어해설

증착(deposition)
물리적 혹은 화학적 반응을 이용하여 박막을 웨이퍼 표면에 붙도록 침적시켜 놓는 과정

55. 뒷면(back side) 알루미늄(99.99% Al) 증착 : 접지 전극 형성(역바이어스용)
로터리 펌프 + 터보 진공 펌프(10^{-5} Torr), 4A 전류

56. 소자 특성 측정
① I-V 특성(east 150M, east technologies Co. LTD) 도핑 농도
저항 접촉(TLM, transmission line measurement) 게이트 산화막의 하전 특성
② C-V 특성 곡선(HP 4280) 전도성 측정
정전 용량 측정
③ 홀(hall) 측정(전자 농도, 저항, 이동도, 반도체 형태(홀 계수가 -이면 N형, +이면 P형)

57. 패키지 후 최종 검사

그림 I-41 NMOS 트랜지스터 제조 공정

(3) 후공정 편

후공정은 칩을 패키지에 밀봉해 IC로 만드는 공정이다. 여기에서는 DIP형 IC를 예를 들어 후공정의 기본을 설명하기로 한다.

● 용어해설

DIP(dual inline package)
가장 보편적인 IC 포장의 한 형태로 직사각형 모양이며, 내부 회로와의 연결 도선이 양쪽 측면에 수직으로 붙어 있는 패키지 형태

표 I-10 주요 리드 프레임(lead frame) 재료

형식	재질	성분	인장 강도 (kgf/mm^2)	연신율 (%)	전기 전도율
고도전형	TEC-3	Cu-0. 15Sn-P	40	3	85
	KFC	Cu-0. 1Fe-P	41	7	90
	Cu-Zr	Cu-0. 18Zr	40	8	90
중도전형 중강도	CDA195	Cu-1.5Fe-0.8Co-0.6Sn-P	63	3	50
	TEC-5	Cu-1Fe-0.5Sn-0.5Zn	60	5	45
	KLF-5	Cu-2Sn-0.1Fe-P	60	5	35
고강도형	CDA725	Cu-9Ni-2.3Sn	60	15	12
	6%인청동	Cu-6Sn-P	65	15	14
Fe계	42합금	Fe-42Ni	68	7	3

1) 프레임

우선 프레임을 준비한다. **프레임**이라고 하는 것은 칩을 싣는 기판이 되는 부분과 최종적으로 리드(IC의 다리)가 되는 부분을 맞춘 것이다. 1매의 프레임으로 몇 개~수십 개의 IC가 탑재되기도 한다. 프레임의 재질은 표 I-10과 같이 철계와 동계의 합금이 사용된다.

2) 칩의 마운트

리드 프레임에 칩을 접착하는 것을 **마운트**라고 말한다. 접착의 방법으로서는 전도성 에폭시 수지로 접착하는 것과 땜납으로 붙이는 방법이 있다. 전력(power) IC는 방열을 잘 되게 하기 위해 땜납 마운트와 구리 프레임을 사용한다.

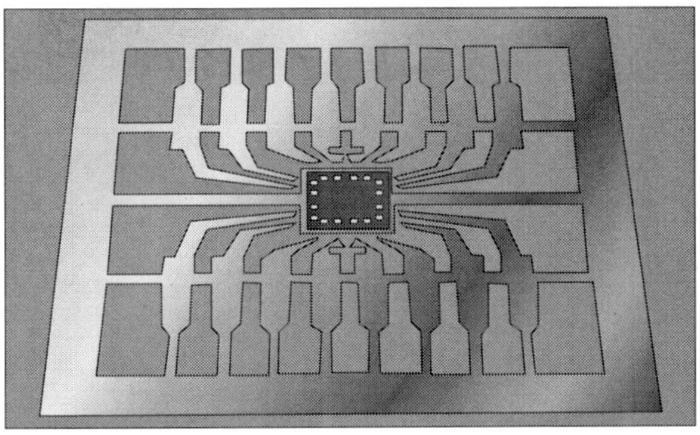

그림 I-42 칩의 마운트

3) 배선 연결

칩의 전극(bonding pad)과 리드를 매우 가는 선으로 전기적으로 접속시키는 것을 **접착**(bonding)이라고 한다. 이 선에는 보통 30μm 정도의 금선(gold wire)이 사용되지만, 구리와 알루미늄도 사용되고 있다.

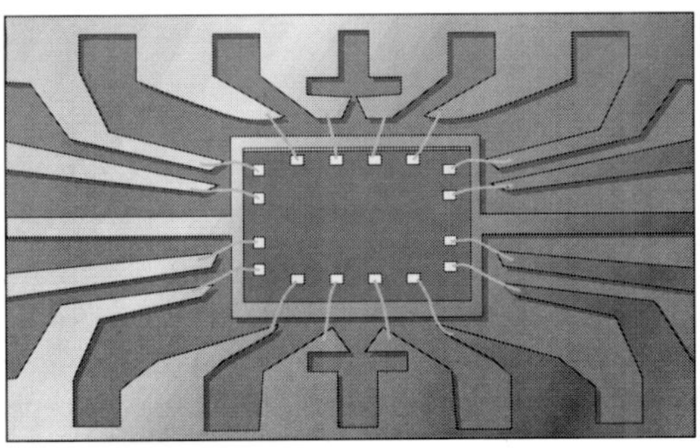

그림 I-43 배선의 연결

4) 칩의 성형

접착이 끝난 프레임을 금형에 설치해서 열경화성의 에폭시 수지를 흘려 넣어 성형한다. 보통 IC는 검은 수지에 들어가 있는데, 이것은 빛이 칩에 쪼이면 광 여기 전류가 발생해 문제를 일으키기 때문이다.

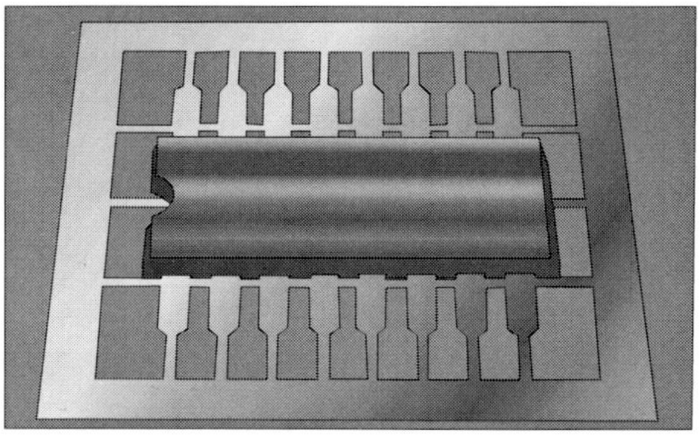

그림 I-44 칩의 성형

5) 리드 절단과 성형

프레임으로 연결된 IC를 떼어내 리드를 굽혀 주면 지네발의 형태가 생긴다.

6) 최종 검사

불량품이 없는지를 검사하며, 일반적으로 불량품은 수리할 수 없기 때문에 폐기된다.

7) 마크 인쇄

IC의 표면에 형명 등을 인쇄한다. 잉크로 인쇄하는 방법과 레이저로 몰드 표면을 새기는 방법이 있다. 레이저 마크는 마멸되지 않고 작업성이 좋기 때문에 사용량이 증가하고 있지만, 미관이 나쁜 것이 단점이다.

그림 I-45 칩의 마크 인쇄

4. 반도체 제조 라인

학	습	목	표

- 반도체 제조 라인의 모양을 그릴 수 있다.
- 청정실에서의 복장을 착용할 수 있다.
- 각 공정별 작업 모습을 통해 작업 내용을 설명할 수 있다.

01 제조 라인의 개관

● 용어해설

FAB(fabrication)
웨이퍼 일괄 가공 라인

FAB 라인	조립 라인	검사 라인
웨이퍼 가공(fabrication) 공정이 진행되는 라인	웨이퍼상의 칩을 각각 잘라서 리드 프레임과 결합하여 완제품으로 조립하는 라인	완성된 제품이 제대로 동작하는지를 검사하는 라인

그림 I-46 반도체 제조 라인

02 FAB 라인 모양

● 용어해설

베이(bay)

베이란 원래 만(灣)이란 뜻인데, 라인 내부의 각 방(room)들이 마치 해안의 만처럼 생겼기 때문에 이런 이름으로 불리게 되었다. 베이의 양 벽을 기준으로 설비의 조작 부분은 베이 안에, 나머지 부분은 베이 밖에 놓이도록 설치되어 있다.

서비스 공간(service area)

베이 밖으로 설비가 돌출된 부분이나 외곽의 복도를 말하는데, 이곳에서 공정 작업이 아닌 설비 수리나 공구 이동이 이루어진다. 베이보다는 조금 낮은 청정도로 관리된다.

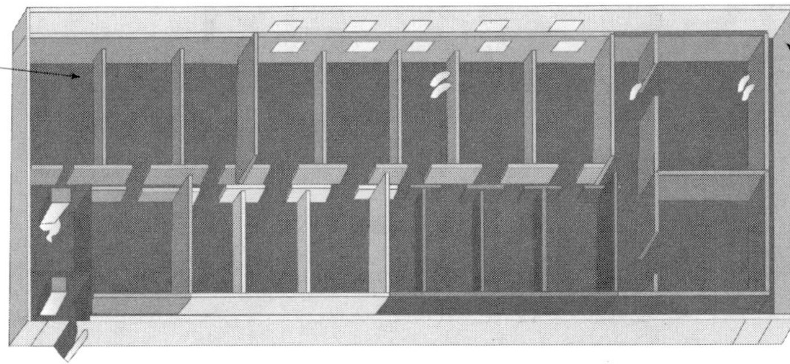

그림 I-47 FAB 라인 모양 예시

03 청정실 복장

생산 라인은 초청정 환경을 유지해야 생산 수율을 높일 수 있다. 따라서 생산라인의 모든 작업자들은 우주복 같은 방진복을 입어 몸에 붙은 먼지가 생산 공정으로 유입되거나 옷감끼리 마찰에 의해 먼지가 발생하는 것을 방지해야 한다.

그림 I-48 청정실 복장 착용 상태

(1) 마스크 착용 상태 검사 기준

- 알루미늄 부위를 위로하여 착용하고, 콧등을 눌러주었는지 확인한다.

(2) 방진복 착용 상태 검사 기준

- 개인 방진복을 착용하며, 없을 경우에는 공용 방진복을 착용한다.
- 지퍼 불량, 손목 부위 고무줄 상태를 확인한다.
- 반드시 자기 신체에 맞는 방진복을 착용한다.

(3) 방진화 착용 상태 검사 기준

- 지퍼 상태가 올바른지 확인한다.
- 무릎 밑까지 올렸는지 확인한다.

- 고무줄 조임 상태, 청결 상태를 확인한다.

(4) 방진 모자 착용 상태 검사 기준

- 눈썹이 보이지 않게 착용한다.
- 마스크의 양끝을 방진 모자 속으로 넣고 목 끈을 조여서 착용한다.
- 속살이 보이지 않게 접착 부위 상태 확인한다.
- 방진복 위로 방진 모자의 밑 부분이 나오지 않게 한다.
- 착용 전에 낡음, 보푸라기 등을 확인한다.

(5) 방진 장갑 착용 상태 검사 기준

- 속장갑을 먼저 착용한 후, 비닐장갑을 착용한다.
- 장갑 목 부위가 반드시 방진복 소매 끝의 속으로 들어가도록 착용한다.

04 청정실

(1) 에어 샤워 룸

FAB 라인 출입시, 방진복, 방진화 등에 부착된 먼지나 이물질을 제거하기 위한 장치로서, 밀폐된 박스(box)에 사람이 들어가면, 양쪽 벽에서 강한 공기를 불어 내어 먼지를 제거하도록 되어 있다.

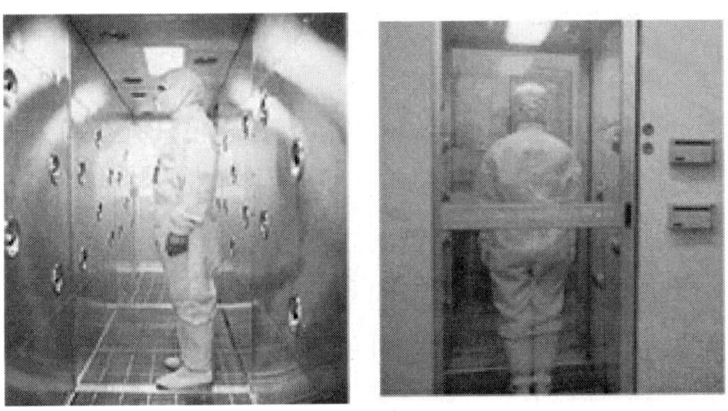

그림 I-49 청정실 출입구의 에어 샤워

(2) 내부 전경

반도체 산업을 청정 산업이라고 하는 것처럼 웨이퍼가 가공되는 청정실은 먼지 입자가 최대의 적이다. 그림 I-50을 보면 투명한 판이 일렬로 두 줄이 걸려 있는데, 이를 파티션이라고 한다. 이 파티션을 기준으로 하여 안쪽을 작업 공간(working area)라고 하여 작업자(오퍼레이터)가 활동을 하게 되고, 바깥쪽을 프로세스 공간(process area)이라고 하여 장비들이 놓여 있으며 제반 공정이 진행된다. 물론 두 공간 간의 청정도도 차별 관리된다. 라인 바닥을 보면 구멍이 많이 뚫려 있는 모습이 보이는데, 이는 라인 공조를 위한 것으로 라인 내부의 공기가 바닥으로 흡입되면 천장 위의 필터로 보내서 정화된 공기가 다시 라인 안으로 유입되도록 되어 있다.

그림 I-50 청정실 내부 전경

05 각 공정별 작업 장면

그림 I-51은 주요 공정의 작업 장면을 나타낸 것이다.

그림 I-51 각 공정별 작업 장면

막 형성을 위한 CVD와 PVD, 사진 석판(photo lithography)과 현상, 세정과 식각, 이온 주입과 확산 등이 장비들과 함께 나타나 있어 현장감을 다소 느낄 수 있다.

그림 I-52 작업자가 설비의 조작 버튼을 누르고 있는 모습

설비에 장착된 백색 캐리어와 청색 캐리어가 보인다.

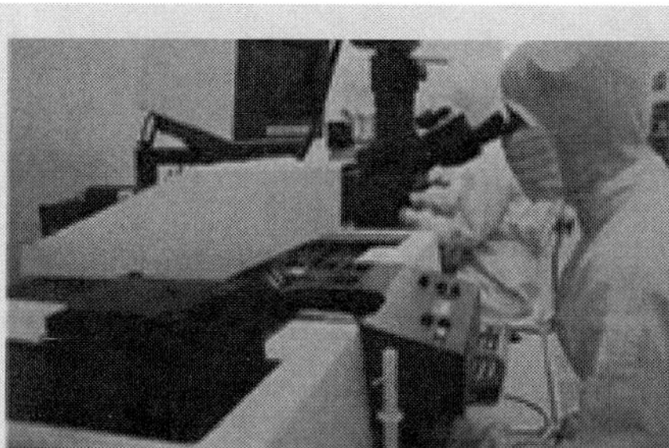

그림 I-53 검사(inspection)를 하고 있는 작업자의 모습

공정이 진행되면서 웨이퍼 위에는 전자회로의 미세한 패턴(문양)이 형성된다. 다음 공정으로 보내기 전에 현미경을 이용하여 정상 여부를 검사하게 된다.

그림 I-54 웨이퍼가 담긴 캐리어를 설비에 장착하고 있는 모습

웨이퍼가 담긴 캐리어를 설비에 장착하고 있는 작업자의 모습으로 여러 설비와 검사 장비들이 보인다.

그림 I-55 클린 페이퍼에 작업 내용을 기록하고 있는 모습

라인 안에서의 기록은 일반 종이와 펜이 아닌 클린 페이퍼와 특수 펜을 사용하는데 이는 종이와 펜에서도 먼지와 오염 입자가 발생되기 때문이다.

II

공정장비

1. 진공(Vacuum)의 기초
2. 플라스마(Plasma)의 기초
3. 세정 및 CMP
4. 산화 및 이온주입
5. 박막 형성
6. 사진 공정
7. 식각 공정
8. 기타

반도체 소자는 반도체의 원재료인 웨이퍼 위에 반도체 공정을 반복하여 수행하여 박막의 패턴을 형성함으로써 제작된다. 반도체 공정을 수행하기 위해서는 공정의 목적에 맞는 적절한 장비를 선택할 필요가 있다. 본 장에서는 반도체 공정에 사용되는 장비의 구조와 동작을 중심으로 학습한다. 반도체 장비는 불순물의 감소와 공정의 효율을 고려하여 감압 상태의 진공 장비를 주로 사용하기 때문에 진공의 기초에 대해 먼저 학습한다. 또한, 박막 형성이나 패턴의 형성을 위한 식각 공정에서는 플라스마를 자주 이용하기 때문에, 플라스마의 기초에 대해서 학습한다. 공정의 순서에 맞추어서 각각의 공정에 필요한 장비에 대해 학습한다.

1. 진공(Vacuum)의 기초

학 습 목 표

- 진공의 개념과 필요성에 대해 설명할 수 있다.
- 진공을 형성하기 위한 시스템, 진공 상태를 유지하기 위한 펌프, 그리고 진공 상태를 측정하는 진공 게이지에 대해 설명할 수 있다.

01 진공

진공이란 라틴어의 'Vacua'로부터 유래한 말로써, 사전적인 의미로는 단지 부분적으로 비어 있는 공간을 의미하지만, 실제로는 대기압(1기압) 이하의 가스로 채워진 공간을 의미한다. 즉, 2.5×10^{19} molecule/cm^3 이하의 분자밀도를 가지는 공간을 말한다.

반도체 공정에서는 진공 분위기에서 공정을 수행하는 장치를 많이 사용한다. 웨이퍼 위에 박막을 형성하는 경우에는 챔버 내부에서 박막을 형성할 물질을 형성한 후에 웨이퍼에 부착시키는 메커니즘을 사용하기 때문에 챔버 내부에 형성된 물질을 웨이퍼까지 이동시킬 필요가 있다.

이때 챔버 내부에 공기와 같은 물질이 존재하면 부착시킬 물질의 이동을 방해하기도 하고, 불순물이 박막에 포함될 우려가 있기 때문에 진공을 형성하여 박막을 제조한다. 건식 식각을 하는 경우에는 챔버 내부에 플라스마를 형성하기 때문에 플라스마를 형성하기 위한 조건인 진공(감압 상태)을 형성해야만 한다. 그리고 불순물의 주입을 위한 이온 주입 공정에서도 이온이 웨이퍼까지 도달하는데 저항을 줄이고, 불순물의 혼입을 막을 목적으로 진공을 형성하여 사용한다.

02 진공의 분류

진공 상태는 대기압보다 낮은 압력을 진공이라고 하지만 정도에 따라 저진공, 중진공, 고진공, 초고진공, 극고진공으로 분류할 수 있다. 저진공(low vacuum)은 760 ~10^{-3} Torr 정도의 압력을 말하며, Rough Vacuum이라고도 하고, 기체의 분자 수량이 진공용기 내부 표면에 부착되어 있는 분자 수량보다 많은 상태를 뜻한다. 응용 분야로는 식품의 가공 및 포장, 증류, 박막증착(sputtering, LPCVD), 네온사인 등이 있다. 고진공(high vacuum)은 10^{-3} ~ 10^{-7} Torr 정도의 압력을 말하며, 기체의 평균 자유행로가 진공용기의 크기보다 긴 상태를 말한다. 고진공 상태에서는 분자 사이의 충돌보다는 진공용기 내벽과의 충돌이 많다. 응용 분야로는 진공관 제작, CRT, 이온주입, 증착(evaporation), 전자현미경 등이 있다. 초고진공(Ultra High Vacuum, UHV)은 10^{-8} Torr 이하를 말하며, 분자밀도가 상당히 떨어진 상태로 분자가 진공용기 내부 표면에 단일층(mono-layer)을 형성하는 시간이 충분히 오래 걸리는 상태이다. 응용 분야로는 우주관련 연구, 물질 연구, 표면분석, 가속기, 핵융합 연구 등이 있다. 표 II-1에 압력에 의한 진공 상태의 분류와 실제 압력 영역을 나타내었다.

● 용어해설

CRT(cathode-ray tube)
컴퓨터 단말기의 글자, 화상 표시에 쓰이는 음극선관

전자현미경(electron microscope)
전자 빔과 전자 렌즈를 사용하여 형광면 위에 물체의 확대된 상을 결상시켜 관찰하는 현미경. 광학 현미경보다 분해 능력이 훨씬 뛰어나다.

03 진공 시스템

진공 상태를 만들기 위해서는 진공을 유지하는 진공 챔버, 진공을 만들기 위해 배기하는 진공 펌프, 그리고 진공도를 측정하는 진공 게이지로 구성되는 진공 시스템(그림 II-1)이 필요하다.

표 II-1 압력에 의한 진공 상태의 분류

진공 상태	압력 영역	
	Torr	Pa
저진공	대기압 ~ 1	100 이상
중진공	1 ~ 10^{-3}	100 ~ 10^{-1}
고진공	10^{-3} ~ 10^{-7}	10^{-1} ~ 10^{-5}
초고진공	10^{-7} ~ 10^{-10}	10^{-5} 이하
극고진공	10^{-10} 이하	–

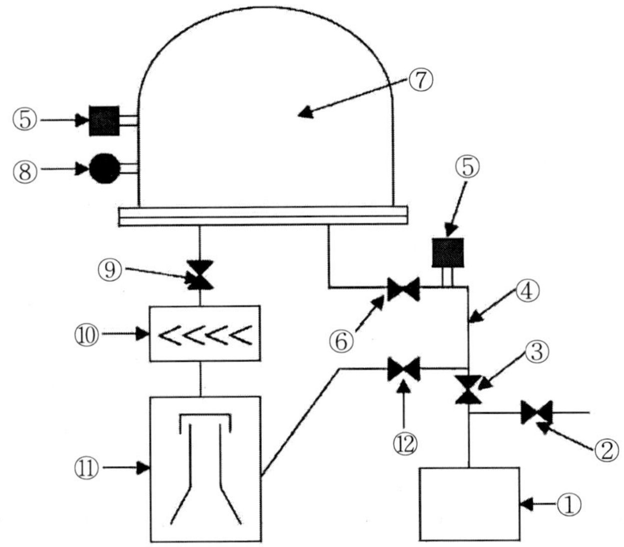

1 : 저진공 펌프
2 : Leakage 밸브
3 : 역류 방지 밸브
4 : Roughing 라인
5 : 저진공 게이지
6 : Roughing 밸브
7 : 진공 챔버
8 : 고진공 게이지
9 : Main 밸브
10 : Water 배플
11 : 고진공 펌프
12 : Fore-Line 밸브

그림 II-1 진공 시스템의 구성

(1) 진공 챔버

진공을 유지하는 역할을 하는 진공 챔버는 반응 가스에 의한 부식이나 불순물의 부착이 용이하지 않은 재질을 주로 사용하며, 스테인리스나 석영 유리가 주로 사용된다. 그림 II-1에서 7번 항목에 해당한다.

(2) 진공 펌프

진공 상태를 만들기 위한 배기 장치는 일반적으로 진공 펌프가 사용되며, 진공 펌프는 챔버 내 기체를 외부로 배출시킴으로써 챔버 내부의 압력을 외부보다 낮게 만들고 유지하는 역할을 한다. 진공 펌프는 저진공 펌프(그림 II-1의 1번 항목)와 고진공 펌프(그림 II-1의 11번 항목)로 구분할 수 있으며, 대기압으로부터 진공 상태를 만들기 시작하는 단계에서는 저진공 펌프를 사용하며, 저진공 상태로부터 공정을 수행하기 위해 필요한 고진공 상태까지의 단계에서는 고진공 펌프를 사용한다. 진공도에 따라 펌프를 나누어 사용하는 이유는 진공 펌프의 배기 메커니즘이 압력 상태에 따라 다르기 때문이다. 저진공 상태에서는 진공 챔버 내의 기체가 유체의 흐름과 같은 거동을 보이기 때문에 유체의 흐름을 배기하듯이 하고, 고진공 상태에서는 진공 챔버 내 기체가 입자 상태의 거동을 보이기 때문에 입자를 배기하듯이 하기 때문이다. 저진공 펌프는 러핑 펌프(roughing pump) 또는 배킹 펌프(backing pump)라고도 한다. 러핑 펌프는 공정을 수행하지는 못하지만, 고진공 펌프를 동작시킬 수 있는 정도의 진공 상태를 만들기 때문에 러핑 펌프라고 불린다. 배킹 펌프는 고진공 상태를 만들기 위해 사용하는 고진공 펌프의 보조 배기 수단으로써 사용하기 때문에 배킹 펌프라고 불린다.

(3) 진공 게이지

진공 게이지는 진공 챔버 내부의 진공도를 체크하기 위해 사용하는 측정 장치이다. 진공 게이지 역시 저진공 상태와 고진공 상태를 구분하여 사용한다.

04 진공 펌프

진공 펌프는 챔버 내부의 기체를 배기하여 챔버 내부를 외부보다 낮은 압력으로 만드는 역할을 한다. 구조와 동작원리에 따라 여러 가지의 진공 펌프가 있으며, 대표적인 진공 펌프의 구조와 동작 원리를 설명한다. 진공도에 따라 적절한 진공 펌프를 선택하여 사용하여야 하며, 진공도에 따른 사용 가능한 펌프의 종류를 표 II-2에 나타내었다. 그림 II-2에는 여러 가지 진공 펌프의 사용 가능한 압력 범위를 나타낸다.

표 II-2 진공도에 따른 펌프의 종류

진공 영역	진공도 범위	적용되는 공정	진공 펌프의 기종
저진공	대기압 ~ 1 Torr	진공 흡착이송, 인쇄기 자동급지, 진공 농축 반응기, 분말 충진, 진공 성형, 진공포장	건식 로타리 베인 펌프, 급유식 로타리 베인 펌프, 수봉식 펌프, 스팀 이젝타, 냉매가스 주입용
중진공	1 Torr ~ 10^{-3} Torr	진공 건조, 탈기장치, 진공 함침, 진공 증류, 진공 소결	다단식 로타리 베인 펌프, 다단식 스팀 이젝타, 루츠펌프 피스톤 펌프, 확산 펌프
고진공	10^{-3} Torr ~ 10^{-7} Torr	진공 코팅, 진공 동결 건조, 진공 합금, 신소재 합금	확산펌프, 터보 분자 펌프, 흡착펌프, 저온 냉각 펌프, 승화펌프
초고진공	10^{-7} Torr 이하	원자핵 연구장치, 전자현미경 플라스마 발생기, 물리실험 장치	터보 분자 펌프, 저온 냉각펌프, 흡착 펌프

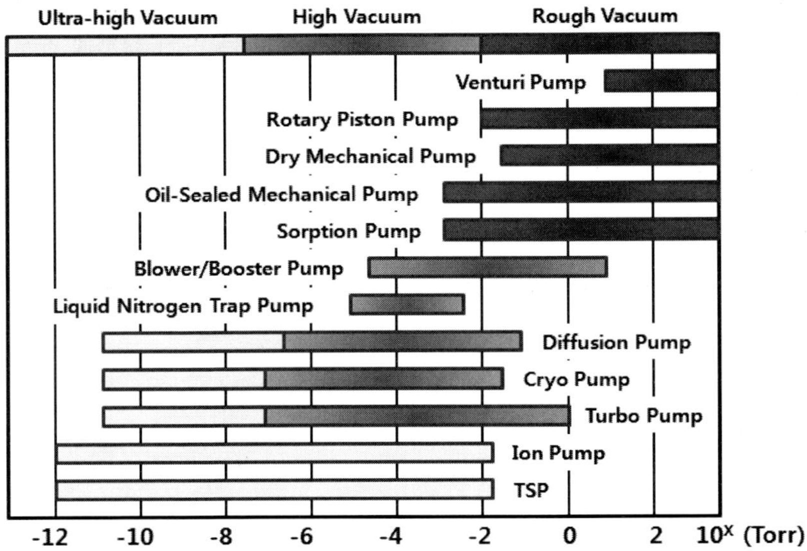

그림 II-2 진공 펌프의 사용 가능 압력 범위

(1) 오일 회전 펌프(Oil Rotary Pump)

오일 회전 펌프는 저진공용으로 가장 널리 사용되며, 회전축에 대해 비대칭으로 만들어진 회전자(rotator)에 달려 있는 베인(vane)이 회전하면서 고정자(stator)와의 사이 공간에 진공 챔버로부터 확산되어 들어온 기체를 압축하여 압축된 가스의 압력이 배출밸브를 열기에 충분할 정도로 높아지면 밸브가 열리면서 가스가 외부로 배출되면서 배기하는 진공 펌프이다. 그림 II-3에서와 같이 베인과 고정자 사이에 유입한 기체를 배기구까지 이동시켜 외부로 배기한다. 회전자를 고속으로 회전시켜 흡입(A), 압축(B, C), 배기(D)까지의 과정을 반복함으로써 진공 챔버의 기체를 외부로 배기하는 원리이다. 베인과 고정자 사이에서 발생할 수 있는 기체 누출을 막기 위해 오일을 사용하여 밀폐한다. 이때 사용하는 오일은 베인과 고정자 사이에서의 기체 누출을 방지하는 역할과 회전에 의한 마찰열의 감소를 위한 윤활제 역할을 한다.

역류(back stream)는 펌프 오일이 주로 증기의 상태로 진공 용기쪽으로 이동하는 현상인데 진공 용기 오염의 원인이 된다. 실온에서는 증기압이 비교적 낮으나 마찰 등으로 인하여 온도가 오르면 증기압은 쉽게 수백 배 또는 그 이상 증가한다. 표면을 타고 올라오는 경우는 'Creep'이라고 하며 장시간에 걸쳐 이루어지는데 표면을 냉각시키거나 또는 반대로 뜨겁게 하여 증발시킴으로써 방지할 수 있다. 또한 진공 용기와 펌프사이에 트랩(trap)이나 역류 방지판(baffle) 등을 사용하여 이러한 현상을 상당히 줄일 수 있다.

● 용어해설

- Trap: 전자를 포획할 수 있는 사이트
- Baffle: 연료 탱크 속에서 연료가 출렁이는 것을 막기 위한 기능을 하는 칸막이

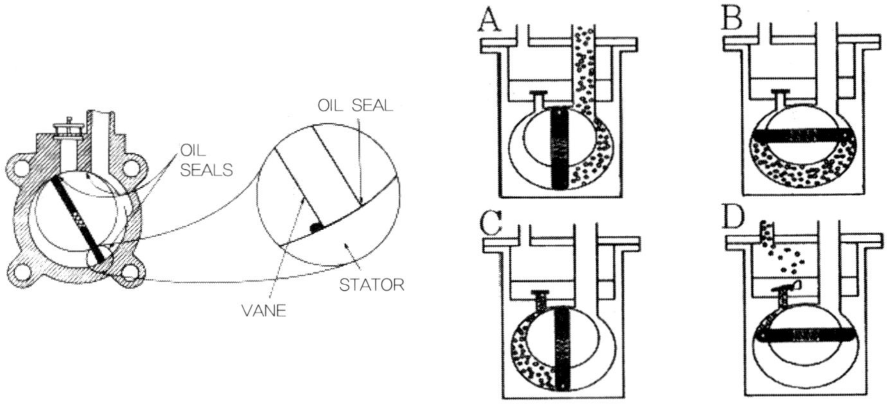

(a) 오일 회전 펌프의 구조　　　　(b) 오일 회전 펌프의 동작 원리

그림 II-3 오일 회전 펌프

Dead Volume이란 오일 회전 펌프의 배기 과정 중 일부의 가스가 빠져나가면, 압력이 다시 감소하므로 가스가 완전히 빠져나가기 전에 배출밸브가 닫히게 되는데, 이 때 빠져나가지 못하는 가스를 의미한다. Dead Volume은 오일의 증기와 함께 로터리 펌프가 작동할 수 있는 한계압력(ultimate or lowest pressure)을 한정짓는 원인이 된다.

물과 같이 응축(condensation)이 쉽게 되는 증기류는 펌프 속에서 압축단계를 거치는 동안 응축되어 펌프 오일을 오염시킨다. 예를 들어 수증기를 배기할 경우 응축된 뒤 기름에 섞여 돌아다니는 물분자는 기압이 낮은 흡입 단계에서 다시 기화하여 펌프 흡입구쪽 압력을 높인다. 따라서 펌프의 압축 주기에 외부에서 대기나 다른 가스(N_2) 등을 일부러 주입시켜 충분한 방출 압력을 가짐으로 해서 물분자 등이 펌프 안에서 응축되는 것을 방치하는 장치를 사용하며, 이를 Gas Ballast라고 한다. 배출과정에서 수증기의 응축은 배출밸브를 열 수 있는 압력을 낮추어 밸브작동을 어렵게 하고, 흡입과정에서의 기화로 최저도달 압력을 낮추는 악영향을 미친다.

(2) 루츠 펌프(Roots Pump)

그림 II-4에서와 같이 평행한 축에 달린 '8'자 모양의 두 개의 회전자가 서로 반대방향으로 돌면서 기체를 흡입 배출한다. 이때 두 회전자 사이의 간격은 약 0.2 mm 정도로 유지되고 회전은 동기화 되어 있기 때문에 서로 접촉하지 않는다. 또한 오일을 사용하지 않기 때문에 로터리 펌프보다 훨씬 빠른 속도로 회전할 수 있으나 로터리 펌프로 보조 배기(backing)를 해야 한다. 로터리 펌프는 최저도달 압력근처(10^{-2}~

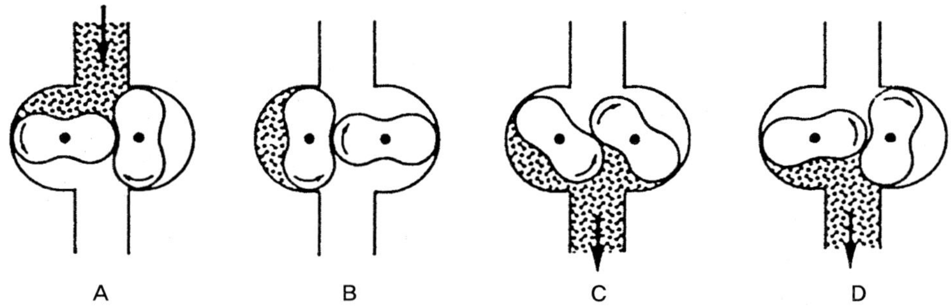

그림 II-4 루츠 펌프의 작동 원리

10^{-4})에서 배기 속도가 떨어지고 오일 역류 등의 문제를 일으키는데 이 경우 루츠 펌프와 동시에 사용을 하면 이상적이다.

(3) 드라이 펌프

반도체, LCD 관련 진공 장치에서는 활성가스를 사용하는 조건에서 배기할 필요성이 있으며, 오일 확산 펌프의 오일과 가스가 반응하여 반응물이 생성되는 경우가 있다. 이런 생성물은 펌프 본체의 부식 및 회전 불능 등의 문제 원인이 된다. 또한 펌프에 사용되는 오일이 진공 챔버측으로 역류함으로써 질 좋은 진공이 얻어지지 않기도 한다. 이런 문제점을 해결하기 위해서 드라이 펌프는 알루미늄 합금을 채용하여 광범위하게 사용이 가능하다. 그림 II-5에 드라이 펌프의 구조와 동작 원리를 나타내었다. 드라이 펌프의 동작 원리는 루츠 펌프의 원리와 유사하다.

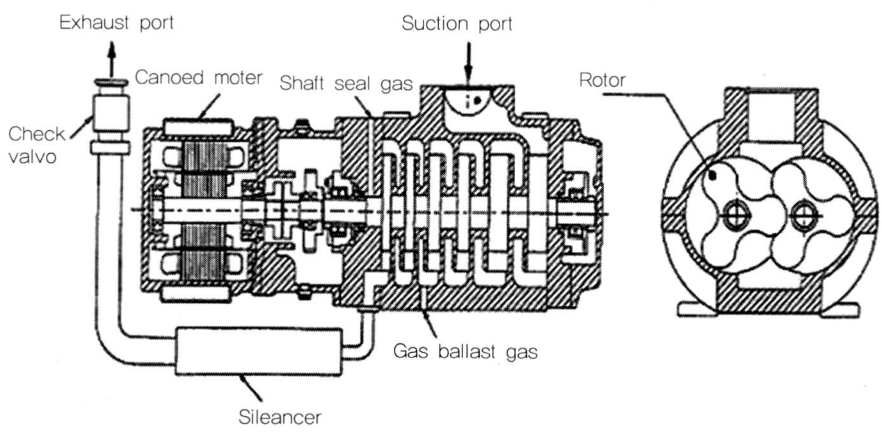

그림 II-5 드라이 펌프

(4) 오일 확산 펌프(Oil Diffusion Pump)

오일 확산 펌프의 구조는 크게 히터(heater)와 Jet Assembly로 구성되어 있다. 오일 확산 펌프의 구조와 동작 원리를 그림 II-6에 나타내었다.

오일 확산 펌프에서는 히터에서 열을 받아 끓어서 형성된 오일 증기가 증기탑을 따라 상승하다가 아래쪽을 향해 있는 노즐에서 초음속(약 300 m/s)으로 분출되는 현상을 이용한다. 노즐에서 초음속으로 분출된 오일 증기는 기체 분자들과 함께 같은 방향으로 이동하여 기체를 배기시킨다. 이때 고분자 오일과 기체 분자들의 충돌시 운동량 전달(momentum transfer)에 의해 기체 분자가 아래쪽으로 향하게 되어 배기된다.

일반적으로 오일 확산 펌프는 오일의 산화를 방지하고, 배기 효율을 높이기 위하여 로터리 펌프를 이용하여 보조 배기를 해주면서 사용하며, 이때 로터리 펌프의 용량은 오일 확산 펌프의 흡입구 압력과 배출구 압력, 그리고 오일 확산 펌프의 용량에 의해 결정된다.

오일 산화 등에 따른 역류를 방지하기 위하여 펌프에 사용되는 오일은 다음과 같은 성질을 만족해야 한다.

- 휘발성이 없고 정제가 쉬워야 한다.
- 배기하고자 하는 가스와 반응성이 없어야 한다.
- 분자량 및 분자밀도가 높아야 한다.
- 공기 중에서 산화 및 진공 중에서 분해 그리고 고온에서 산화 등에 대한 내성이 강해야 한다.
- 유독성이 없어야 한다.

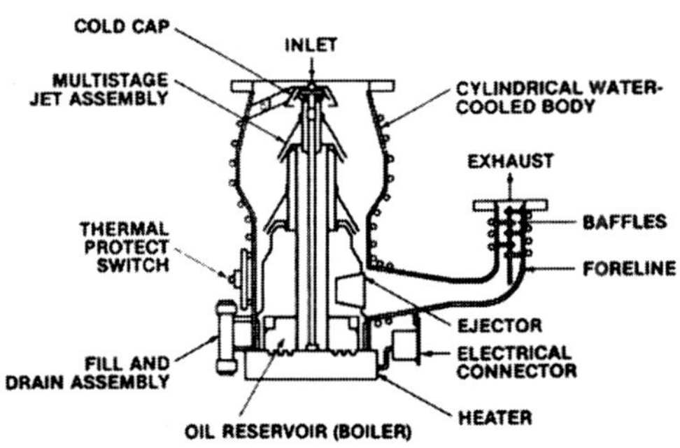

(a) 오일 확산 펌프의 구조

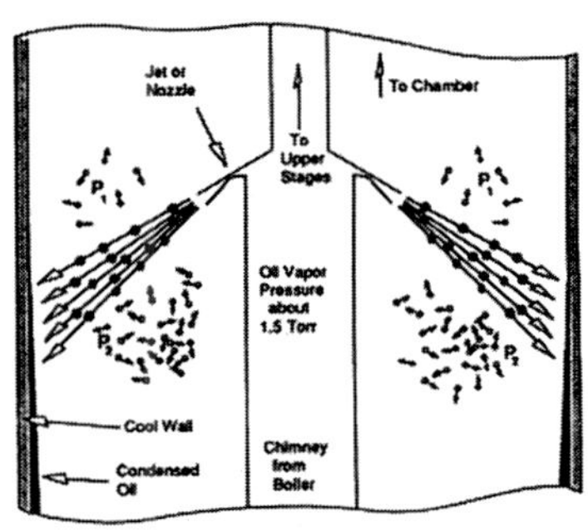

(b) 오일 확산 펌프의 동작 원리

그림 II-6 오일 확산 펌프

(4) 터보 분자 펌프(Turbo Molecular Pump)

그림 II-7에 터보 분자 펌프의 구조와 회전하는 블레이드에 부딪힌 분자가 튀겨나가는 모습을 나타내었다.

터보 분자 펌프는 블레이드의 회전에 의해 분자에 Momentum Transfer가 일어나고 이때 분자가 원하는 방향으로 튀어 나감으로써 배기가 이루어지는 간단한 원리를 가지고 있다. 그러나 실제 상황에서는 진공용기의 압력에 따라 다른 각도에서 이해를 하는 것이 필요할 것이다. 우선, 진공용기의 압력이 높은 경우 기체 분자량이 많기 때문에 기체 분자들은 독립적으로 움직이지 못하고 서로 영향을 받게 되는데, 이처럼 분자의 평균 자유 행정(mean free path)이 짧고 분자들 사이에 힘이 작용하는 경우를 viscous flow라고 한다. 이때 기체 분자는 완전 탄성구처럼 작용하여 충돌이 일어나면 그대로 다시 튀어나가게 되고 또한 압력 구배에 따른 자연스러운 흐림을 가지는 것으로 알려져 있다. 따라서 이 경우 역류에 대한 우려가 없고, 그림 II-8에서처럼 블레이드에 부딪힌 분자는 자연스럽게 배기될 것이다.

그러나 용기 내 압력이 낮아지면 기체는 분자들 사이에 서로 영향을 미치지 않고 독립적으로 운동하는 Molecular State 바뀌게 되는데, 이때 기체 분자가 표면에 부딪히게 되면 탄성충돌에 의해 바로 튀어나가지 않고 흡착, 대기, 탈착의 과정을 거치는 것으로 알려져 있다.

● 용어해설

Momentum Transfer
물리학에서 사용하는 용어로써, 하나의 파티클이 다른 파티클에 전달하는 운동량

평균자유행정(mean free path)
다른 분자나 원자와 충돌하면서 진행하는 입자가 취하는 하나의 충돌에서 다음 충돌까지의 행정의 평균 길이

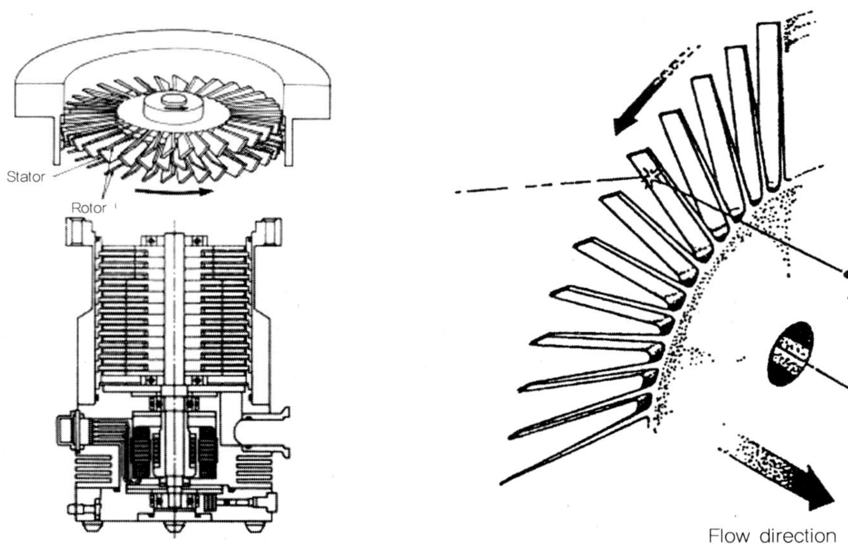

(a) 구조　　(b) 배기 원리

그림 II-7 터보 분자 펌프의 구조와 배기 원리

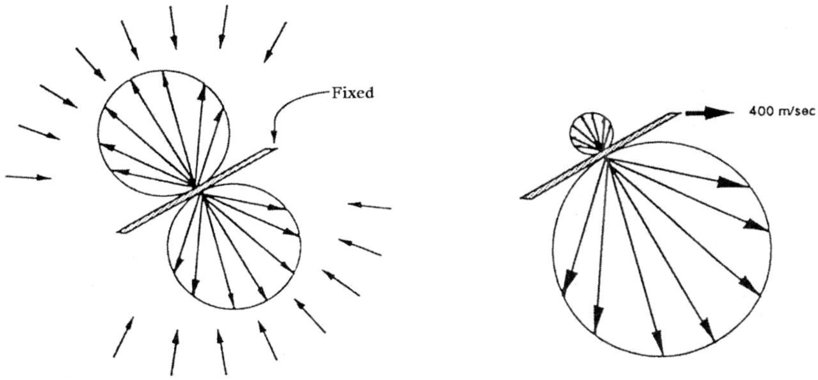

(a) 블레이드가 정지한 경우　　　　(b) 블레이드가 회전하는 경우

그림 II-8　블레이드 상태에 따른 충돌 후 분자 흐름의 변화

따라서 이 경우 고정되어 있는 블레이드에는 양쪽 방향에서 균일한 충돌에 의해 그림 II-8(a)에서와 같이 분자들이 흡착되고 또한 코사인 분포에 따라 균일한 방향으로 탈착이 진행되므로, 블레이드의 각도만으로 원하는 방향으로 기체의 순흐름(net flow)을 바꾸기는 어렵다. 따라서 압력이 낮은 경우 그림 II-8(b)에서와 같이 블레이드를 충분히 고속으로 움직여서 위쪽으로 접근하는 분자들의 흡착을 막게 되면, 기체의 순흐름을 원하는 방향으로 바꿀 수 있을 것이다. 결국 이상과 같은 일련의 과정을 반복적으로 거치면서 분자의 순흐름이 유지되고 배기가 이루어지게 된다.

그림 II-9에 일반적인 터보 분자 펌프의 구조를 나타내었다. 날의 각은 배출구쪽으로 갈수록 더 많이 기우는데 이는 흡입구에서는 진공용기와의 압력차가 크지 않고 또한 많은 기체를 받아들일 수 있도록 하기 위함이고 배출구쪽에서는 압력차가 커지기 때문에 이를 유지하기 위함이다. 고정자는 역류를 방지하는 baffle의 역할과 함께 회전자에서 튀어나온 분자를 아래쪽을 향하도록 각을 유지하고 있다. 터보 분자 펌프는 고속(10,000~100,000 RPM)으로 회전하는 날이 작은 입자나 부스러기에 의해 쉽게 손상을 입을 수 있고, 또 고속 회전시 각 속도가 회전축으로 크게 걸려 작은 충격에도 망가질 수 있으므로 사용에 각별히 주의해야 한다.

(5) 크라이오 펌프(Cryo Pump)

크라이오 펌프는 냉매로 액체질소나 압축된 헬륨을 이용하여 차가운 표면에 기체분자들이 응축 또는 흡착되도록 하여 기체분자들을 제거함으로써 진공 상태를 형성하는 펌프이다. 냉각된 표면이 기체분자를 붙잡는데 있어서 냉온 응축과 냉온 흡착의 원리를 이용한다. 냉온 응축의 경우는 증기를 차갑게 하여 액화시킨 다음 얼리는 방

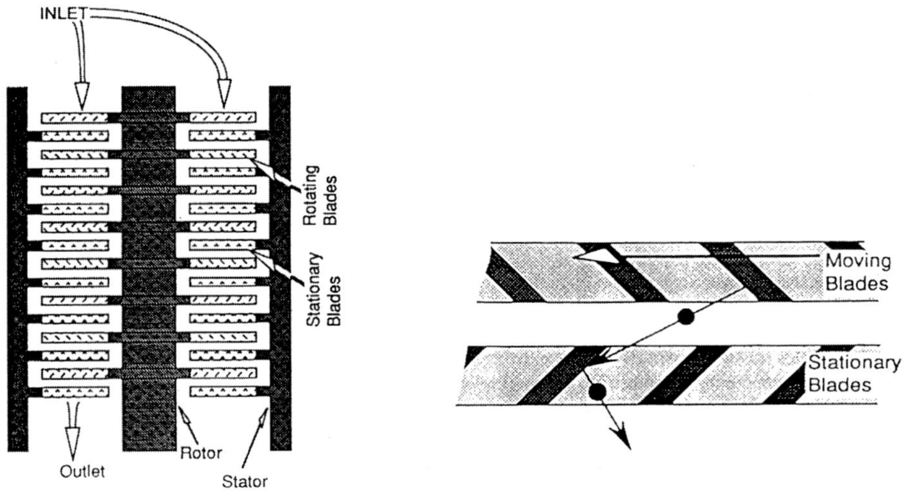

(a) 터보 분자 펌프의 구조 (b) 분자 경로의 변화

그림 II-9 일반적인 터보 분자 펌프의 구조 및 회전자(rotator)와 고정자(stator)의 작동에 따른 분자 경로의 변화

법을 말하는데 80 K 단계에서 증기압이 낮은 물분자가 먼저 제거되고 다음이 N_2, O_2, Ar 등이다. 다음 단계는 냉온 흡착을 이용하는데 15 K 영역에서 담당하며 He, H_2, Ne 등 저온에서도 증기압이 높은 기체들의 운동에너지를 빼앗아 표면에서 움직이지 못하게 하는 것이다. 그림에서처럼 안쪽 표면에 activated charcoal(활성탄)이 발려 있음을 보는데, 이는 물분자와 같이 1단계에서 포획될 수 있는 기체들이 15 K 영역에 달라붙게 되면 냉온 흡착을 할 수 있는 표면적이 줄어들기 때문에 이를 방지하기 위한 것이다. 크라이오 펌프의 구조를 그림 II-10에 나타내었다.

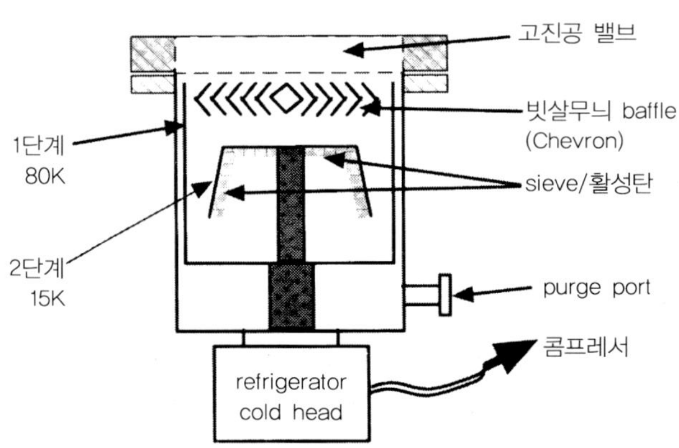

그림 II-10 크라이오 펌프

(6) 게터 펌프(Getter Pump)

티타늄(Ti)과 같이 화합물 형성이 쉬운 물질을 필라멘트나 덩어리 형태로 가열하여 진공 펌프 벽에 증착하면, 펌프 내로 들어온 가스와 Hydride, Oxide, Nitride 등의 화합물을 형성하면서 기체 분자를 제거하게 되는데 이러한 원리에 의해 작동하는 펌프를 의미한다.

게터 펌프에는 위와 같이 증착막을 이용하는 경우와 재생이 가능한 Zirconium-Vanadium 또는 Iron의 합금을 Bulk 상태로 이용하는 경우가 있다.

(7) 이온 펌프

이름에서 짐작할 수 있듯이 기체를 이온화하여 표면과의 반응성을 높여 주어진 공간으로부터 기체분자를 제거하는 방법으로 그림 II-11에 작동 원리를 나타내었다.

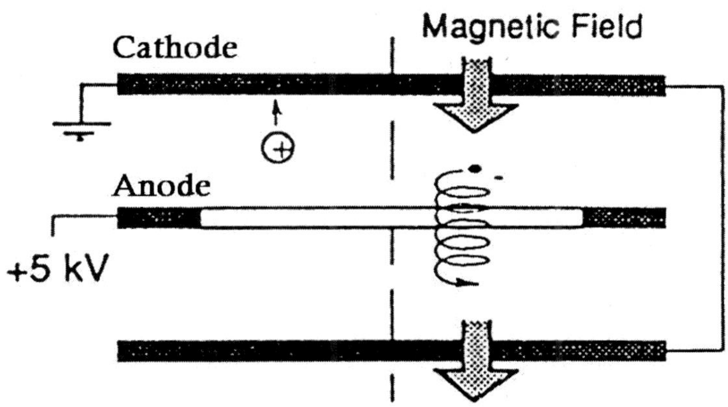

그림 II-11 이온 펌프의 작동 원리

Cathode로부터 발생된 전자는 바깥에서 형성된 자기장의 영향으로 나선형으로 anode쪽으로 운동을 한다. 전압은 약 5 kV 정도이고 자기장은 전자에 회전운동을 유도하여 곧바로 anode로 가는 것을 방지하고 기체분자와 충돌할 수 있는 확률을 높이게 된다. 전자는 나선형 운동 중에 기체 분자와 충돌하여 이온화시키고, 이온화된 기체는 Cathode쪽으로 급격히 가속되어 배기 과정이 이루어지게 된다. 이때 약하게 충돌한 이온은 Cathode에 묻히게 되면서 제거되고, 강하게 충돌한 이온은 티타늄 Cathode를 Sputter하여 새로운 티타늄 표면을 형성하여 Gettering으로 기체입자를 붙잡는다(새로운 티타늄 표면은 기체입자와 화합물을 형성하거나 증가된 표면에너지를 줄이기 위해 분자결합을 함으로써 기체입자를 제거하게 된다).

05 진공 게이지

진공 게이지는 진공 챔버의 진공도를 체크하기 위한 측정장치이다. 진공 게이지는 동작 원리에 의해 브르동 게이지, 열전쌍(Thermo-Couple, TC) 게이지, 피라니(pirani) 게이지, 캐패시턴스 마노미터(capacitance manometer), 냉음극(cold cathode) 게이지, 이온(ionization) 게이지 등이 있으며, 측정하고자 하는 진공도에 맞는 진공 게이지를 적절히 선택하여 사용해야 한다. 각각의 진공 게이지 사용 범위를 그림 II-12에 나타내었다.

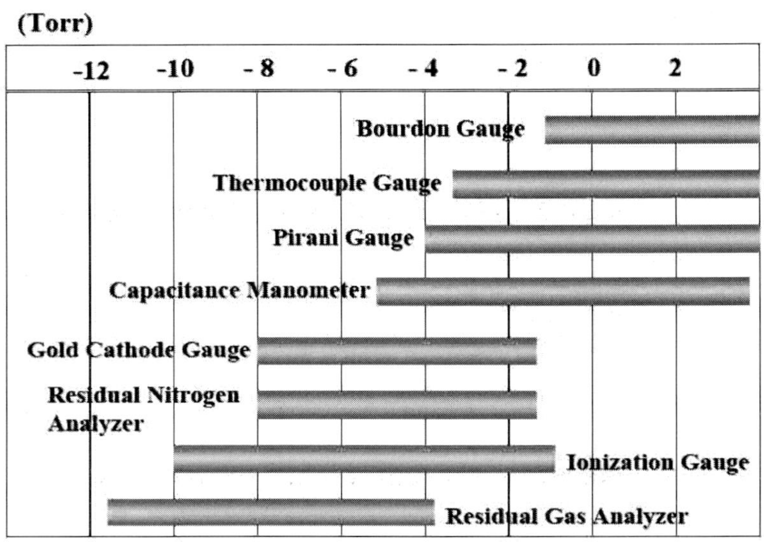

그림 II-12 진공 게이지의 사용 범위

2. 플라스마(Plasma)의 기초

학습목표

- 플라스마의 개념을 설명할 수 있다.
- 플라스마의 형성과 특징에 대해 설명할 수 있다.
- 플라스마의 종류와 각각의 특성을 비교하여 설명할 수 있다.

01 플라스마

플라스마는 이온화한 기체를 말한다. 우리는 이러한 상태를 고체, 액체, 기체도 아닌 물질의 제4의 상태라고 하기도 한다. 플라스마는 우리가 생각하는 고체보다도 높은 밀도로 압축할 수 있고, 기체 상태와 같이 낮은 압력에서도 존재한다. 우리 주위에는 번개, 네온사인, 오로라 등의 많은 플라스마를 접하고 있다. 우리가 매일 보고 있는 태양도 플라스마 덩어리이다.

일반적으로 플라스마는 같은 수의 양(+), 음(−)의 전위를 갖는 소립자(전자, 이온 등)를 포함하고 있는 부분적으로 이온화한 가스를 말한다. 즉, (−)전위를 갖는 전자, (+)전위를 갖는 이온, 아직은 이온화되지 않은 자연 상태의 원자나 분자로 구성되어 있다. 우리가 반도체 공정이나 박막 공정 등에 사용하고 있는 플라스마의 경우 이온화정도를 보면 0.1 Torr의 압력에서 전자의 수는 $10^9 \sim 10^{11}$ 전자/cm^3이고, 양이온도 전자와 같은 수이며, 이온화 되지 않은 원자나 분자의 수는 3×10^{15}분자/cm^3이 된다. 즉, 우리가 공업적으로 사용하는 플라스마의 경우 만개에서 백만 개의 분자나 원자 중에 한 개가 이온화 된 것이다.

02 플라스마의 생성

플라스마를 만들기 위해서는 자연 상태의 원자나 분자를 이온화시켜야 한다. 그러기 위해서는 높은 열을 가해주어야 한다. 즉 수십만~수백만 ℃의 고온이 필요하다. 그러나 높은 전계를 가해주면 낮은 온도에서도 원자나 분자를 이온화시킬 수 있게 된다. 예를 들면 아르곤(Ar)가스의 경우 1 mTorr ~ 100 Torr 사이의 압력에서는 1 cm당 100 V 이상의 전계만 있어도 플라스마를 생성시킬 수 있다.

원자나 분자가 이온화하기 위해서는 전기장에 의해 가속된 자유전자나 이온과 충돌해야 하는데 이때 3가지의 상태를 가지게 된다. 첫 번째가 반발(atom elastic collision)이다. 이것은 그림 II-13과 같이 충분히 가속되지 못한 전자나 이온이 충돌했을 때인데 이때에는 아무런 변화가 없게 된다. 두 번째가 이온화(ionization)이다. 그림 II-14와 같이 가속된 자유전자나 이온과 충돌하여 새로운 이온을 만들고 또 하나의 자유전자를 만들게 된다.

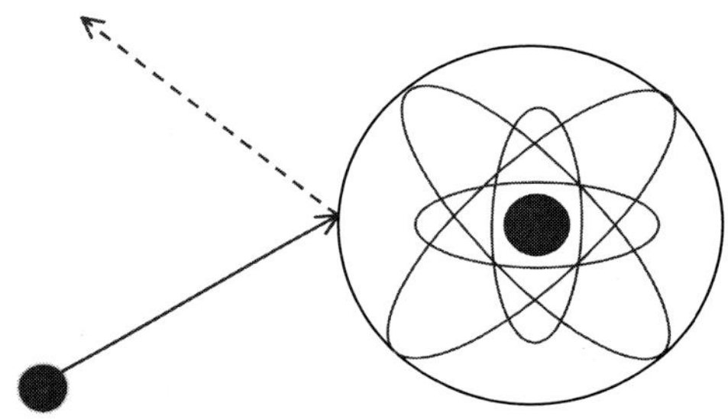

그림 II-13 반발

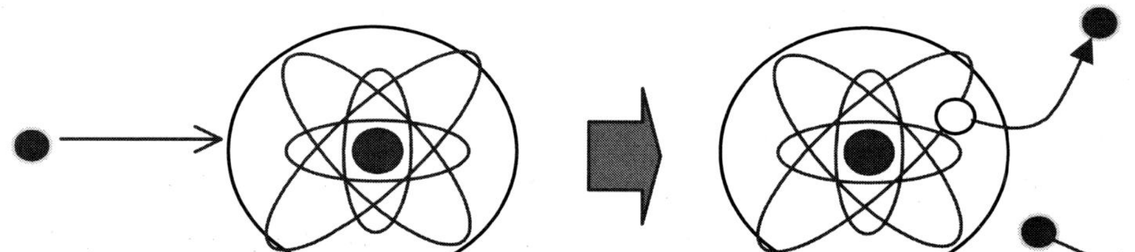

그림 II-14 이온화

세 번째가 여기(excitation)와 발광(relaxation)이다. 그림 II-15과 같이 가속된 자유전자나 이온이 이온화에는 충분하지 않지만 충돌된 원자에 에너지를 공급하여 최외각전자를 페르미 준위보다는 낮은 궤도에 올려놓게 된다. 그러나 이 궤도는 불안정하기 때문에 다시 원래의 궤도로 돌아오면서 빛에너지를 발산하게 된다. 이때 발산하는 빛은 원자마다 최외각 전자가 올라갈 수 있는 궤도가 정해져 있기 때문에 일정한 색을 지니게 된다.

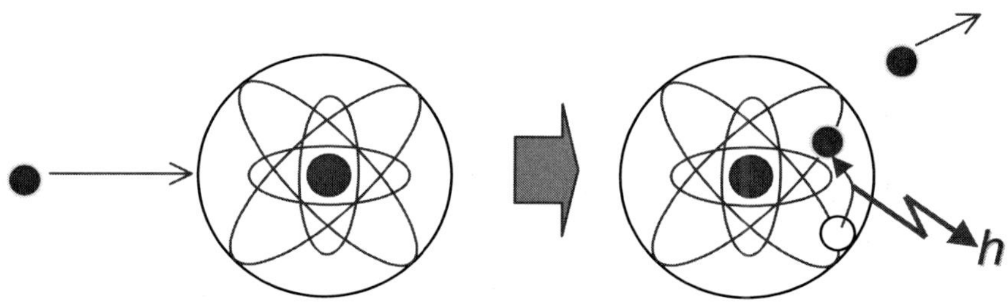

그림 II-15 여기와 발광

위 세 가지의 충돌현상을 보면 이온화되기 적절한 조건을 찾을 수 있다. 즉 첫 번째의 경우와 같이 가속이 덜된 상태에서의 충돌은 이온화에 영향을 주지 못하며, 또 충돌할 확률이 낮아도 이온화하는데 더 어렵게 된다. 즉 이온화를 쉽게 하기 위해서는 적당한 압력과 적당한 전압이 필요하게 된다. 압력이 높아서 입자가 많아지면 평균자유행정(mean free path)이 짧아지기 때문에 전압이 높더라도 이온화하기 어렵고, 압력이 너무 낮으면 충돌할 확률이 낮아지기 때문에 이온화하기 적당한 압력이 필요하게 된다(그림 II-16 참조).

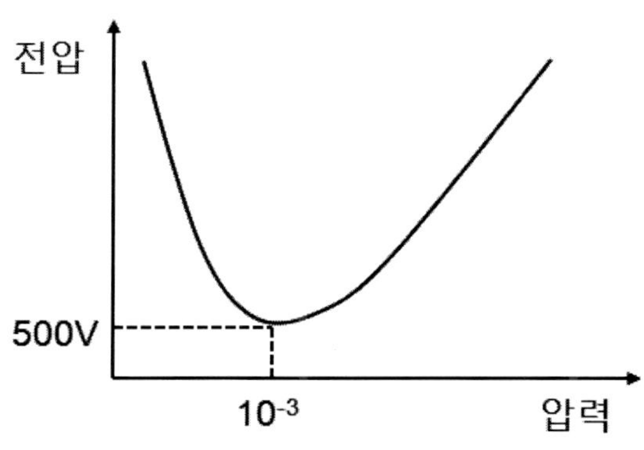

그림 II-16 이온화 전압(파셴 커브)

03 플라스마의 특성

1) 전기적 특성

플라스마는 원자나 분자에 속박되지 않은 전자를 많이 가지고 있기 때문에 외부에서 전계를 걸어주면 전류를 흘릴 수 있는 특성이 있다. 전기 전도도는 일반 고체와는 달리 온도가 올라갈수록 증가하며, 온도가 약 1000만 ℃ 이상일 때 구리와 같은 전기 전도도 값을 가지게 된다.

2) 자기적 특성

플라스마 내부에 있는 전자와 이온들은 자계를 걸어주면 운동방향이 자계방향과 직각으로 원 운동하게 되며, 이러한 방식으로 플라스마를 한쪽에 가둬 둘 수 있다. 이러한 플라스마의 자기적 특성을 이용하여 플라스마를 원하는 곳에 집중시킬 수 있게 되고, 플라스마의 밀도가 높아지면 플라스마의 전기 저항이 낮아지게 된다. 즉 이러한 자기적 특성을 이용하면 전압을 상승시키지 않고도 높은 밀도의 플라스마를 생성시킬 수 있다.

3) 화학적 특성

플라스마 내부에는 이온과 자유전자가 열운동을 하기 때문에 분자나 원자를 여기 또는 전리시킬 수 있다. 이렇게 여기 또는 전리된 분자들이 다른 분자나 원자들과 반응을 쉽게 할 수 있게 된다. 이와 같은 특성을 이용한 것이 PECVD(Plasma Enhanced CVD)와 RIE(Reactive Ion Etching) 등이다.

04 DC 플라스마

1) DC 플라스마

그림 II-17은 DC를 사용한 플라스마의 모형이다. 음극 부분을 Cathode라고 부르며 양극 부분을 Anode라고 부르며, 각 전극과 플라스마 사이를 Sheath라고 부른다.

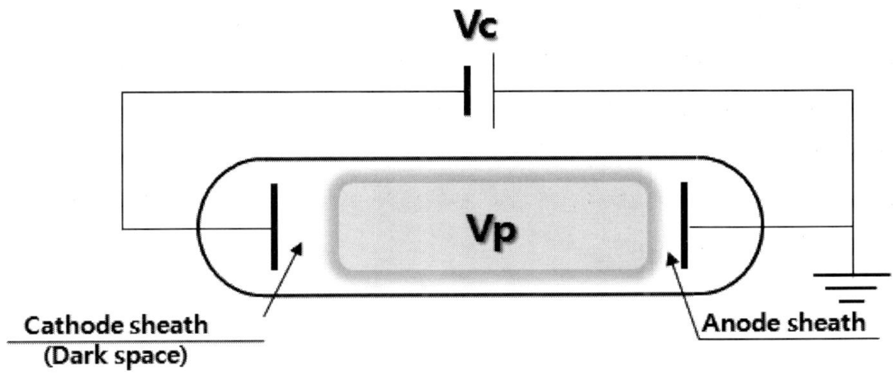

그림 II-17 DC 플라스마 모형

Chamber 내부의 전위분포는 그림 II-18과 같이 분포하는데 플라스마 내부의 전위가 양전위를 나타내는 이유는 다음과 같다.

원래 플라스마 내부의 이온과 자유전자의 수는 동수이나 Cathode와 Anode 사이에서 걸리는 전계로 인하여 이온과 자유전자가 운동에너지를 받게 된다. 이때 이온과 자유전자가 받는 운동에너지는 다음과 같다.

$$E = \frac{1}{2}m_{ion}v_{ion} = \frac{1}{2}m_{electron}v_{electron}$$

$$m_{ion} \gg m_{electron}$$

$$v_{ion} \ll v_{electron}$$

즉, 이온이나 자유전자가 받는 운동 에너지는 같으나 질량의 차이가 많이 나므로 전자의 속도가 이온의 속도에 비하여 매우 빠르다. 이 때문에 전자는 Anode에 흡수될 때 이온은 Cathode에 흡수되지 못하고 남아있게 된다. 그렇게 해서 플라스마 내부의 전위는 느리게 움직이는 이온에 의하여 양의 전위를 가진다.

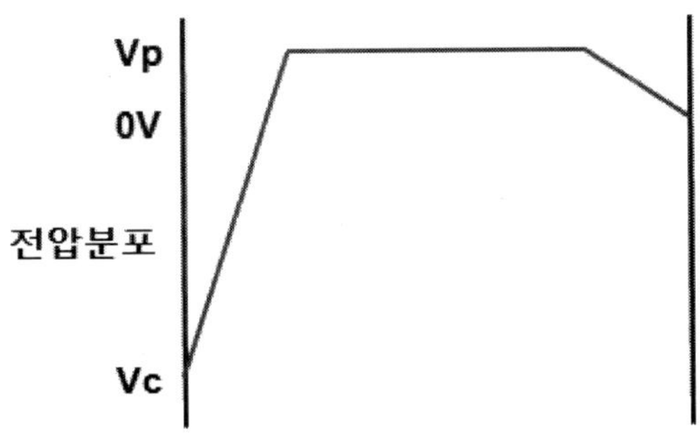

그림 II-18 DC Chamber 내의 전위 분포

플라스마 내부의 양이온들은 음전위의 Cathode쪽으로 운동에너지를 받게 되고 Cathode Sheath 내에서 Vp−Vc의 전위차에 의하여 가속되게 된다. 이렇게 가속된 이온은 Cathode를 때리게 되고, 이 힘을 이용하여 Sputtering이나 Etching 등의 공정에 이용하게 된다(그림 II−19). 이때 Cathode에 도달한 이온은 Cathode에서 전자를 공급받아 다시 정상적인 원자나 분자로 환원되게 된다. 이렇게 하여 Chamber 내부의 전기적 균형을 이루게 된다.

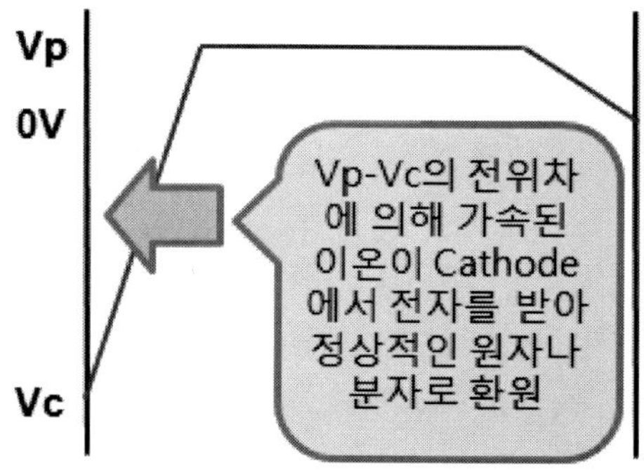

그림 II−19 이온의 운동

그러나 Cathode가 전기를 통하지 못하는 부도체일 경우 Cathode에서 이온에게 전자를 제공하지 못하기 때문에 Cathode 표면에 이온이 축적된다. 이온이 많이 축적되면 Cathode 면은 그림 II−20과 같이 양전위를 띠게 되어 이온은 더 이상 오지 못하게 되고, 플라스마 내부의 전기적 평형상태가 깨지게 되어 수 μsec 내에 플라스마가 없어지게 된다.

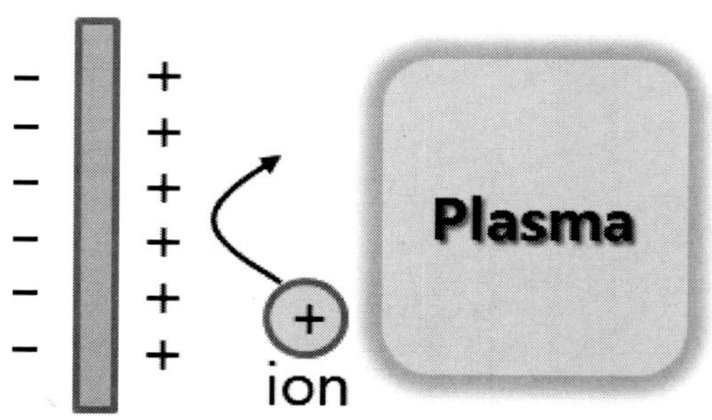

그림 II−20 Cathode가 부도체인 경우

이러한 현상 때문에 부도체를 Sputtering, Etching 등을 할 때는 RF Generator와 같은 교류전원을 사용한다. 교류 전원을 사용하면 Electrode에 부착된 부도체 표면에 주기적으로 양전위를 가해주게 되어 표면에 축적되는 이온을 떨어뜨리게 된다. 최근에는 DC를 이용하여 SiO_2 등의 부도체를 Sputtering하는데 이것은 주기적으로 타깃에 양전위를 공급해줌으로써 가능해졌다. 이것이 DC Pulsed Power이다.

2) Sheath 영역의 전기적 모형

Sheath 영역의 전기적 모형은 Chamber를 전기적인 회로로 변환시켜 해석할 수 있기 때문에 매우 유용하다. 그림 II-21를 보면 플라스마는 양의 전위를, Electrode는 음의 전위를 가지고 있다. 이것은 플라스마와 Electrode를 하나의 Capacitor로 볼 수가 있게 된다. 그리고 전자와 이온의 흐름을 각각 저항과 다이오드를 결합한 회로로 해석할 수 있다. 이때 전자와 이온은 플라스마에서 Electrode쪽으로만 움직이게 된다. 이러한 전기적 모형은 RF Power를 이용해서 플라스마 Chamber를 구성할 때 Chamber 내부의 전기적 상황을 해석하는데 매우 유용하게 사용할 수 있다.

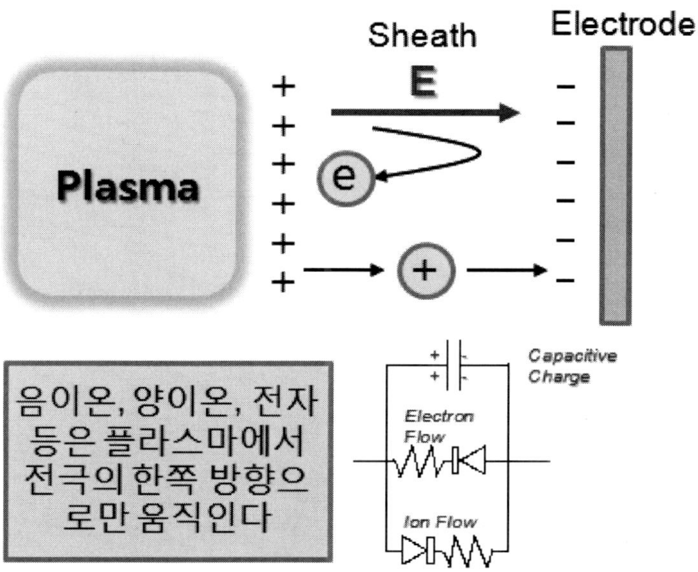

그림 II-21 Sheath 영역의 전기적 모형

05 | RF 플라스마

(1) RF 플라스마

RF 플라스마는 DC 플라스마에서 설명하였듯이 DC 전원을 이용해서는 불가능한 Process를 수행하기 위하여 사용한다. 즉 이온을 두 방향으로 운동시키려 할 때 부도체를 Sputtering, Etching, PECVD하려 할 때, 또는 부도체에 Voltage Biasing할 때 사용하며, DC 전원의 경우 한쪽방향으로만 전계에너지를 받으나 RF 전원의 경우에는 그 방향이 계속해서 바뀌지게 되므로 DC 보다 10배에서 100배까지 빠르게 이온화시킬 수 있다. 또 혼합 가스 등을 사용할 경우 DC보다 훨씬 쉽게 원자분해를 할 수 있다.

일반적으로 RF를 이용한 Chamber의 경우 크게 두 가지로 나눌 수 있다. 즉 Cathode쪽에 DC Biasing을 걸어주는 Asymmetrical System(그림 II-23)과 특별하게 DC Biasing을 걸어주지 않고 플라스마 전압만을 할 때 사용하는 Symmetrical System(그림 II-22)이 있다.

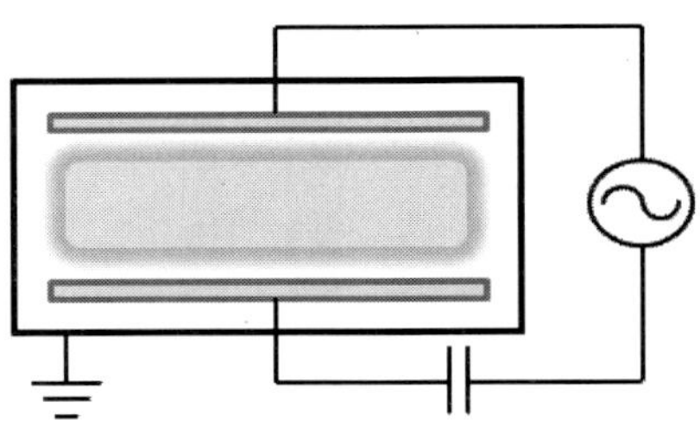

그림 II-22 Symmetric System

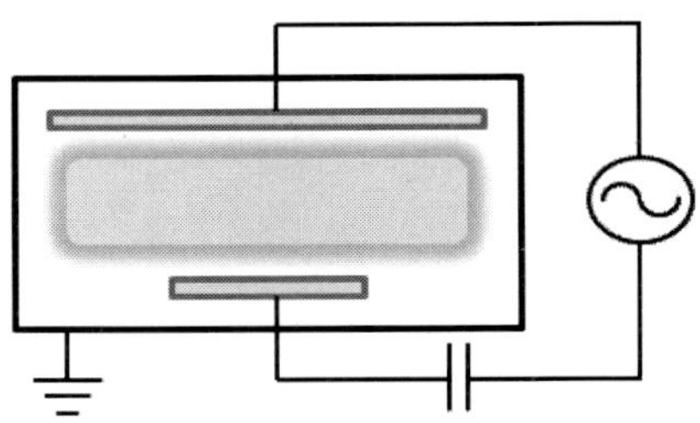

그림 II-23 Asymmetric System

(2) 용량 결합 플라스마(CCP : Capacitively Coupled Plasma)

CCP 플라스마는 건식 식각에 사용되는 가장 일반적인 플라스마이다. 전형적인 반응 챔버가 그림 II-24에 나타내었다. 전원은 아래쪽이나 위쪽 전극에 인가된다(어떤 특정한 경우에는 반응 월(wall)에 연결하기도 한다). 일반적으로 인가하는 전원의 주파수는 13.56 MHz이다. 소위 말하는 Dark Sheath 영역이 반응기 전극 및 월의 모든 면에 형성된다. 이 Dark Sheath는 유전체나 캐패시터를 통해서 플라스마로 전달된다고 생각할 수 있다.

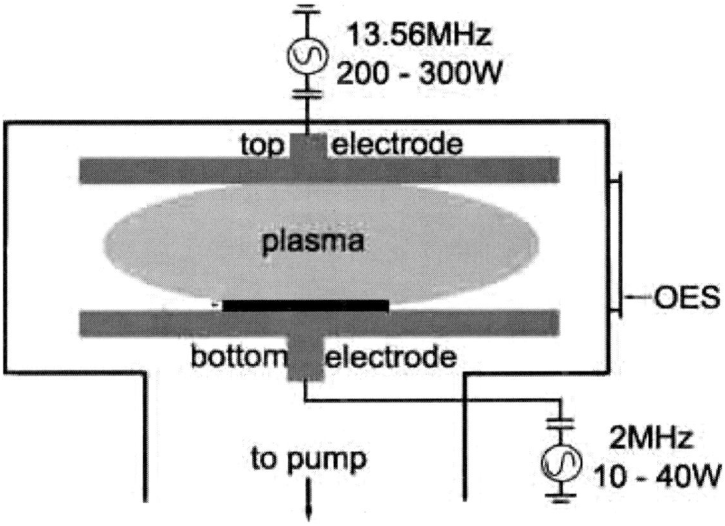

그림 II-24 CCP 플라스마 챔버

(2) 유도 결합 플라스마(ICP : Inductively Coupled Plasma)

1980년 대 후반과 1990년 대 초반에는 민감한 공정들이 등장하면서 낮은 이온에너지를(〈 ~100 eV) 가지는 플라스마 식각 장치의 필요성이 대두되었다. 이러한 필요성은 식각 속도는 그대로 유지하면서 더욱 높은 선택비를 확보하고 이온에 의한 손상을 최소화하기 위해서 생겨났다. 식각 속도는 이온 에너지에 대체적으로 비례하기 때문에 이온 에너지를 줄이면서 식각 속도를 유지하기 위해서는 이온의 선속(flux), 즉 이온 전류를 증가시켜야 한다. 보통 평판형 이중전극 시스템이나 삼중전극 시스템의 경우 축전 결합형 플라스마에 속하는데 이들은 약 $10^9 \sim 10^{10}$ cm^{-3}의 플라스마 밀도를 형성하므로 이온 전류는 약 1 mA/cm^2 정도이다. 이온 에너지를 낮추면서 식각 속도를 유지하기 위해서는 약 10 mA/cm^2 정도의 이온 전류가 필요하고 이를 위해서는 약 $10^{11} \sim 10^{12}$ cm^{-3}의 밀도를 가지는 플라스마 소스가 필요하다.

13.56 MHz 축전 결합형 플라스마의 경우 높은 이온 에너지와 이들에 의한 스퍼터 현상에 의해서 전력의 상당 부분이 손실되기 때문에 효율적인 에너지 전달 메커니즘을 가지는 플라스마 소스가 있어야 하는데 앞에서 언급한 수십 MHz를 사용하는 이중전극 시스템 또는 삼중전극 시스템이 하나의 대안이 될 수 있다. 또 다른 대안으로는 그림 II-25와 같은 유도결합형 플라스마 소스가 있다.

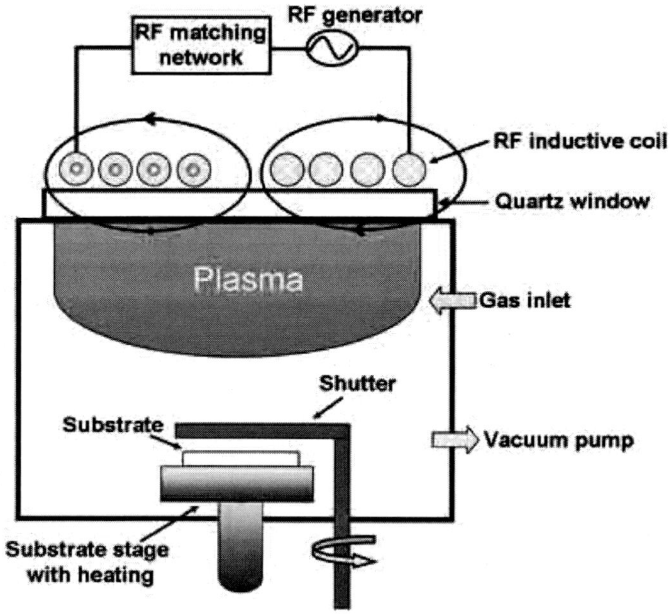

그림 II-25 ICP 플라스마 챔버

가장 많이 사용되는 유도결합형 소스는 흔히 ICP source라 불리며 평판형, 원통형 또는 돔형의 유전체에 코일을 감아 여기에 전류를 인가하고 코일 주변에서 발생하는 유도전기장을 이용하여 방전한다. 이와 유사한 장치로는 Helical Resonator, Helicon Plasma 등이 있으나 반도체 제조 공정에서는 거의 사용되지 않는다.

(3) CCP와 ICP의 비교

한편 현재 많이 사용되고 있는 고밀도 플라스마 소스 중에서 고주파를 사용하는 이중 주파수 삼중전극 방식과 유도 결합형 플라스마는 어떠한 차별적인 특성을 지니게 될까? 전자는 용량 결합형 플라스마(Capacitively Coupled Plasma : CCP) 방식이고 후자는 유도결합 플라스마(Inductively Coupled Plasma : ICP) 방식인데 CCP와 ICP에서 주요 플라스마 변수의 차이점은 표 II-3과 같다. 먼저 동작 압력에 큰 차이가 있다는 것을 알 수 있으며 플라스마 밀도 또한 차이가 있다.

표 II-3 CCP와 ICP의 비교

종류	P(mTorr)	Ne(cm^{-3})	KTe(eV)	Disso. Fraction(%)
CCP	100	10	1 ~ 2	0.05
ICP	10	1011	3 ~ 5	0.6

그리고 가장 큰 차이점은 전자의 온도라고 할 수 있다. 플라스마 밀도는 이온의 밀도 및 에너지와 관련이 있기 때문에 식각율과 식각 형상 등과 관련이 있다. 전자의 온도는 훨씬 복잡한 역할을 하는데 일단 전자의 역할은 기체의 이온화, 해리 등과 관련이 있어서 물리적인 특성뿐만 아니라 화학적인 특성에 많은 영향을 준다.

위에서 기술한 바와 같이 CCP와 ICP는 플라스마 특성 측면에서 많은 차이점이 있으며 이들이 공정에 미치는 영향은 절대적이다. 기존의 CCP 또는 ICP만으로는 새로운 공정들의 요구에 부응할 수 없는 경우가 많으며 더 적합한 플라스마 변수를 찾기 위해 수많은 방법들이 시도되어 왔으며 지금도 많은 소스들이 시험되고 있다. Magnetic Enhanced ICP(MEICP), Low or High Frequency ICP, Multiple ICP, Helicon Plasma, ECR Plasma, Surface Wave Plasma(SWP), Magnetically Enhanced RIE(MERIE), Dual Frequency RIE 등 많은 방법들이 개발되었으며 이들 중에는 현재 상용화에 성공되어 양산에 사용되고 있는 장비도 있지만 거의 사용되지 않는 방식들도 있다. 하지만 현재는 적합한 제조 공정이 없어서 사용되지 않더라도 소자 제조 기술이 발전하고 변천을 거듭하면서 미래에 언젠가는 꼭 필요한 기술로 화려하게 부활할 기술들도 있을 것이다.

3. 세정 및 CMP

학	습	목	표

- 세정의 목적과 방법에 대해 설명할 수 있다.
- 여러 가지의 세정 방법에 사용되는 장비의 구조와 동작에 대해 설명할 수 있다.
- CMP의 목적과 방법, 그리고 장비에 대해 설명할 수 있다.
- 건조의 목적과 방법, 그리고 장비에 대해 설명할 수 있다.

01 세정(Cleaning)

(1) 세정의 목적

반도체 제조 공정에서는 공정 장비, 인체 또는 의복, 그리고 클린 룸의 구성재로부터 파티클, 유기물, 금속, 땀, 화장품 등의 여러 가지 이물질이 발생한다. 이상의 이물질을 표 II-4에 정리하여 소개한다.

반도체 제조공정에서는 열처리, 식각, 박막형성 등을 수행하는데, 이러한 웨이퍼의 처리 공정 중에 웨이퍼에 이물질이 부착하면, 실리콘 웨이퍼 안으로 불순물이 확산하기도 하고, 박막과 박막의 사이에 파티클이 들어가기도 한다. 그 결과, 패턴의 결함이 발생하기도 하고, 불순물의 확산에 의해 의도한 전기적인 특성을 얻지 못하는 경우가 발생하기도 한다.

웨이퍼의 세정은 공정을 수행하기 전에 웨이퍼에 부착해 있는 이물질을 웨이퍼에 손상을 주지 않고 제거하기 위한 공정이다. 세정 공정은 전체 반도체 공정의 20~30% 정도를 차지하지만, 웨이퍼에 재료나 패턴이 남지 않기 때문에 프로세스를 설명하는 경우에는 일반적으로 생략된다.

표 II-4 반도체 제조 공정에서 발생하는 이물질

발생원	이물질
공정 장비	파티클, 유기물, 금속 등
인체 또는 의복	땀, 피부 각질, 화장품, 섬유 등
클린 룸	파티클, 금속, 기름 등

(2) 세정 방법

세정 방법은 화학적으로 분해하여 제거하는 방법과 물리적인 힘을 이용하여 제거하는 방법으로 크게 나눌 수 있다. 또한 세정에 이용하는 매질에 의해 세정액이나 순수(DI water)를 이용하는 습식 세정(wet cleaning), 산소나 오존 등의 가스를 이용하는 건식 세정(dry cleaning)으로 분류할 수도 있다. 보통은 이들 방법을 조합해서 세정을 실시하지만, 세정액을 이용하여 화학적으로 분해·제거하는 방법이 가장 일반적이다. 세정액으로는 황산과 과산화수소의 혼합액(SPM), 암모니아와 과산화수소의 혼합액(APM), 염산과 과산화수소의 혼합액(HPM) 등이 있다.

APM을 이용한 세정에서는 실리콘 면에 대해 강한 산화효과가 있는 과산화수소가 실리콘 표면을 산화시켜 실리콘 산화막을 만들고, 그 실리콘 산화막을 암모니아로 제거함으로써, 이물질을 웨이퍼 표면으로부터 분리시켜 제거하는 리프트 오프(lift-off) 효과를 함께 이용하고 있다. 리프트 오프 효과는 웨이퍼 표면을 얇게 식각하여 웨이퍼 표면의 이물질을 제거하는 효과를 말한다. 묽게 희석한 불산 용액(DHF : Diluted Hydrofluoric Acid)을 이용한 세정법에서는 산화막을 식각하여 이물질을 제거하는 리프트 오프 효과를 이용하고 있다.

금속 배선을 형성한 후의 공정에서는 알루미늄 등 배선금속을 용해하지 않는 유기용제(알코올, 아세톤)를 이용한다.

물리적으로 제거하는 세정법으로는 고압의 순수를 웨이퍼에 분사하여 제거하는 제트 스크러브 세정, 브러시로 웨이퍼를 마찰하여 제거하는 브러시 스크러브 세정이 있다. 화학적 세정 후에 물리적 세정을 연속으로 사용하는 것도 적지 않다. 스크러브 세정에서는 순수와 웨이퍼가 마찰하는 것에 의해 웨이퍼 위의 절연막이 대전되어 국소적으로 방전이 발생되기 때문에 절연막에 손상을 줄 수 있기 때문에 제트 스크러브의 압력이나 순수의 전도도 조정, 브러시 스크러브에서는 브러시 압력의 적절한 조건을 선택해야만 한다.

세정액에 초음파를 인가하여 세정효과를 높이는 세정법도 이용되고 있다. 이 세정법은 초음파를 인가하여 세정액 안에 미세한 기포를 발생시키고, 기포가 파열할 때

● 용어해설

순수(deionized water)
물리적인 처리를 하여 불순물을 제거한 물

Lift-off
패턴이 되어 있는 희생층 위에 박막을 증착시킨 후, 희생층을 제거함으로써 패턴이 없는 곳에만 박막을 남기는 패터닝 기술

표 II-5 습식 세정법의 종류와 특징

분류 항목	세정법	특징
화학적 세정	SPM 세정	황산과 과산화수소의 혼합액
	APM 세정	암모니아와 과산화수소의 혼합액
	HPM 세정	염산과 과산화수소의 혼합액
	유기 세정	유기용제(알코올, 아세톤)
물리적 세정	스크러브 세정	고압의 순수 분사
	브러시 스크러브 세정	브러시로 웨이퍼를 마찰
	초음파 세정	초음파 인가

충격에 의해 웨이퍼에 부착하고 있는 이물질을 떼어내는 효과를 이용하고 있다. 일종의 물리적 세정이라고 할 수 있다.

이상의 세정방법을 정리하면 표 II-5와 같다.

(3) 세정장치

● 용어해설

배치식(batch type)
여러 장의 웨이퍼를 하나의 챔버에 넣어 한 번의 공정으로 여러 장의 웨이퍼를 처리하는 방식

매엽식(single wafer type)
한 장의 웨이퍼를 한 번의 공정으로 처리하는 방법

세정장치로써는 세정효과가 다른 복수의 세정조(wet bath)에 웨이퍼를 순서대로 담가서 여러 가지의 이물질을 제거하는 구성으로 되어 있는 배치식(batch type) 습식 세정장치가 많이 쓰이고 있다. 장치의 주된 구성은 세정액 처리수조, 수세, 건조 시스

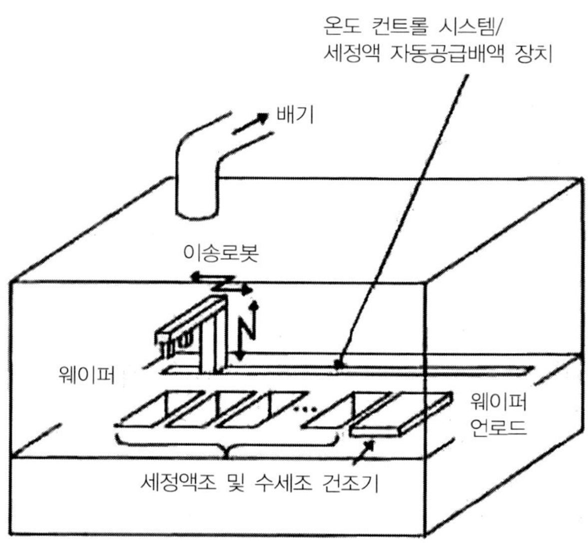

그림 II-26 배치식 습식 세정장치(다수조 침적식)

템, 세정액의 온도 조절 시스템, 세정액 공급 및 배수 시스템, 반송 시스템, 배기 시스템으로 되어 있다.

배치식 습식 세정장치에서는 복수의 세정액 수조를 배치한 침적 방식(그림 II-26), 1개의 세정액 수조에 복수의 세정액을 순차적으로 공급하는 원-배스(one bath) 방식(그림 II-27), 밀폐 챔버 내에서 노즐로부터 세정액을 분사하는 방식 등이 있다. 원-배스 방식에서는 1개의 세정액 처리가 끝날 때마다 순수와 세정액을 교환하여 수세하기 때문에 웨이퍼가 공기 중에 접촉하지 않고 처리가 가능하다.

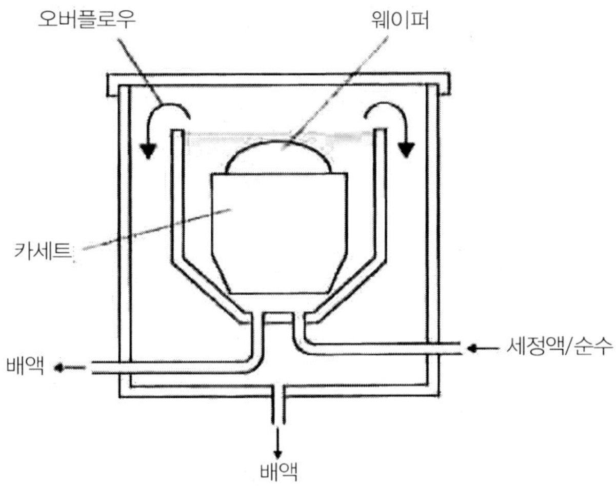

그림 II-27 배치식 습식 세정장치(원 배스 방식)

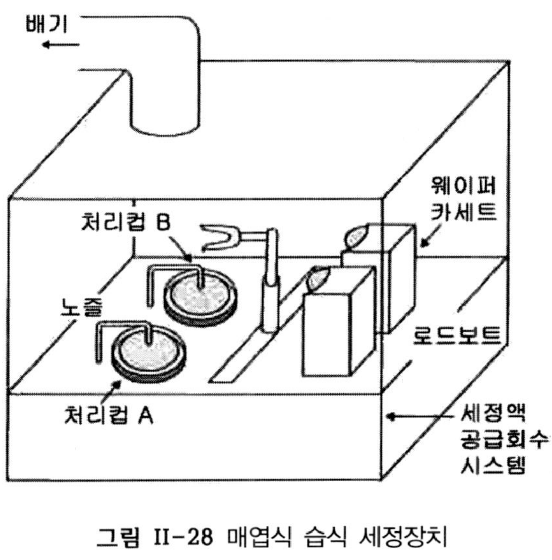

그림 II-28 매엽식 습식 세정장치

또한 웨이퍼 1장씩 세정하는 매엽식 세정도 있다. 매엽식 세정장치에서는 웨이퍼를 1장씩 스핀 스테이지에서 회전시켜 복수의 세정액을 순차적으로 처리하며, 1~2개의 컵에서 복수의 세정액 처리하는 장치(그림 II-28)와 다수의 컵을 가지고 컵마다 전용 세정액 처리하는 장치도 있다. 매엽식에서는 제트 스크러브와 연속 처리하는 경우도 있다.

한편, 건식 세정장치로써는 자외선을 조사하여 오존 등을 발생시켜 유기물을 분해하여 휘발시키는 자외선 세정(그림 II-29), 산소 가스 플라스마로 물리적으로 제거하는 플라스마 세정(역 스퍼터), 저온 에어로졸 세정, 초임계 세정이 있다.

이상의 세정장치를 분류하여 정리하면 표 II-6과 같다.

● 용어해설

에어로졸(aerosol)

공기와 같은 기체 내에 미세한 형태로 균일하게 분포되어 있는 액체나 고체의 입자

초임계 유체(supercritical fluid)

임계점 이상의 온도와 압력에 놓인 물질 상태를 일컫는다. 초임계유체로 자주 사용하는 물질은 물과 이산화탄소이다. 초임계 상태에 있는 물은 금조차 녹인다. 심지어는 셀룰로스나 다이옥신까지 분해할 수 있다. 또한, 초임계상태의 이산화탄소는 여러 가지 물질을 잘 용해한다. 목표물을 용해한 초임계 이산화탄소를 임계점 이하로 하면, 이산화탄소는 기화하여 대기로 날아가고 용질만이 남는다. 날아간 이산화탄소는 회수할 수 있으며 재활용이 가능하다.

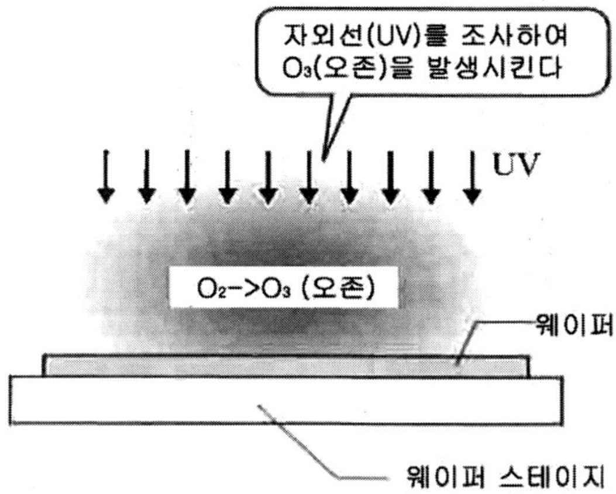

그림 II-29 자외선 세정

표 II-6 습식 세정장치의 종류

대분류	소분류	장치
습식 세정	배치식	침적 방식
		원 배스 방식
		노즐 분사 방식
	매엽식	단일 컵 방식
		복수 컵 방식
건식 세정	화학적 세정	자외선 세정
	물리적 세정	플라스마 세정
		저온 에어로졸 세정
		초임계 세정

(4) 습식 세정 기술

웨이퍼에 손상를 주지 않고 이물질만을 화학적으로 제거하는 방법으로써 전장에서와 같은 세정액을 사용한 습식세정이 일반적이다. 웨이퍼에 부착해 있는 이물질은 유기물이나 금속 등 여러 가지 물질일 가능성이 있기 때문에 복수의 세정액을 순서대로 사용하거나 물리적 세정을 연속해서 수행하여 제거한다.

습식 세정 기술은 RCA 세정(1970년에 미국의 RCA사가 고안)이 유명하지만 세정액의 혼합비, 온도, 처리시간 등의 조건이나 처리순서 등 여러 가지의 전문적인 기술을 가지고 사용한다.

기본적인 세정액은 황산과 과산화수소의 혼합액(SPM, 피라니아 세정이라고도 함), 암모니아와 과산화수소의 혼합액(APM), 염산과 과산화수소의 혼합액(HPM) 등으로 100℃ 전후로 가열하여 사용한다.

또한, 이들의 세정만으로 제거되지 않는 것도 있기 때문에 묽게 희석한 불산 용액(DHF)을 이용하여 웨이퍼 위의 산화막을 얇게 식각하여 산화막 위의 이물질을 동시에 제거하는 세정법도 있으며, 위에 기술한 세정법과 조합하여 사용한다. 이 방법은 미량이긴 하지만 산화막이 식각되기 때문에 사용 시 주의가 필요하다.

평탄화에 사용하는 CMP(chemical Mechanical Polishing : 화학적 기계적 연마) 공정에서는 슬러리(Slurry : 연마제)의 입자나 연마된 재료 조각이 웨이퍼에 부착한다. 이 때문에 세정액 처리와 스크러브의 병용이나 웨이퍼 표면과 뒷면을 처리하는 양면 세정이 사용된다. 또한 베벨(웨이퍼의 주변)은 성막이나 식각의 상태가 달라지고, 막이 벗겨지기 쉽기 때문에 베벨의 세정을 수행하는 베벨 세정장치도 있다.

(5) 새로운 세정 기술

새로운 세정 기술로써는 저온 에어로졸 세정(그림 II-30)이나 초임계 세정(그림 II-31), 기능수 세정 등이 검토되고 있다.

저온 에어로졸 세정은 냉각시킨 아르곤, 질소, 탄산가스 등의 비활성가스를 감압한 챔버 내에 노즐로부터 분사·결빙시켜 결빙고체입자를 챔버 내에 위치한 웨이퍼에 충돌시켜 이물질을 제거한다. 결빙고체입자는 상온에서는 기체 상태로 돌아가기 때문에 특별한 건조장치가 필요하지 않다.

초임계 세정은 인계온도·임계압력 하에서 액체와 기체의 중간적인 성질을 가지는 상태의 유체를 이용한 세정으로, 낮은 점성으로 확산이 빠르기 때문에 물질의 용해나 박리가 가능하다. LSI 제조에서는 탄산가스(CO_2)를 이용해서 세정액과 혼합시킨 사용법 등이 검토되고 있다.

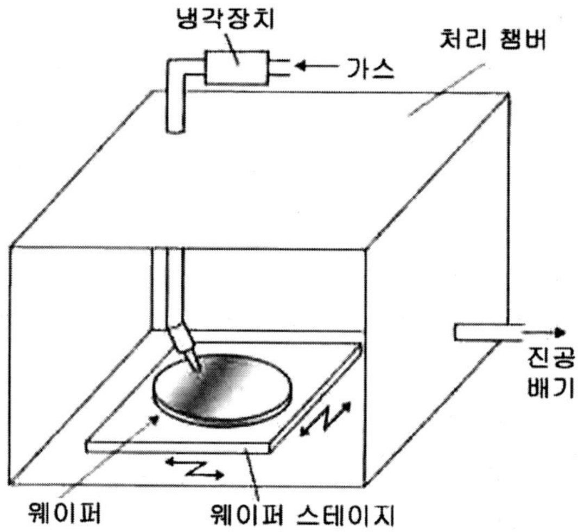

그림 II-30 저온 에어로졸 세정

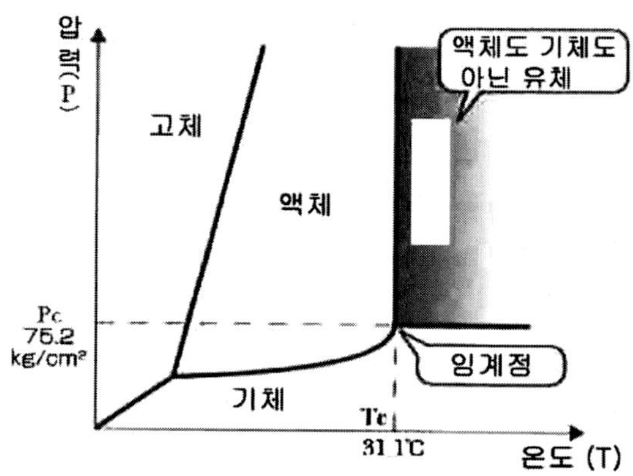

그림 II-31 이산화탄소(CO_2)의 상태도(초임계 세정)

기능수 세정은 산성이나 알카리성 세정액이 아닌 오존수나 전해 이온수 등의 기능수를 이용해서 세정하는 기술이다. 세정액을 사용하지 않기 때문에 폐액처리가 불필요하고 환경 친화적인 기술로써 검토되고 있다.

LSI의 미세화가 진행됨에 따라 치명적인 결함으로 연결되는 이물질 크기는 미세화·미량화 되어가고 있다. 또한 패턴의 크기와 깊이의 비(aspect ratio)도 커지고 있고, 깊은 홀이나 트랜치를 세정하는 기술이 요구되고 있다. 게다가 High-k, Low-k로 대표되는 신재료의 도입이 시작되고 있기 때문에 이들 막에 손상을 주지 않고 세정하는 기술 등이 요구되고 있다.

● 용어해설

aspect ratio
가로와 세로의 비율, 반도체의 홀에서는 홀의 바닥에서의 지름과 깊이의 비를 나타낸다.

트랜치(trench)
도랑과 같은 홈을 말하며, 반도체에서는 이와 같은 형태의 패턴을 트랜치라 한다.

02 CMP

(1) CMP의 목적

CMP(화학적 기계적 연마 : Chemical Mechanical Polishing)은 웨이퍼 위에 성막한 재료를 화학적 반응과 기계적 마찰에 의해 연마하여 평탄화하거나, 트랜치나 홀 내부를 매우거나 하는 방법이다.

(2) CMP 방법

CMP는 성막한 산화막을 연마·제거하여 STI(Shallow Trench Isolation)의 트랜치 부분에 산화막을 채워 넣는 것 외에 컨택 홀의 텅스텐 플러그나 층간 절연막 등 웨이퍼 표면을 평탄하게 하는 공정에 이용되고 있다.

(3) CMP 장치

웨이퍼 지지 헤드로 웨이퍼의 뒷면을 잡아 둔 채, 연마 패드를 붙인 회전 테이블에 웨이퍼의 표면을 눌러주고, 연마 패드 위에 슬러리(Slurry : 연마액)를 노즐로부터 흘려주면서 회전 테이블(연마 패드)과 지지 헤드(웨이퍼)를 각각 회전시킨다(그림 II-32).

돌출한 부분의 연마 속도가 함몰한 부분의 연마 속도보다 빠른 것을 이용하여 돌출 부분을 제거하고 함몰 부분을 남겨 평탄화한다.

연마 속도는 웨이퍼를 누르는 압력과 상대 속도에 비례하기 때문에 연마 압력, 연

● 용어해설

STI(Shallow Trench Isolation)
실리콘 웨이퍼를 식각해서 소자들 끼리 전기적으로 격리시키는 것이다.

컨택 홀(contact hole)
층과 층 사이를 전기적으로 연결할 목적으로 금속을 채우기 위해 만들어 놓은 구멍

플러그
컨택 홀과 유사하게 전기적으로 연결하기 위해 만들어 놓은 패턴

슬러리
CMP 공정에서 사용하는 연마제

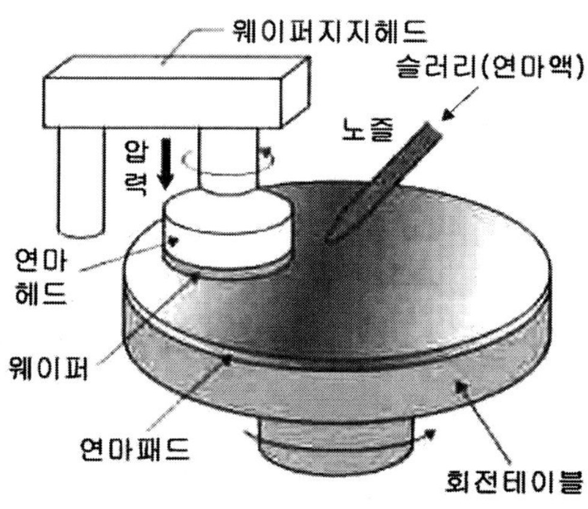

그림 II-32 CMP 장치

마 패드와 웨이퍼 각각의 회전 속도 컨트롤이 중요하다. 그러나 연마 패드의 종류, 슬러리의 종류와 공급량 등도 영향을 미친다.

장치의 주된 구성은 연마 장치, 슬러리 공급 장치, 슬러리 폐액 처리 장치(회수, 재생, 폐기)로 구성되어 있다. 연마 후의 세정장치를 갖추어 연마-세정의 일련의 처리를 수행하는 장치도 있다(그림 II-33).

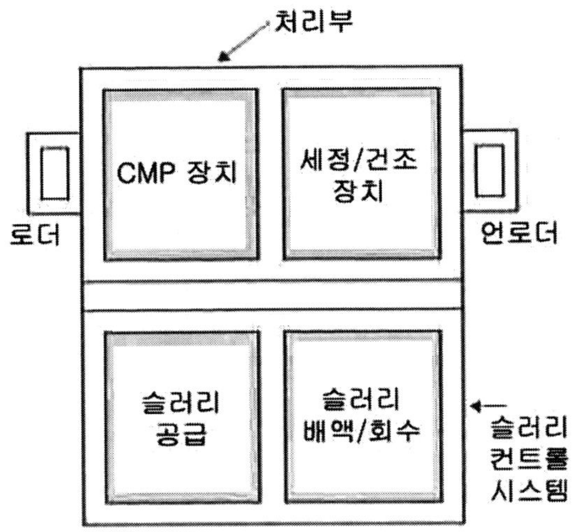

그림 II-33 CMP·세정 시스템

(4) 연마의 정도

CMP에서는 같은 재료를 요철 형상의 차이를 이용하여 연마하기 때문에 연마의 종료를 적절히 판정하지 않으면, 연마 부족으로 박막이 남거나 연마 과잉으로 남기고 싶은 부분의 막이 얇아지는 디싱(dishing), 에로젼(erosion), 씨닝(thining)이라고 불리는 에러가 발생한다. 이 때문에 연마 중에 과전류나 광학식 모니터링을 수행하여 정밀도 높게 End Point를 검출하는 모니터를 사용하는 것이 일반적이다. 표 II-7에 연마의 정도에 따른 현상과 대책에 대해 소개한다.

● 용어해설

디싱
CMP 공정 후에 웨이퍼의 양쪽이 접시와 같이 중심보다 높아져 있는 상태

에로젼
공정 후에 남아 있는 화학 물질이 공기와 반응하여 웨이퍼 물질이 부식되는 현상

씨닝
과도한 CMP로 인해 박막이 얇아지는 현상

표 II-7 연마의 정도에 따른 현상과 대책

연마의 정도	현상	대책
부족(Under CMP)	제거할 막이 남음	CMP 시간 추가
적당(Just CMP)	제거하려는 막만 제거됨	
과잉(Over CMP)	남기려는 막의 일부도 제거됨	CMP 시간 줄임

CMP에서는 연마 패드, 슬러리를 선택하는 것에 의해 산화막 외에도 텅스텐(컨택 플러그), 층간 절연막, 구리(다마신 배선, damascene) 등의 평탄화 연마가 행해진다. 슬러리는 산화막, 구리, 텅스텐 등 연마할 막에 따라 적절한 용액과 연마 입자의 종류를 선택하여 사용한다.

LSI의 산화막 CMP(STI), 층간 절연막, 텅스텐 플러그, 다마신 프로세스의 구리 배선 공정에서 CMP를 수행한 후의 단면도를 예를 들어 소개한다(그림 II-34).

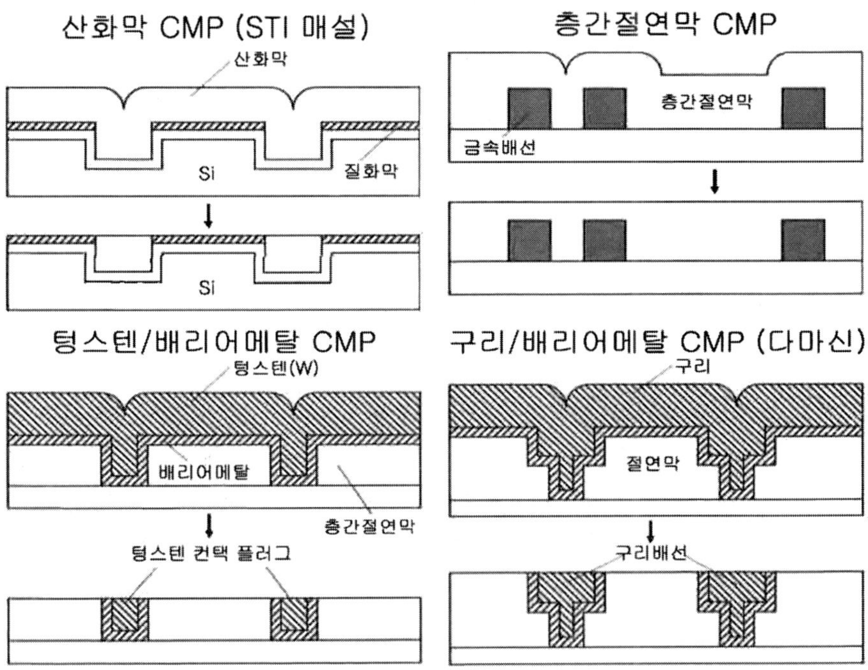

그림 II-34 CMP 공정 결과의 예

03 | 건조(Drying)

(1) 건조의 목적

건조는 세정액을 이용한 세정이나 습식 식각 등의 습식 처리를 한 후 세정액을 씻어내는 경우, 웨이퍼에 부착한 물을 제거하고 건조시키는 공정이다. 습식 처리한 후에는 반드시 수세 및 건조를 한다.

(2) 건조방법

> ● 용어해설
> **IPA(isopropyl alcohol)**
> 휘발성이 강해서 세정 후에 잔류물을 남기지 않기 때문에 세정액으로 자주 사용한다.

건조방법으로는 원심력으로 수분을 불어서 날려버리는 원심건조법, 건조 질소 등을 웨이퍼에 불어넣는 방법, IPA(Isopropyl Alcohol : 이소프로필 알코올)로 수분을 치환하는 방법 등이 있다.

(3) 건조장치

장치로써는 원심력을 이용한 배치식의 원심 건조장치나 매엽식의 스핀 건조장치(그림 II-35)가 이용된다.

건조에서는 웨이퍼에 수분을 잔류시키지 않을 것, 건조공정·장치에서 파티클이나 유기물, 금속 등의 이물질을 발생시켜 웨이퍼에 부착시키지 않을 것, 건조하기 위해 회전시킨 웨이퍼와 공기의 마찰에 의한 정전기를 발생시키지 않을 것 등이 요구되고 있지만, 가장 문제되는 것의 워터마크(물반점)이다. 워터마크는 건조공정에서 마지막까지 일부 남은 수분에 의해 웨이퍼 위에 매우 얇은 실리콘 산화막의 수화물이 형성되거나 불순물이 남아서 자국이 남는 것을 말한다.

(4) 워터마크

> ● 용어해설
> **워터마크(water mark, 물반점)**
> 세정 후에 충분한 건조가 이루어지지 않아서 남은 세정액의 흔적

워터마크는 실리콘이 소수성이기 때문에 실리콘의 노출면에서는 건조가 불균일하게 되어 습식 세정의 마감공정에서 일어나는 순수세정의 물방울이 부분적으로 남아 발생한다. 특히, 세정의 마지막에 실리콘 산화막을 식각하는 DHF 등 불소 세정액을 이용하는 세정에서는 발생하기 쉬워진다.

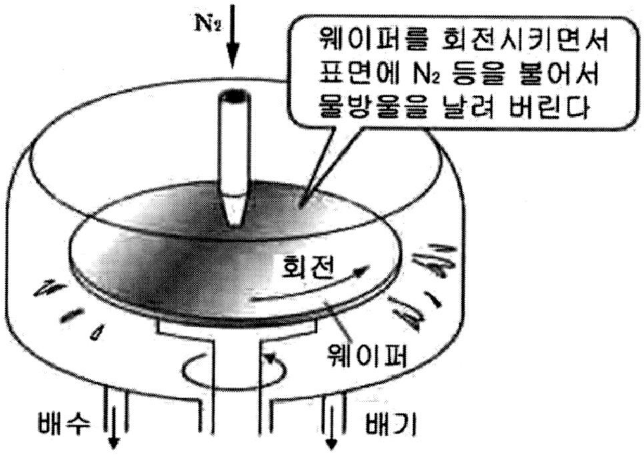

그림 II-35 스핀 건조

이 워터마크를 남기지 않기 위해서 IPA를 이용한 건조 방법이 사용되고 있다. IPA를 이용한 건조방법으로써는 IPA 증기로 처리하는 방법(IPA 증기 건조)이 일반적이며, 이 외에 마랑고니(Marangoni) 건조, 로타고니(Rotagoni) 건조 등이 있다(그림 II-36~그림 II-38).

(5) 주된 건조기술

다음에 건조기술의 개요를 설명한다.

1) IPA 증기 건조(IPA Vapor Drying)

IPA 증기 중에 순수로 세정한 후의 웨이퍼를 넣어서 순수와 IPA를 치환하여 건조시킨다(그림 II-36).

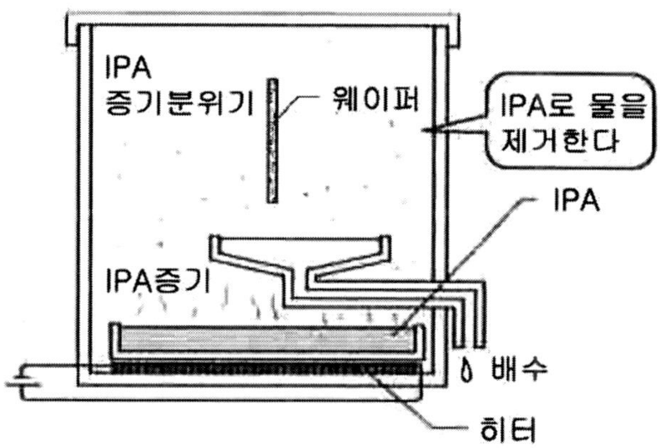

그림 II-36 IPA 증기 건조

2) 마랑고니 건조

순수로부터 웨이퍼를 꺼낼 때 IPA 증기와 질소가스를 웨이퍼면과 평행하게 닿게 하여 순수가 웨이퍼를 따라 올라오지 않게 건조시킨다(그림 II-37).

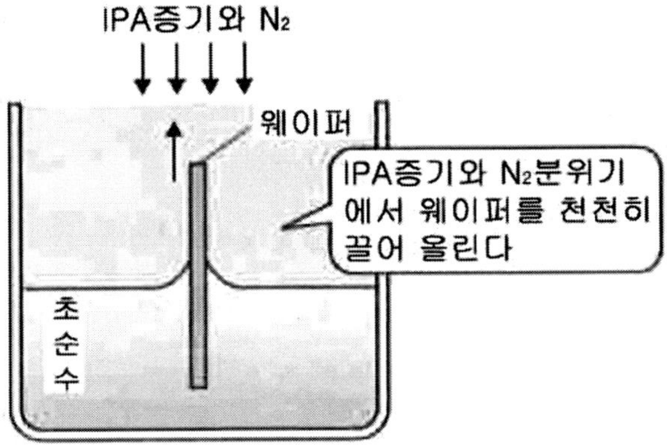

그림 II-37 마랑고니 건조

3) 로타고니 건조

스핀 수세/건조에 마랑고니 건조법을 함께 사용하는 방법이다. 웨이퍼를 회전시켜 순수와 IPA 증기·질소 혼합가스를 각각의 노즐로부터 흘려주면서 웨이퍼의 중앙으로부터 주변으로 향해서 이동시켜 건조시킨다(그림 II-38).

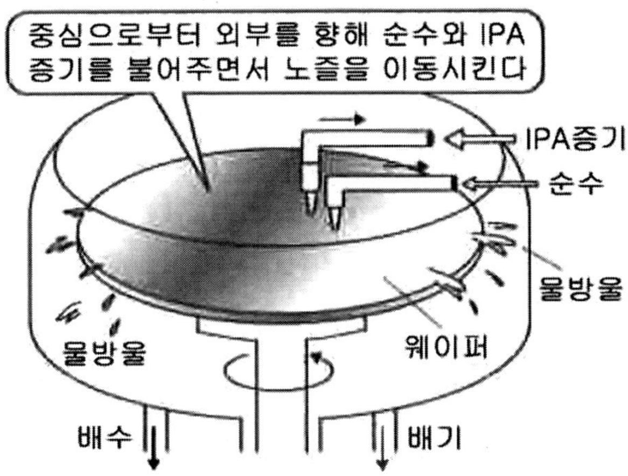

그림 II-38 로타고니 건조

또한, 웨이퍼 근방을 질소 분위기로 하여 산소로부터 차단된 상태에서 건조시킴으로써 소수성인 실리콘 면에서도 워터마크를 발생하기 어렵게 하는 기술도 있다.

앞으로 LSI는 더욱 미세화하여 어스펙트 레이시오가 커지기 때문에 깊은 컨택 홀이나 미세 트랜치 등의 바닥에 들어간 순수 등의 건조기술도 요구되어지고 있다.

4. 산화 및 이온주입

학 습 목 표

- 열처리의 목적과 방법, 그리고 장비에 대해 설명할 수 있다.
- 산화의 목적과 방법, 그리고 장비에 대해 설명할 수 있다.
- 이온주입의 목적과 방법, 그리고 장비에 대해 설명할 수 있다.

01 열처리(어닐)

(1) 열처리의 목적

열처리(어닐) 공정은 질소 등의 불활성가스 안에서 웨이퍼를 열처리하여 이온 주입한 불순물을 활성화시키거나 금속을 실리사이드화 하는 공정이다. 예를 들어, 코발트와 실리콘을 열반응(온도 600~800℃)시켜서 코발트 실리사이드를 형성하는 경우에 사용된다.

용어해설

코발트 실리사이드(cobalt silicide)
반도체의 게이트 전극이나 배선의 저항을 감소시킬 목적으로 코발트를 실리콘과 반응시켜 형성한 물질

열이력(heat budget)
웨이퍼가 여러 공정을 거치면서 공정 중에 받은 열의 합계

(2) 램프 어닐러

장치로써는 웨이퍼의 열이력(thermal budget)을 낮추기 위해 램프를 사용한 급속 가열(RTA : Rapid Thermal Anneal)에 의한 단시간 어닐이 가능한 매엽식 장치(램프 어닐러)를 사용하는 것이 일반적이다(그림 II-39).

장치의 주된 구성은 로더, 언로더, 처리 챔버, 가열 램프, 가스 컨트롤러, 온도 컨트롤러, 배기이다.

램프 가열 방식의 열처리 장치는 노심관 타입의 열처리 장치와 비교하여 급속한 웨이퍼의 온도 상승·강하(급승온·강온)가 가능하기 때문에 RTA라고 불린다. 첨단

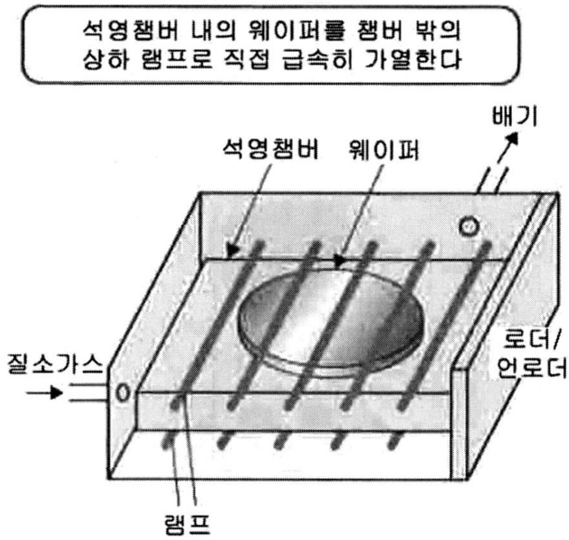

그림 II-39 램프 어닐러

제품에서는 얕은 접합을 만들기 때문에 가능한 한 열처리는 단시간으로 할 필요가 있다. 이 때문에 이온 주입 후 활성화 어닐에서는 램프 어닐 장치가 많이 이용되고 있다.

최근의 첨단 제품에서는 더욱 더 단시간 열처리가 요구되어지고 있으며, 스파이크 어닐 기술(spike anneal), 플래시 램프 어닐 기술(FLA : Flash Lamp Anneal) 등의 새로운 기술이 개발되어 있다. 그 외에 가열 방식의 종류에 의해 레이저 어닐 기술(LA : Laser Anneal), 전자빔 어닐 기술(electron beam anneal) 등이 있다.

1) 스파이크 어닐

스파이크 어닐은 레이저 빛을 이용하여 웨이퍼의 표면만을 순간적으로 열처리하여 웨이퍼의 열이력을 낮추는 기술이다.

2) 플래시 램프 어닐

플래시 램프 어닐은 플래쉬 램프의 강한 빛을 이용하여 단시간에 원하는 온도까지 가열하고 즉시 냉각하여 스파이크 어닐과 함께 웨이퍼의 열이력을 낮출 수 있는 기술이다. 그림 II-40에 플래시 램프 어닐에 사용되는 플래시 램프의 사진을 나타낸다.

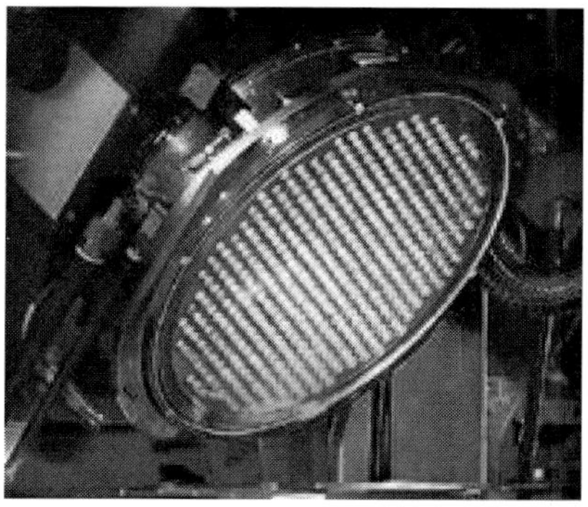

그림 II-40 플래시 램프

(3) 레이저 어닐

레이저 어닐은 레이저 펄스를 수 나노 초 동안 조사하여 실리콘 표면을 용해하고, 이온의 활성화와 이온 주입에 의한 실리콘 결정의 손상을 회복(재결정화)시키는 기술이다(그림 II-41). 웨이퍼 전체를 가열하지 않고, 극히 표면층만을 용해시켜서 용해 부분의 불순물만을 확산시킬 수 있기 때문에 매우 급격한 접합 프로파일을 형성하는 것이 가능하며 높은 활성화율이 얻어진다.

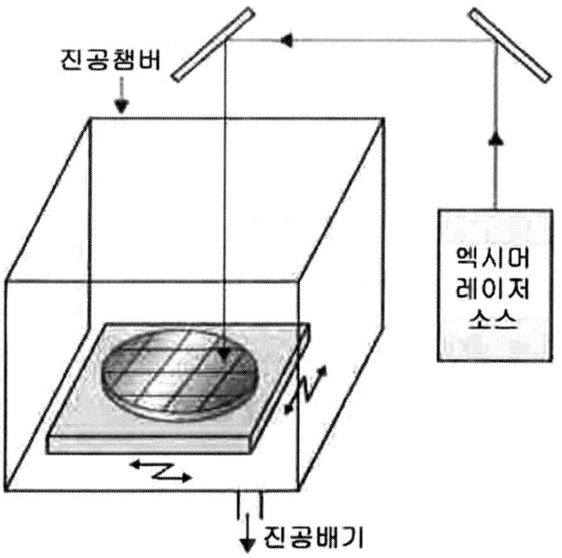

그림 II-41 레이저 어닐러

레이저 소스로써는 XeCl 엑시머 레이저(파장 308 nm), KrF 엑시머 레이저(파장 248 nm) 등이 이용된다. 극히 표면층만의 처리이기 때문에 레이저 용해층의 아래 부분은 재결정화가 불가능해서 접합 리크가 발생하기 쉬운 결점이 있다. 이러한 결점에 대한 대책으로 저온 RTA 처리(800℃ 정도)와 병행하는 방법이 선택되는 경우가 있다.

(4) 노심관형

열처리 장치에는 노심관 타입의 장치도 있다. 이 장치는 노심관(튜브 : 원통형의 석영 등으로 되어 있음)을 주변으로부터 히터로 소정의 온도까지 가열하고, 노심관 내로 질소를 흘려준다. 여러 장의 웨이퍼를 보트에 실어 노심관의 중앙에 넣고, 소정의 시간동안 가열처리 한다(그림 II-42).

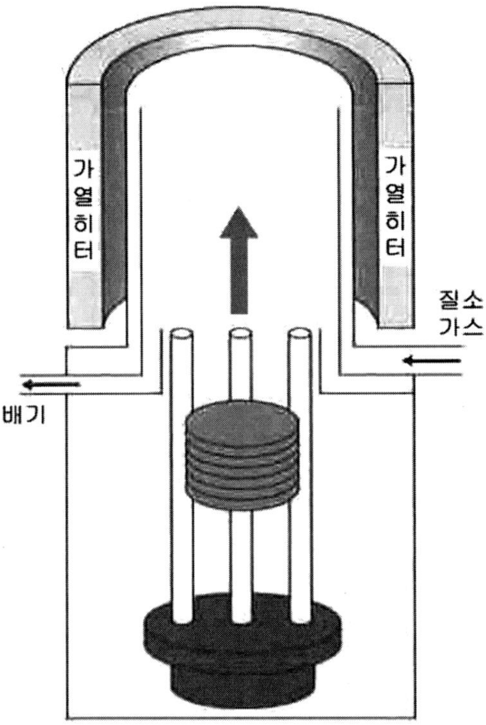

그림 II-42 열처리 장치(노심관형)

02 | 산화(Oxidation)

(1) 산화의 목적

산화는 산소를 포함하는 산화 분위기 중에서 웨이퍼를 고온 처리하여 웨이퍼의 실리콘을 실리콘 산화막으로 변환하는 공정이다.

(2) 산화방법

산화방법은 산화가스 종에 의해 건식 산화(산소 가스), 습식 산화(스팀 : 수증기), 희석 산화(산소나 수증기를 불활성가스로 희석)로 분류되며, 산화압력에 의해 상압 산화, 고압(가압) 산화로 분류되며, 표 II-8에 정리하여 나타내었다. 이 외에 플라스마 산화나 램프 어닐러에 의한 산화도 있다. 이들 방식은 용도에 따라 사용이 달라진다.

실리콘의 산화반응은 실리콘의 계면에서 발생하며, 산화에 의해 실리콘 표면에 산화막이 형성되면, 산화제는 이제까지 형성된 산화막을 확산하여 실리콘의 표면에 도달하여 산화반응이 발생한다.

산화 속도는 산화 분위기 중 산화제의 농도와 산화제가 표면에 형성된 산화막을 확산하는 속도에 의해 좌우된다. 산소가스를 이용한 산화에서도 산화 온도나 산소의 농도를 높임으로써 산화 속도를 빠르게 할 수 있다. 수증기를 이용하는 습식 산화에서는 표면에 만들어진 산화막 안의 용해도를 높일 수 있기 때문에 또한 고압 산화(~1MPa 전후)에서는 산화제의 농도를 높일 수 있기 때문에 산화속도를 빠르게 할 수 있다. 실리콘의 결정 방향이나 산화하는 실리콘의 불순물 농도 등 실리콘 자체도 산

표 II-8 산화방식과 특징

명칭	산화제	압력	특징
건식 산화	산소가스	상압	일반적으로 사용된다.
습식 산화	수증기(수소가스와 산소가스를 반응로 내에서 반응시켜 생성)	상압	산화속도가 빠르고, 두꺼운 산화막 형성에 적합하다.
희석 산화	산소, 수증기를 질소가스 등으로 희석	상압	막 두께 제어가 용이하고, 박막 형성에 적합하다.
고압(가압) 산화	산소가스, 수증기	고압	산화속도가 바르고, 두꺼운 산화막 형성이나 저온산화에 적합하다.
플라스마 산화	플라스마로 여기한 산소 라디칼	감압	ECR 플라스마, 표면파 플라스마 등에 의해 매우 얇은 산화막에 적합하다.

화 속도에 영향을 미친다.

실리콘이 산화되어 실리콘 산화막으로 변환되면, 체적이 팽창하여 응력이 발생한다. 강한 응역이 발생하면 산화속도의 저하나 실리콘 결정의 결함발생의 원인이 된다. LSI 제조에서 LOCOS(Local Oxidation of Silicon)법 등을 이용하여 절연 영역을 부분적으로 두꺼운 산화막으로 만드는 경우에는 체적 팽창에 의한 주변 실리콘 영역으로의 응력발생에 주의를 기울여야 한다.

(3) 산화 장치

장치로써는 열산화로가 이용되며, 노심관(튜브 : 원통형의 석영 등으로 되어 있음)을 주위로부터 히터로 1000℃ 정도로 가열해 두고, 복수의 웨이퍼를 웨이퍼 보트에 배열하여 적재하고, 보트를 노심관의 중앙에 넣는다. 산소를 흘려주어 처리하면 실리콘이 산화막으로 변환되어 웨이퍼 표면에 산화막이 형성된다.

장치의 주된 구성은 로더, 언로더, 노심관, 온도 컨트롤 시스템, 가스 컨트롤 시스템, 배기 시스템이다.

장치의 형태로써는 튜브를 수평하게 배치하는 횡형로, 튜브를 수직하게 배치하는 종형로가 있다(그림 II-43, 그림 II-44). 횡형로에서는 산화가스가 유입되는 부분과 배기되는 부분에서 산화막의 두께 차이가 발생할 수 있기 때문에 더미(dummy) 웨이퍼를 배치하여 실제 공정에 사용되는 웨이퍼에서 두께 차이를 최소화하는 방법이 사용된다. 또한 웨이퍼 사이의 간격도 막 두께 편차에 영향을 미친다. 종형로는 설치면적(foot print)을 저감시켜 자동화에도 유리하다.

열산화에서는 기상 성장법 등으로 성장시켜 얻은 실리콘 산화막보다도 우수한 막질이 얻어지기 때문에 게이트 산화막은 열산화로 형성된다.

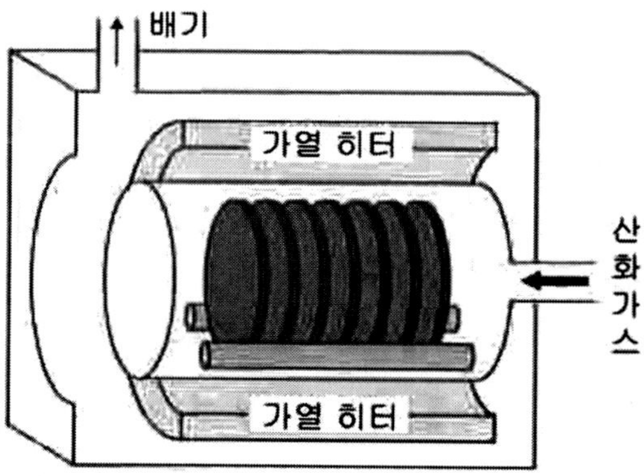

그림 II-43 산화 장치(횡형로)

● 용어해설

LOCOS(LOCal Oxidation of Silicon)

실리콘 웨이퍼의 일부분에만 선택적으로 형성된 실리콘 산화물. 그림과 같이 실리콘과 실리콘 산화물의 계면이 나머지 실리콘 표면보다 낮은 곳에 형성된다.

① 실리콘, ② 실리콘 산화물

더미 웨이퍼

정상적인 공정을 수행하기 전에 챔버의 분위기를 정상적으로 만들기 위해 사용하는 웨이퍼로써, 제품을 만드는 용도로는 사용하지 않는다.

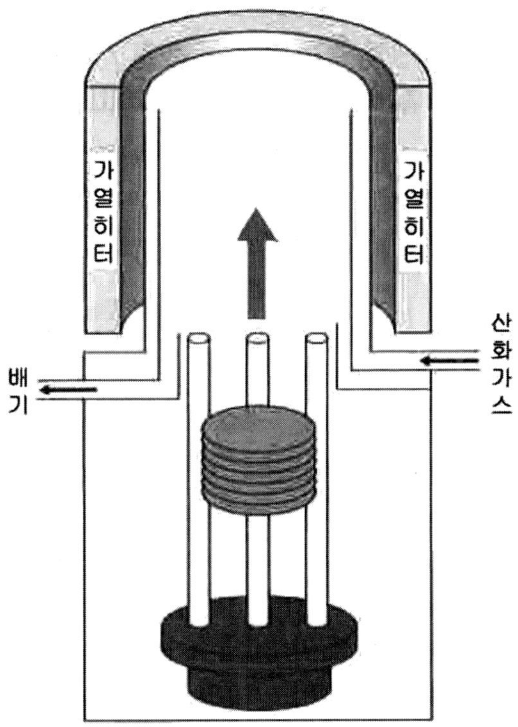

그림 II-44 열산화 장치(종형로)

03 이온 주입(도핑) 장치

(1) 이온 주입

이온 주입은 웨이퍼의 실리콘 기판이나 폴리 실리콘에 N형 또는 P형의 도전성을 주기 위해 인(P), 비소(As), 붕소(B) 등의 불순물을 이온화하여 웨이퍼에 도입(도핑 : Doping)하는 공정이다.

이온 주입에는 통상 포토 레지스트 패턴을 이용하여 웨이퍼 위의 이온을 주입하지 않을 부분을 가리고, 필요한 부분만 이온을 도핑한다. 주입할 깊이와 주입량(도즈량)은 가속 에너지와 이온 전류로 각각 제어한다. LSI의 전기적 특성이나 신뢰성을 확보하기 위해 공정별로 도입할 불순물의 종류나 이온 주입하는 깊이, 주입량, 경우에 따라서는 주입하는 각도를 선택하여 주입한다.

(2) 이온 주입 장치

이온 주입 장치에는 가속 에너지나 도즈량에 적합한 장치가 있으며, 중전류 이온 주입 장치, 고전류 이온 주입 장치, 고에너지 이온 주입 장치로 크게 분류할 수 있다.

그러나 실리콘에 이온을 주입하였다 해도 도전성을 가지지 못하기 때문에 주입한 이온을 활성화하기 위한 열처리(어닐 : anneal)가 필요하다. 가능한 한 열이력과 공정수를 줄이기 위해 RTA(Rapid Thermal Anneal : 고속 열처리)를 사용하거나 다른 열처리 방법과 병행하는 경우도 있다.

장치는 전체가 고진공으로 유지되고 있으며, 불순물 이온원으로부터 나온 복수의 이온종으로부터 필요한 이온종만을 질량 분석 장치로 선택하고, 이온을 가속하여 웨이퍼에 주입한다. 웨이퍼는 여러 장을 디스크 플레이트에 실어서 1 배치의 주입 처리를 수행한다. 디스크 플레이트 위의 모든 웨이퍼 처리가 완료되면, 플레이트가 교체된다(그림 II-45).

> ● 용어해설
>
> **이온종(ion species)**
> 플라스마에 의해 이온화된 이온의 여러 종류

장치의 주된 구성은 이온원, 이온빔 가속기, 질량 분석기, 이온 렌즈, 스캔 플레이트, 처리 챔버, 각 계통의 진공 배기이다. 각 부의 기능은 다음과 같다.

- 이온원 : 분자와 전자를 충돌시켜 이온을 생성한다.

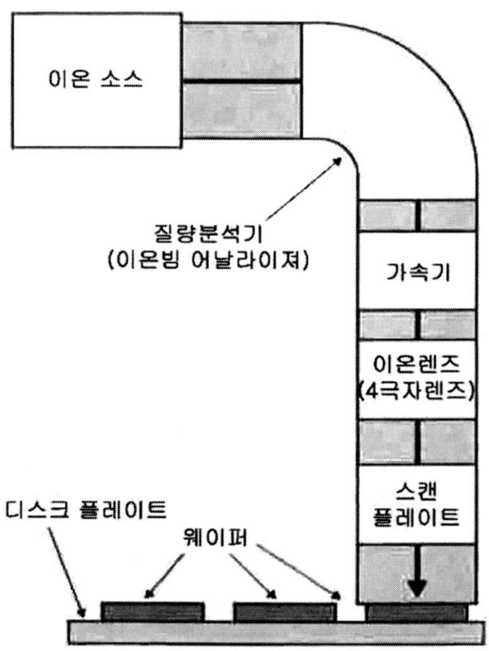

그림 II-45 이온 주입 장치

- 이온빔 가속기 : 고전압을 인가해서 이온을 가속한다.
- 질량 분석기 : 이온원으로부터 생성된 이온빔에는 여러 종류의 이온이 존재하기 때문에 이 중에서 주입하고자 하는 이온종만을 선택한다.
- 이온 렌즈 : 이온빔의 형태를 정리하고 집속한다.
- 스캔 프레이트 : 전기적 고주파에 의해 이온빔을 스캔하여 웨이퍼의 전면에 주입한다.
- 처리 챔버 : 디스크 플레이트에 실은 여러 장의 웨이퍼에 이온 주입 처리를 한다.

(2) 이온 주입 마스크

이온 주입에서는 포토 레지스트 등을 이용하여 필요한 부분만 선택적으로 이온 주입하는 것이 가능하다.

이온 주입 장치는 처리 챔버에 실려진 웨이퍼의 전면에 이온 주입을 하기 때문에 이온 주입을 하지 않을 부분은 포토 레지스트로 가려 둘 필요가 있다. 이 상태에서 웨이퍼에 이온을 주입하면 웨이퍼 위의 필요한 부분에만 이온 주입이 가능하다. 이 경우에 사용하는 포토 레지스트를 이온 주입 마스크라고 한다.

이와 같이 이온 주입에는 통상 포토 레지스트를 이온 주입 마스크로써 사용하지만, 이온의 종류와 주입 에너지에 따라 이온이 마스크를 통과하지 못하도록 마스크의 두께를 선택할 필요가 있다.

또한, 이온 주입 공정 중에 포토 레지스트에 흡착한 가스 등이 방출되면, 주입 장치의 분위기를 악화시켜 LSI의 전기적인 특성에 영향을 주는 경우도 있다. 이 때문에 포토 레지스트 재료의 선택이나 포토 레지스트의 포스트 베이크를 적절히 수행하지 않으면 안 된다.

(3) 새로운 불순물 도입 기술

LSI의 미세화와 접합이 얇아짐에 따라 보다 낮은 에너지로의 주입이나 주입 시간의 단축 등의 과제가 나타나고 있다. 이러한 과제를 극복할 기술로써 클러스터 이온 주입 기술(cluster ion implantation), 플라스마 도핑 기술(plasma doping), 레이저 도핑 기술(laser doping) 등이 개발되고 있다.

1) 클러스터 이온 주입 기술

클러스터 이온 주입 기술은 분자량이 큰 물질을 이온 주입하는 방법이다. 주입 시간이 단축되어 에너지 편차가 감소하는 등의 특징이 있다.

예를 들어, 붕소를 대신하여 $B_{10}H_{14}$(decaborane), $B_{18}H_{22}$(octadecaborane) 등 분자

량이 큰 물질을 비교적 높은 에너지로 이온 주입하면, 낮은 에너지로 주입한 것과 동등의 붕소 주입층을 얻을 수 있다. 전용장치는 필요 없고, 현재 장치에서 대응이 가능하다.

2) 가스 클러스터 이온빔 기술(GCIB : Gas Cluster Ion Beam)

가스 클러스터 이온빔 기술은 원자 또는 분자가 수개～수천 개가 모인 기체 상태의 클러스터를 이온화 및 가속하여 웨이퍼에 조사하는 기술이다. 가스 클러스터 이온빔 기술에서는 예를 들어, 1000개의 클러스터를 10 keV로 가속한 경우 1개의 원자 당 에너지는 10 eV가 된다. 이렇게 매우 낮은 에너지 조사 효과에 의해 앞으로의 LSI에 요구되는 극히 얕은 이온 불순물 도입 기술로써 개발되고 있다(그림 II-46).

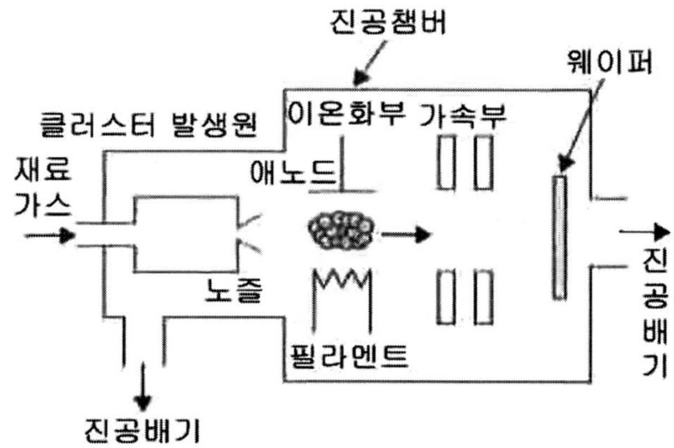

그림 II-46 가스 클러스터 이온빔 장치

3) 플라스마 도핑 기술

플라스마 도핑 기술은 얕은 접합을 만드는 방법으로써 좋은 방법이다. 이 기술은 감압 챔버 내에 도핑할 불순물 원자를 포함하는 가스를 도입하여 플라스마를 여기시켜 불순물을 이온화한 후 웨이퍼에 마이너스의 바이어스 전압을 걸어서 불순물 이온을 도핑한다. 장치의 구성은 기본적으로 플라스마 CVD나 플라스마 식각 장치와 동일하며, 반응 챔버, 플라스마 소스, 진공 배기로 되어 있다(그림 II-47).

통상의 이온 주입에 비해 저전압, 저온으로 고농도의 불순물이 도핑되기 때문에 웨이퍼의 가열에 의한 결함 발생 억제, 열처리의 저온화, 생산성 향상 등의 이점이 있다. 정치의 구성은 간단하고, 웨이퍼의 대구경화에도 적합하다.

또한, 평면만이 아니라 측면으로의 도핑 가능성도 있어서 미래의 3차원 구조의

MOS 트랜지스터 등으로의 적용도 기대된다.

과제로써는 도핑 이온 이외의 이온이 혼입할 가능성이나 도핑량의 재현성·정밀도 등이 있다.

● 용어해설

MOS 트랜지스터(metal oxide semiconductor transistor)
반도체와 금속 게이트 사이를 게이트 산화막을 이용하여 전기적으로 절연하여 제작한 트랜지스터

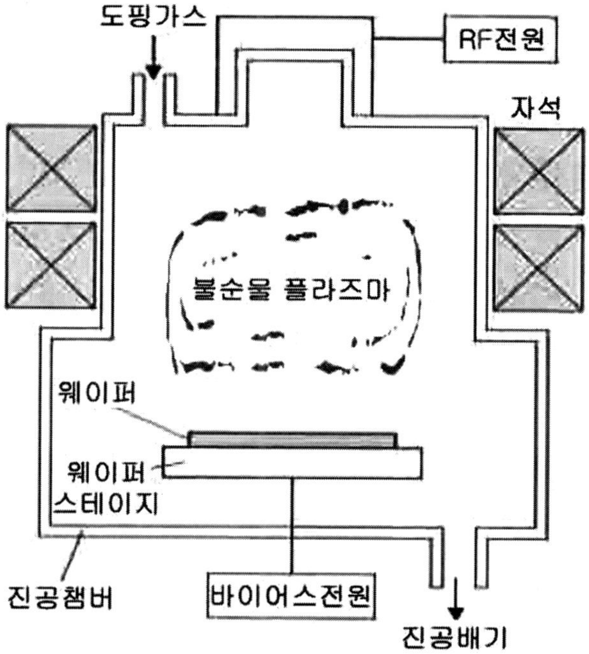

그림 II-47 플라스마 도핑 장치

4) 레이저 도핑 기술

레이저 도핑 기술은 감압 챔버 내에 웨이퍼를 놓고, 불순물 가스를 챔버로 도입하여 자외선 영역 파장의 레이저 빛을 조사하여 불순물 도핑 부분의 웨이퍼를 국소적으로 용해하는 동시에 광화학 반응에 의해 불순물 가스를 분해하여 용해된 부분에 불순물의 도핑이 이루어진다.

이 방범에서는 결함의 발생이 적고, 활성화 열처리가 불필요한 등의 이점이 있다. 레이저 빛으로써는 엑시머 레이저가 주로 이용된다.

5. 박막 형성

학 습 목 표

- 박막을 형성의 필요성과 방법을 설명할 수 있다.
- CVD의 종류과 각각의 장비에 대해 설명할 수 있다.
- PVD의 종류과 각각의 장비에 대해 설명할 수 있다.
- 도금의 종류과 각각의 장비에 대해 설명할 수 있다.

01 화학기상성장(CVD)

(1) CVD

1) CVD

기체 상태에서 반응 가스를 화학적으로 반응시켜 웨이퍼 위에 막을 형성시키는 방법을 화학기상성장(CVD : Chemical Vapor Deposition)이라 한다.

CVD법에서는 도입하는 가스에 의해 실리콘 산화막(SiO_2), 실리콘 질화막(Si_3N_4), 폴리(다결정) 실리콘(Si), 텅스텐(W) 등이 성장 가능하다.

2) CVD법

CVD법에는 성장압력이 상압과 감압인 형태가 있으며, 각각을 상압 CVD(APCVD : Atmospheric Pressure CVD)법, 감압 CVD(LPCVD : Low pressure CVD)법이라고 한다.

상압 CVD법은 노심관이나 돔-챔버 형태 외에도 벨트식이 있다(그림 II-48). 주로 실리콘 산화막의 성장(성장 온도 400℃ 정도)에 사용되며, 사용 가스는 $SiH_4 + O_2$ 외에 TEOS + O_3가 사용된다.

● 용어해설

TEOS(Tetra Ethyl Ortho Silicate)
산화막 증착시 Si Source로 사용하는 물질

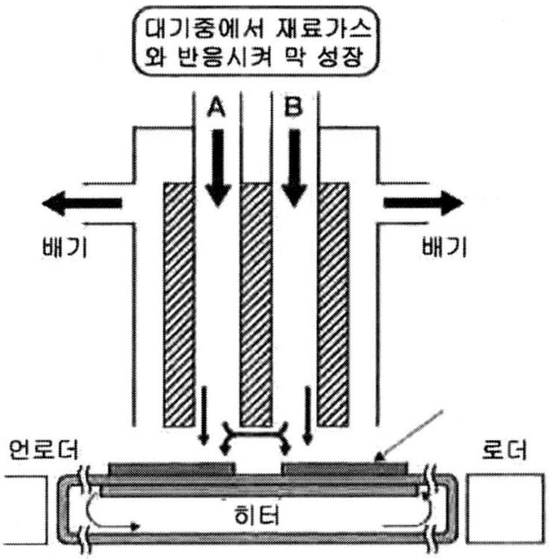

그림 II-48 상압 CVD(벨트식)

감압 CVD를 사용하는 실리콘 질화막에서는 가열한 반응실 내에 여러 장의 웨이퍼를 웨이퍼 보트에 배열하여 적재하고 반응실을 감압한다. 반응실에 실리콘과 질소를 포함하는 가스를 도입하여 열에너지에 의해 반응한 가스가 실리콘 질화물이 되어 웨

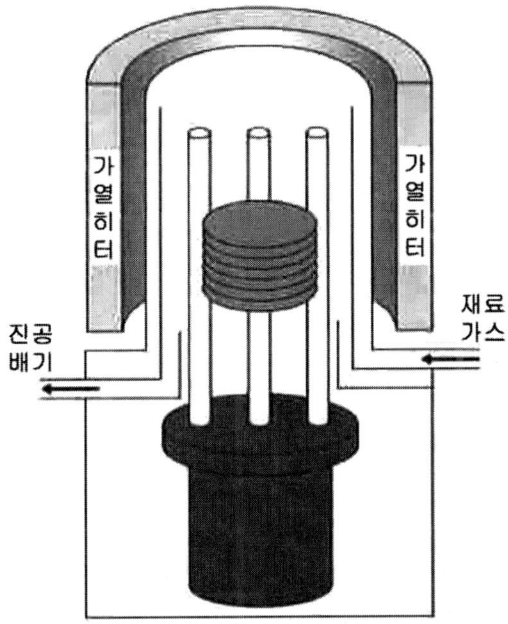

그림 II-49 감압 CVD 장치(종형)

이퍼 위에 부착한다. 이때 성막된 실리콘 질화물은 열산화의 마스크로 사용되기 때문에 얇은 막 두께를 가지지만 열산화에 대한 방지능력이 높은 막질이 요구된다.

3) CVD 장치

장치로써 감압 CVD에서는 반응 튜브를 수평으로 위치시키는 횡형 CVD 장치, 반응 튜브를 수직으로 위치시키는 종형 CVD 장치가 있다(그림 II-49). 장치의 주된 구성은 로더, 언로더, 반응실(노심관), 진공배기 시스템, 가스공급 시스템, 컨트롤 시스템이다.

감압 CVD는 웨이퍼와 반응실 벽을 가열하는 핫-월(hot wall) 형태와 웨이퍼만을 가열하고 반응실 벽은 가열하지 않는 콜드-월(cold wall) 형태로 분류된다.

일반적으로 사용되는 재료 가스와 성장 온도의 예를 정리하여 표 II-9에 소개한다.

표 II-9 CVD로 성장 가능한 막의 공정 조건 예

막의 종류	반응	성장 온도
실리콘 산화막	$SiH_4 + O_2 \rightarrow SiO_2 + 2H_2$ $SiCl_2H_2 + 2N_2O \rightarrow SiO_2 + 2N_2 + 2HCl$	500℃ 900℃
실리콘 질화막	$3SiCl_2H_2 + 4NH_3 \rightarrow Si_3N_4 + 6HCl + 6H_2$ $3SiH_4 + 4NH_3 \rightarrow Si_3N_4 + 12H_2$	750℃
폴리 실리콘	$SiH_4 \rightarrow Si + 2H_2$	600℃
텅스텐	$WF_6 + 3H_2 \rightarrow W + 6HF$	450℃

(2) 플라스마 CVD

CVD는 반응을 일으키기 위한 에너지에 의해서도 분류 가능하며, 열에너지 외에 열에너지와 병용하여 플라스마 여기를 이용하는 플라스마 CVD, 광에너지를 이용하는 광 CVD, 레이저 에너지를 이용하는 레이저 CVD, 촉매작용을 이용하는 촉매 화학 기상성장(Cat-CVD : Catalytic CVD) 등이 있다. 이 외에 포화 표면반응을 이용하여 성막하는 ALD(Atomic Layer Deposition : 원자층 단위의 성장을 반복하여 막을 성장)가 있다.

● 용어해설

촉매(catalyst)
화학 반응에서 그 자신은 변하지 않으며 다른 물질의 화학 반응을 빠르게 하거나 늦추는 작용을 하는 물질

1) 플라스마 CVD

플라스마 CVD는 감압 CVD의 일종으로, 플라스마와 열에너지를 병용하여 400℃ 이하의 저온에서 비교적 빠른 속도로 성막이 가능한 점이 큰 특징이다. 주로 배선 층간 절연막 등 고온처리가 불가능한 금속 배선 형성 공정에서 사용된다. 플라스마 CVD에서는 재료 가스를 감압한 반응실에 도입하여 플라스마 여기에 의해 가스를 라

디칼 이온화하여 반응시켜 성막한다.

2) 플라스마 CVD 장치

장치로써는 원형 평판 전극이 평행하게 마주보고 있는 평행 평판형이 일반적으로 사용되며, 웨이퍼는 하부 전극 주변에 여러 장을 배열하여 처리한다(그림 II-50). 장치의 주된 구성은 로더, 언로더, 로드락 챔버, 반응 챔버, 가스 컨트롤러, 전원, 진공 배기이다.

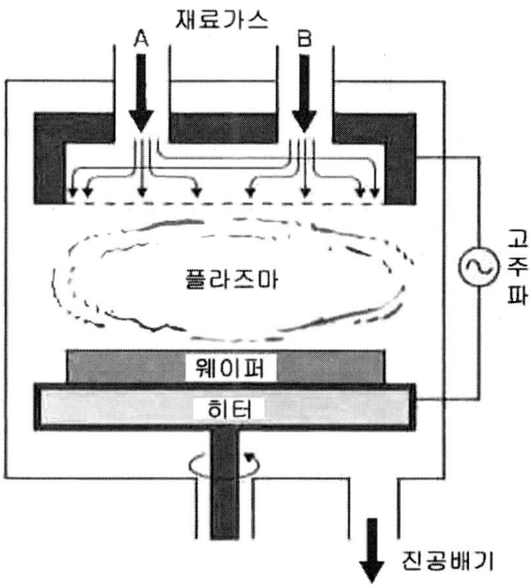

그림 II-50 플라스마 CVD(평행 평판형)

플라스마 CVD에서는 여러 가지의 플라스마 발생 방식이 있다. 플라스마 발생 방식으로써는 용량 결합형(양극 결합형, 평행 평판형), 유도 결합형, ECR(Electron Cyclotron Resonance : 전자 사이클로트론 공명)형 플라스마가 있다. ECR형은 마이크로파를 발생시켜 챔버 안에서 반응 가스를 이온화시켜 웨이퍼의 표면에서 막을 성장시킨다(그림 II-51).

(3) ALD

ALD(Atomic Layer Deposition : 원자층 기상 성장)는 포화 표면 반응을 이용하여 원자층 레벨에서 막의 성장을 제어하는 것이 가능한 기술이다. 감압하에서 성막하는 원재료 A를 웨이퍼 표면에 흡착시켜 모노 레이어(단원자층)를 만들고, 여분의 원재료

● 용어해설

퍼지(purge)
챔버 내부의 잔류물을 제거하기 위해 불활성 가스를 흘려주는 공정

A를 완전히 불활성가스로 퍼지(빼내는 일)한다. 다음으로 원재료 B를 웨이퍼에 흡착되어 있는 원재료 A와 반응시켜 원자층의 막을 성장시킨다. 이와 같은 스텝을 반복하여 막을 성장시킨다. 이상의 과정을 도식화하여 그림 II-52에 나타내었다.

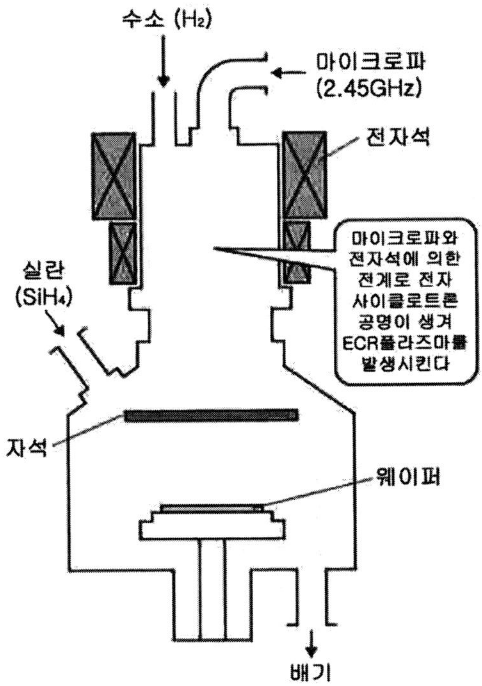

그림 II-51 ECR 플라스마 CVD 장치

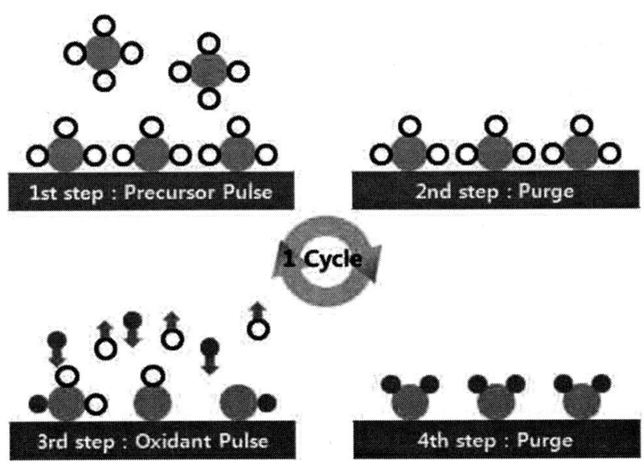

그림 II-52 ALD 공정의 개념

이 방법은 표면반응이 화학흡착에 의해 진행되기 때문에 흡착된 물질이 표면을 덮으면 반응이 자동적으로 정지하는 자기 억제 기구를 이용하여 1층씩 막을 성장시키는 것이 가능하기 때문에 스텝을 반복하는 횟수로 막 두께 제어가 가능하다. 복잡한 표면이나 대면적에도 스텝 커버리지(Step Coverage : 단차 피복성)가 양호한 막의 성장이 가능하다.

이와 같은 ALD는 막질의 컨트롤이 쉽고 우수한 막질을 얻을 수 있으며, 스텝 커버리지가 좋은 등 우수한 특성을 가지고 있다. 앞으로 미세화, 박막화에 대해서 사용범위가 확대될 것이라 기대된다.

● 용어해설

스텝 커버리지(step coverage)
기판에 구멍이 있을 때 구멍 안쪽에 증착되는 양과 구멍 밖에 증착되는 양의 차이

(4) Cat-CVD

촉매 화학기상성장(Cat-CVD : Catalytic CVD)은 감압하에서 가열한 촉매에 재료가스를 접촉시켜서 촉매 표면에서의 촉매 흡착 반응을 이용함으로써 재료 가스를 분해시킨다. 이것을 저온의 웨이퍼로 이송하여 웨이퍼 표면에 막을 형성하는 저온 성막법이다. 플라스마를 이용하지 않기 때문에 플라스마 손상이나 대전 축적에 의한 손상이 없다.

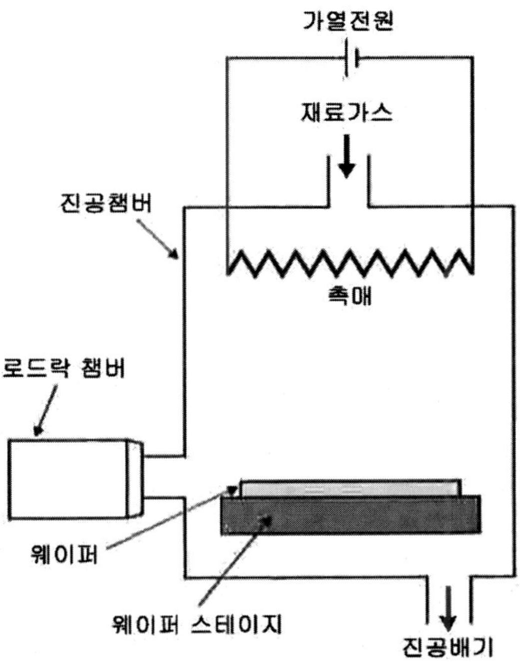

그림 II-53 Cat-CVD(촉매 기상 성장)

장치로써는 진공 챔버, 촉매체(온도 컨트롤), 웨이퍼 홀더(온도 컨트롤), 원료 가스 공급 시스템, 진공배기 시스템 등으로 구성된다. 구조가 간단하고 장치의 크기나 형태에 관한 제한이 적은 특징이 있다(그림 II-53).

Cat-CVD법에서는 촉매 재료의 고체 표면과 원료 가스 분자가 충돌하여 표면의 해리 흡착(촉매) 반응으로 재료 가스가 분해된다. 이러한 반응에 의해 재료 가스로부터 성막에 기여하는 분해가스가 다량으로 생성된다. 한편, 플라스마 CVD법에서는 감압하에서 재료 가스 분자를 플라스마 중에서 가속된 전자와 충돌시켜 분해한다.

두 가지를 비교하면 Cat-CVD법은 면과 점의 충돌로 분해가스를 생성하는데 반해, 플라스마 CVD법은 점과 점의 충돌에 의해 생성하는 점이 다르다. 면과 점의 충돌쪽 효율이 좋기 때문에 Cat-CVD법의 가스 분자의 분해율이 플라스마 CVD법보다 10배 정도 높다. 효율이 좋아서 성막속도도 빠르기 때문에 웨이퍼의 대형화로의 대응, 생산성의 향상 등의 점에서 유리하다.

일반적으로 CVD법으로 성장시킨 막 중에는 원료 가스에 포함되어 있는 수소 원자가 포함되어 있어서 막의 특성을 악화시키지만, Cat-CVD법은 플라스마 CVD법에 비해 포함된 수소 원자가 수분의 1 정도로 낮출 수 있다. 이 때문에 막이 치밀하고 내화학성, 물이나 불순물 등의 억지능력이 높은 우수한 특성을 얻을 수 있다.

촉매로써는 텅스텐 와이어 등의 고융점 금속촉매를 이용하며, 촉매에 직접 전류를 흘려주어 1500~2000℃ 정도로 가열하고, 재료 가스를 촉매를 통해서 300℃ 정도로 가열한 웨이퍼에 조사함으로써 막이 형성된다. 이 방법에서는 촉매의 온도, 형태 등이 형성되는 막질에 큰 영향을 준다.

재료 가스로써는 실란 가스(SiH_4)와 암모니아 가스(NH_3), 수소 가스(H_2)를 이용함으로써 실리콘 질화물, 아몰퍼스(비정질)/다결정 실리콘 막이 성막 가능하며, 대면적에서 저온 성장이 가능하기 때문에 반도체 이외에도 액정 기판으로의 응용이 가능하다.

02 PVD(물리기상성장) 장치

(1) PVD

PVD(Physical Vapor Deposition : 물리기상성장)는 화학 반응을 이용하지 않고 물리적 작용에 의해 기상 상태에서 성막하는 방법으로 스퍼터, 진공 증착, 이온 플레이팅 등이 있다. LSI의 제조 프로세스에서 가장 일반적인 방법은 스퍼터이다.

스퍼터는 고체 재료에 고속의 원자나 이온이 충돌한 후, 그 충격으로 고체 재료의 원자나 분자가 튀어 나가는 현상이다. 이렇게 스퍼터된 원자나 분자를 웨이퍼 등의 기판에 부착시켜 성막하는 방법을 스퍼터법이라고 한다. 무거운 원자를 충돌시키는 효율이 좋기 때문에 LSI 제조 공정에서는 불활성가스인 Ar을 사용한다. 금속막이나 절연막 모두 성장 가능하지만, LSI 제조 공정에서는 코발트(Co), 알루미늄(Al), 티타늄(Ti), 질화 티타늄(TiN) 등을 주로 성막한다.

(2) PVD 장치

스퍼터에서는 감압한 진공 챔버 내에 부착시킬 재료로 만들어진 타깃(target)과 반대편에 웨이퍼를 둔다. 진공 챔버에 아르곤 가스를 도입하고, 타깃을 음극으로 사용하여 플라스마를 여기시켜 아르곤 이온(Ar+)을 생성한다. 생성된 아르곤 이온이 타깃에 충돌하여 타깃의 원자가 튀어 나오고, 반대편에 둔 웨이퍼에 부착한다(그림 II-54).

스퍼터는 진공 증착에 비해 부착되는 입자의 에너지가 높기 때문에(수 10 eV), 웨이퍼로의 부착력이 높으며 합금이나 화합물도 타깃의 조성비와 거의 같은 조성의 성막이 가능하다. 녹는점이 높은 재료나 절연막도 부착시키는 것이 가능한 특징을 가지고 있다. 또한, 스퍼터 소스가 타깃면이기 때문에 다방면으로 원자 또는 분가 비산하여 진공 증착에 비해 스텝 커버리지가 우수하다.

또한, 질소나 산소 등을 혼합시킨 반응성 가스를 스퍼터 분위기에 이용하여 스퍼

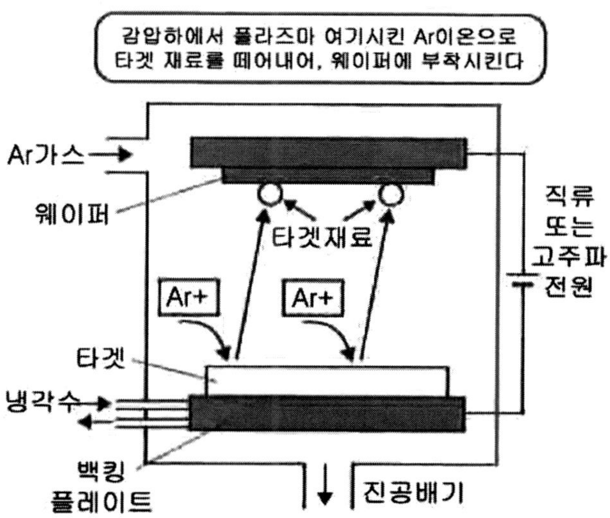

그림 II-54 스퍼터

터하면 타깃 재료의 질화막이나 산화막이 얻어진다. 이 방법을 반응성 스퍼터라고 한다. 예를 들어, 아르곤과 질소의 혼합 가스를 도입한 분위기에서 티타늄(Ti) 타깃을 이용하여 스퍼터하면, 질화 티타늄(TiN)을 부착시키는 것이 가능하다.

장치로써는 외기와 스퍼터 챔버(처리실) 사이에 진공 배기 가능한 로드락 챔버를 설치하고, 게이트 밸브의 개폐에 의해 웨이퍼를 진공 중으로 넣고 빼내는(로드·언로드) 방식이 이용된다.

> ● 용어해설
>
> **게이트 밸브(gate valve)**
> 챔버와 챔버의 사이, 또는 챔버와 외부를 격리하는 역할을 하는 문

웨이퍼의 처리는 로드 보트로부터 로드락 챔버로 웨이퍼를 이송한 후, 로드락 챔버를 진공 배기한다. 그 후에 게이트 밸브를 개폐하여 웨이퍼를 처리실로 이송하여 처리를 행한다.

이와 같이 로드락 챔버를 통해 웨이퍼를 교환하기 때문에 스퍼터 챔버 등의 처리실은 외기에 노출되지 않고 연속해서 안정적인 스퍼터가 가능하다(그림 II-55).

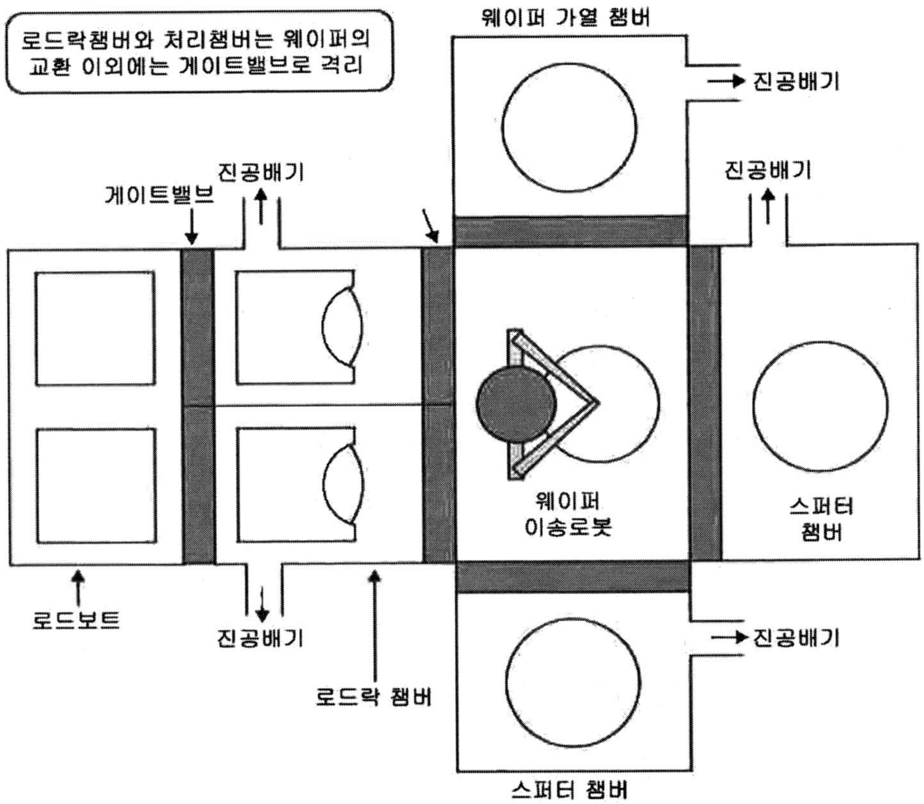

그림 II-55 스퍼터 장치(매엽형 로드락식)

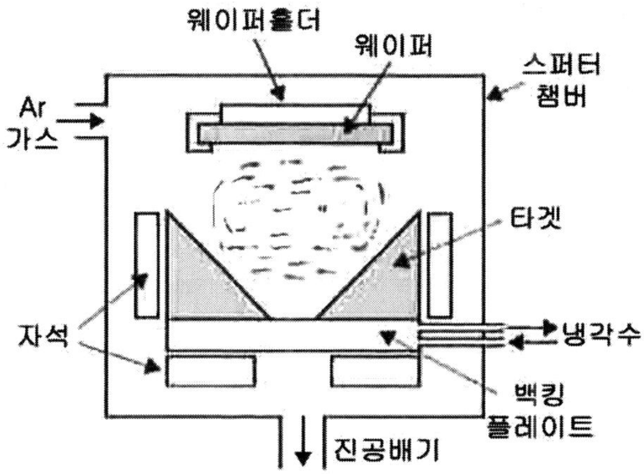

그림 II-56 마그네트론 스퍼터 장치(매엽식)

한편, 마그네트론 방식에서는 타깃의 뒷면·측면의 자석으로 자계를 발생시켜 자계의 작용으로 플라스마를 타깃 근처에 가두는 것이 가능하여 고밀도의 플라스마를 생성시키기 때문에 2극 DC 스퍼터법에서 나타나는 단점이 없다. 그리고 높은 스퍼터 속도가 얻어지는 장점이 있다(그림 II-56).

RF 전원 방식에서는 타깃에 고주파(13.56 MHz)를 인가함으로써 절연막도 스퍼터하는 것이 가능하다.

스퍼터법의 기타 방법으로는 ECR 방식(Electron Cyclotron Resonance : 전자 사이클론 공명)이 있다. ECR형은 마이크로파(2.54 GHz)와 자석에 의해 전자 사이클론 공명으로 플라스마를 발생시켜 전압을 인가한 타깃 측에 발생한 플라스마의 안으로부터 이온을 꺼내고 충돌시켜서 타깃을 스퍼터한다. 이 장치에서는 플라스마 생성과 이온 가속을 개별적으로 제어하기 때문에 웨이퍼로의 손상을 억제한 성막이 가능하다.

스터퍼 전원의 종류에 의해 장치를 분류하고 특징에 대해 정리하면 표 II-10과 같다.

표 II-10 전원의 종류에 의한 스퍼터 장치의 종류

전원의 종류	특징
DC 전원 방식	잔류가스, 플라스마 손상, 웨이퍼 온도 상승
RF 전원 방식	DC 방식의 단점 없음, 높은 스퍼터 속도
마그네트론 방식	절연막 스퍼터 가능
ECR 방식	플라스마 손상 억제 가능

(2) 여러 가지의 PVD 기술

1) 콜리메이트 스퍼터 · 롱스루 스퍼터

미세한 홀이나 트랜치의 측면·바닥면으로의 부착률을 더욱 좋게 하기 위해 콜리메이트 스퍼터(collimate sputter)나 롱스루 스퍼터(long through sputter)가 채용되고 있다. 콜리메이트 스퍼터는 웨이퍼와 타깃의 사이에 격자(콜리메이터)를 설치하고, 웨이퍼에 대해 수직한 방향으로 정렬한 스퍼터 원자를 부착시키는 방법이다. 높은 어스펙트 레이시오를 가진 미세 홀이나 트랜치 등으로의 부착률을 높이는 것이 가능하다(그림 II-57).

롱스루 스퍼터는 진공도를 높게 하여 스퍼터 원자의 평균 자유 행정과 같은 정도로 웨이퍼와 타깃 거리를 길게 하여 웨이퍼에 대해 수직방향으로 정렬한 스퍼터 원자를 부착시키는 방법이다. 높은 어스펙트 레이시오의 미세 홀이나 트랜치 등으로의 부착률을 높이는 것이 가능하다.

2) 이온빔 스퍼터

이온빔 스퍼터(ion beam sputter)는 이온 발생장치로부터 가속한 이온을 타깃에 조사하여 타깃 재료를 웨이퍼에 부착시키는 기술이다. 개별적으로 조건 설정이 가능한 이온 소스를 사용한 스퍼터가 가능하여 플라스마 여기가 불필요하기 때문에 고진공 중에서 막을 형성할 수 있다(그림 II-58). 그러나 스퍼터 속도가 늦다는 것이 단점이 있다.

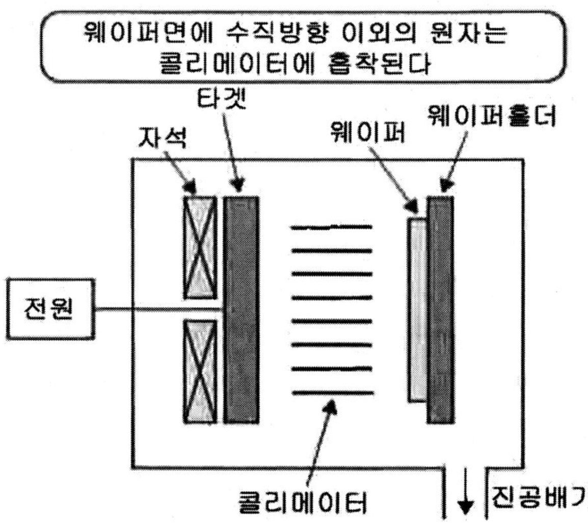

그림 II-57 콜리메이트 스퍼터 장치

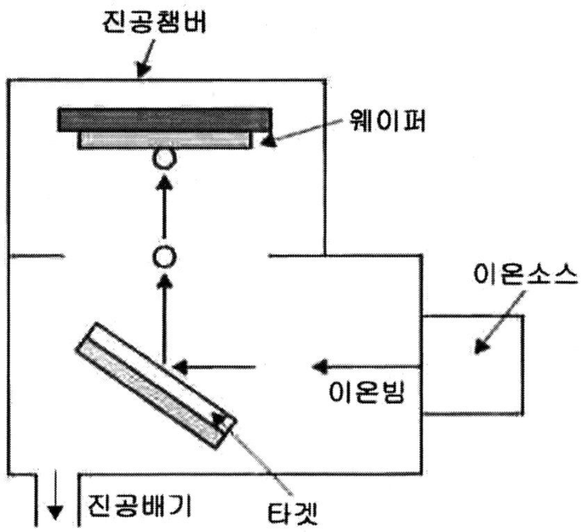

그림 II-58 이온빔 스퍼터 장치

(3) 스퍼터 이외의 PVD 기술

스퍼터 이외의 PVD 기술에는 진공 증착 기술, 이온 플레이팅 기술, MBE(분자선 에피택시, Molecular Beam Epitaxy) 기술이 있다.

① 진공 증착 기술

진공 증착 기술(VAcuum Evaporation)은 진공 챔버(Bell Jar) 안에서 부착시킬 재료를 가열하여 용해·기화시켜 웨이퍼에 부착시킨다. 진공을 만듦으로써 재료를 기화

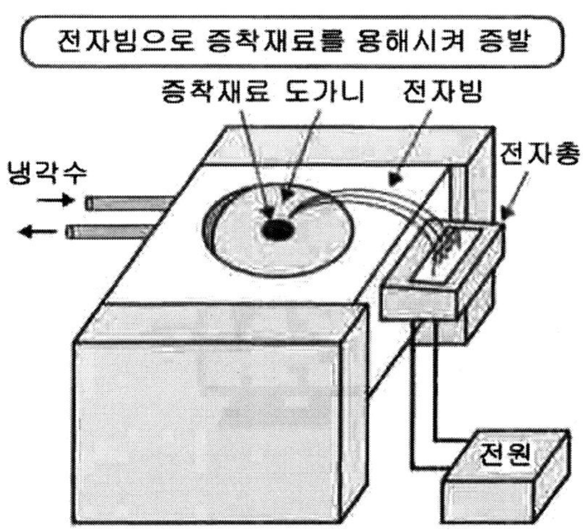

그림 II-59 진공 증착 장치(전자빔 가열)

시키기 쉽고, 공기나 증기의 잔류 가스와의 충돌에 영향을 적게 하여 불순물이 적은 막성장이 가능하다.

가열 방식에는 전자빔 가열(그림 II-59), 저항 가열, 고주파 유도 가열 등이 있다. 고융점 재료나 합금의 성막에는 적합하지 않다. 원리나 장치의 구조가 간단하여 유지·관리가 쉽다.

② 이온 플레이팅 기술

이온 플레이팅(ion plating) 기술은 진공 챔버 내에서 전자빔 등으로 용해·기화시킨 재료를 플라스마로 이온화하여 웨이퍼에 부착시킨다(그림 II-60).

웨이퍼와 부착막과의 높은 접착 강도나 높은 기계적 강도를 가진 막을 얻을 수 있는 특징이 있다.

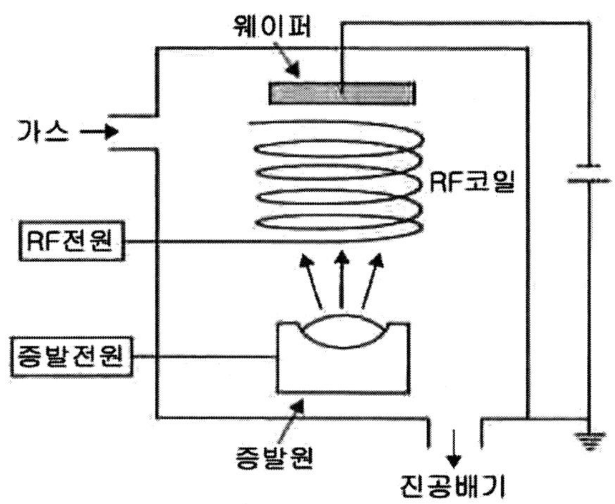

그림 II-60 이온 플레이팅 장치

③ MBE(분자선 에피택시) 기술

MBE는 초고진공 챔버 내에 복수의 증발원을 가지고, 증발한 분자가 다른 기체 분자와 충돌하지 않고 직진하여 웨이퍼에 부착한다. 고정밀도의 조성이나 단원자층의 성막 제어가 가능하지만 성막 속도가 늦어서 양산에는 부적합하다. 그림 II-61에 MBE 장치의 구조를 나타내었다. 챔버 하부에는 여러 개의 증발원이 있으며, 상부 기판은 여러 개의 증발원으로부터 비산되어 오는 물질을 균일하게 증착하기 위해서 회전시키는 구조를 하고 있다.

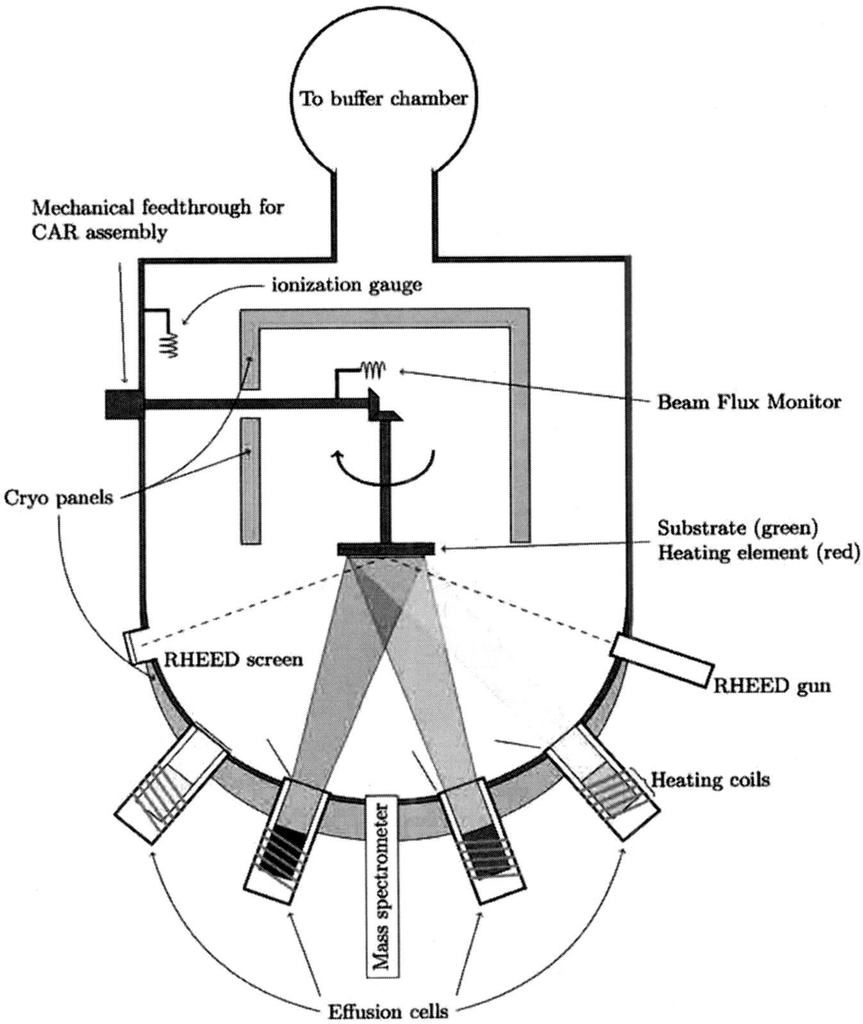

그림 II-61 MBE 장치

03 도금(Plating)

(1) 도금의 목적

도금 공정은 다마신(damascene) 배선에 사용되는 프로세스로써, 배선 금속인 구리를 도금액 중에서 처리하여 성막하는 공정이다.

> **용어해설**
> **다마신(damascene)**
> 상감기법으로 트랜치 패턴에 물질을 증착한 후 바깥 부분을 제거하여 트렌치의 내부를 채우는 방법

(2) 도금 공정의 종류

도금에는 전해 도금(electro plating)과 무전해 도금(electroless plating)이 있으며, 다마신 프로세스에서는 비교적 두꺼운 막 두께를 도금하기 때문에 전해 도금을 이용한다. 구리 도금의 경우, 황산구리 등의 구리 도금액(구리 금속을 수용액화한 전해질 용액) 안에 웨이퍼의 표면을 침적시키고, 웨이퍼를 음극으로, 도금액을 양극으로 하여 전류를 흘려서 웨이퍼에 구리 막을 석출(성장)시킨다(그림 II-62).

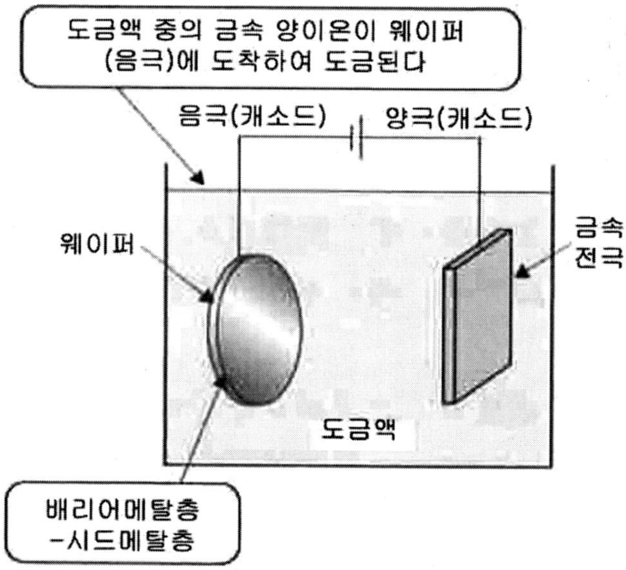

그림 II-62 전해 도금

다마신 프로세스에 이용되는 도금에서는 배선을 형성하기 위한 미세하고 높은 어스펙트 레이시오의 트랜치나 비어 홀 안에 심(seam)이나 공극(void)을 만들지 않고, 이들의 돌출부가 같은 높이의 평탄한 상태가 되도록 구리 막을 성장시킬 필요가 있다.

● 용어해설

심(seam)
두 개의 물질이 연결되는 경우에 생기는 연결 부위

(3) 도금장치

장치로써는 웨이퍼 전면을 아래로 향하게 도금 컵에 위치시키고, 도금 컵의 아래 부분으로부터 뿜어져 나오는 도금액을 웨이퍼의 전면에 접촉시켜 도금하는 분사식 도금장치가 사용된다(그림 II-63).

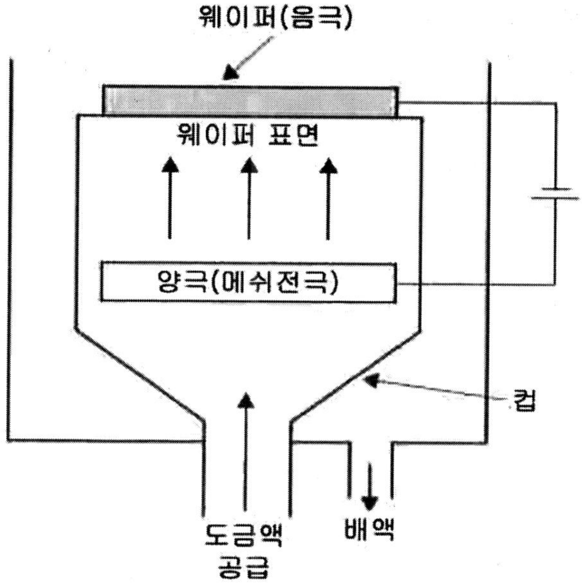

그림 II-63　도금장치(분사식)

도금 속도는 도금액의 종류, 통전 전류, 도금액 온도로 결정되며, 도금 막 두께는 도금 처리 시간으로 제어한다.

장치의 주된 구성은 로더, 언로더, 도금처리, 세정·건조 처리, 도금액 공급·온도 제어·도금액 관리 시스템, 배액 처리이다(그림 II-64).

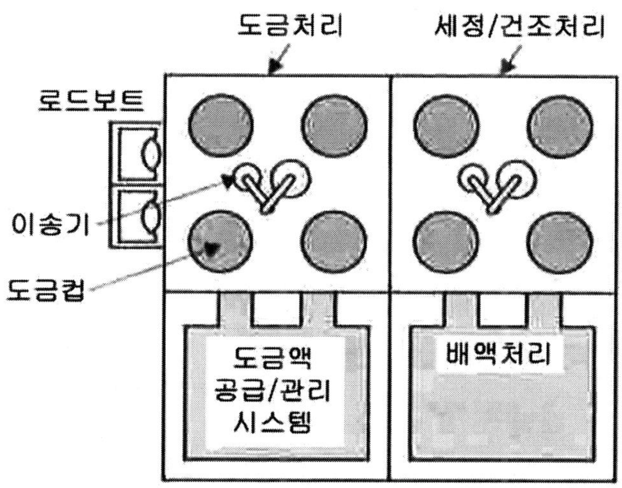

그림 II-64　도금 장치의 시스템

LSI에서 구리 배선이 채용되고 있는 이유는 구리의 전기 저항이 낮은 것과 구리가 일렉트로 마이그레이션(EM : Electromigration) 내성이 크기 때문이다. 이들 목표를 달성하기 위해 필요한 구리 도금막의 조건은 다음과 같다.

- 그레인 사이즈가 균일할 것
- 불순물의 혼입이 없을 것
- 막질의 내부에 공극이 발생하지 않을 것
- 미세 홀이나 트랜치의 내부에 공극을 발생시키지 않고 채울 것
- 표면이 평탄할 것
- 배선 패턴의 조밀(패턴이 적은 부분과 밀집해 있는 부분)에 의한 도금막의 편차가 적을 것

그 외에, 앞으로의 구리 도금의 과제로써는 시드 금속막의 박막화나 시드 층을 사용하지 않고 배리어 막으로 직접 도금하는 기술 등이 있다.

시드 금속막의 박막화에 대해서는 전해 도금의 경우 웨이퍼에 부착시킨 시드 층이 웨이퍼 전면에 걸쳐 도전층 역할을 한다. 이러한 시드 층을 박막화하면 저항이 높아지고, 웨이퍼에 접속한 단자 부근과 떨어져 있는 부분에서 도금 막 두께의 차이가 발생하게 된다. 이 문제는 박막화하면 할수록 더욱 더 문제가 된다.

도금에는 전해 도금 이외에 무전해 도금도 있다. 이 방법은 금속 수용액 안의 금속 이온을 전기에너지를 이용하지 않고, 치환 반응 또는 산화·환원 반응에 의해 금속이 도금되는 방법이다. 도금 속도가 느리기 때문에 두꺼운 막의 성막에는 적합하지 않다.

또한, 구리는 실리콘 안에서 확산하기 쉬운 금속으로 실리콘 안으로 확산하면 회로가 손상되는 원인이 된다. 제조 라인에서는 도금 장치나 구리를 도금한 웨이퍼의 취급에는 특히 주의해야 하며, 구리 CMP 공정과 함께 다른 공정과 분리하여 사용하고 있다.

(4) 다마신(Damascene) 공정

최근 반도체는 미세화와 더불어 고성능화가 가속되고 있기 때문에 금속 배선에 발생하는 저항을 낮추는 것이 큰 과제였다. 기존의 알루미늄을 이용한 금속 배선은 저항이 높고 일렉트로 마이그레이션에 대한 내성이 작기 때문에 새로운 물질이 필요하게 되었으며, 대안으로 사용하는 물질이 구리이다. 그러나 구리는 금속 배선의 패터닝에 사용되는 건식 식각으로 패터닝이 불가능한 큰 단점이 있다. 구리와 반응하여 기체 상태로 존재하는 물질이 없기 때문에 건식 식각이 불가능한 것이다.

● 용어해설

일렉트로 마이그레이션 (electro-migration)
전자가 이동하면서 원자와의 충돌로 발생하는 원자의 이동, 원자의 이동에 의해 단선이 발생하기도 한다.

우리의 선조들은 도자기에 문양을 새길 목적으로 상감법을 사용하였다. 상감법이란 도자기를 완전히 건조시키기에 앞서 무늬를 음각하거나 새김판으로 찍고 그 자국에 백토(白土) 혹은 적토(赤土)를 메워 일단 초벌구이(豫燔)한 후 청자유를 발라 구음으로써 무늬를 형성하는 것이다.

이러한 기술을 반도체 공정에 응용한 것이 다마신 공정이다. 비아홀과 트랜치 패턴에 구리를 채워 놓은 후 불필요한 부분을 CMP 공정을 이용하여 제거함으로써 비아홀과 트랜치 패턴을 형성하는 기술이다. 다마신 공정을 반도체의 금속 배선 공정에 사용함으로써 구리의 패터닝 문제를 해결할 수 있다. 그림 II-65에 다마신 공정을 이용한 비아홀과 트랜치 패턴의 형성에 대해 나타내었다.

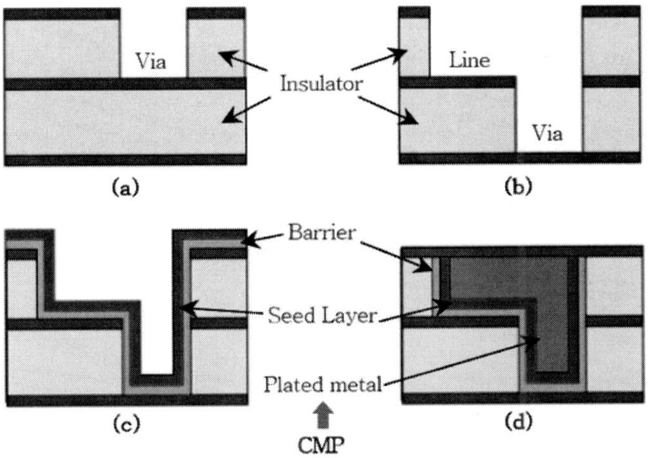

그림 II-65 듀얼 다마신 공정

6. 사진 공정

학 습 목 표

- 포토 레지스트의 역할과 도포 장치에 대해 설명할 수 있다.
- 베이크의 목적과 종류에 대해 설명할 수 있다.
- 패턴을 형성하기 위한 노광 기술과 장비에 대해 설명할 수 있다.

01 포토 레지스트

(1) 포토 레지스트의 도포

포토 레지스트의 도포는 패턴 형성을 위한 포토 작업을 진행하기 위해 웨이퍼에 균일한 막 두께의 포토 레지스트 박막을 형성하는 공정이다.

포토 레지스트는 웨이퍼 위에 패턴을 형성하고 식각이나 이온 주입 시 마스크로써 사용하는 감광성 수지막을 말한다. 포토 레지스트 재료는 감광성 수지를 유기 용매에 녹인 물질로써, 도포할 때에는 액체이지만 도포 후 베이크하면 고체로 된다.

(2) 포토 레지스트 장치

장치로써는 1장씩(매엽식) 회전 도포하는 스핀코터(spin coater : 회전 도포 장치)를 사용한다. 스핀코터는 수평한 웨이퍼 스테이지에 웨이퍼를 1장씩 올려놓고 웨이퍼의 중앙에 일정량의 액체 상태의 포토 레지스트를 노즐로부터 떨어뜨린다. 웨이퍼를 분당 수천 RPM의 속도로 회전시키고, 떨어뜨린 포토 레지스트를 웨이퍼의 중앙으로부터 주변으로 퍼트리는 방식으로 균일한 포토 레지스트 막을 만든다.

> **용어해설**
> RPM(revolution per minute)
> 분당 회전수, 회전자의 회전수를 표시하는 단위

이러한 방식에서는 떨어뜨린 포토 레지스트 대부분(~90%)을 날려 버리기 때문에

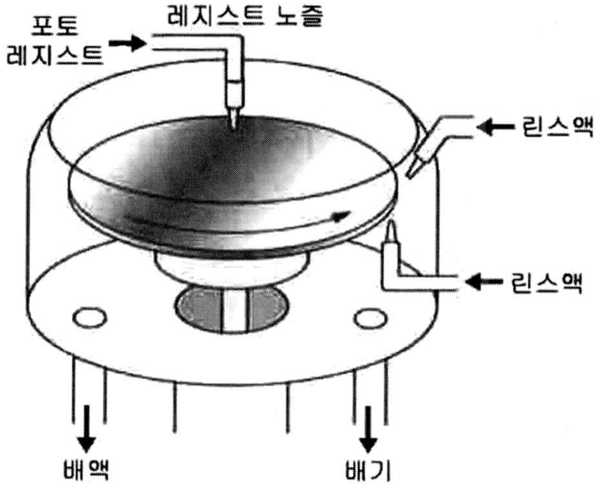

그림 II-66 스핀 코터(회전 도포 장치)

포토 레지스트 재료의 사용 효율은 좋지 않다. 여러 개의 노즐로부터 웨이퍼 면을 따라 도포하는 방법이나 노즐을 스캔하면서 도포하는 방법도 검토되고 있다.

장치의 주된 구성은 로더, 언로더, 스핀 스테이지, 레지스트 공급, 린스 노즐, 도포 컵, 배기이다(그림 II-66).

포토 레지스트의 막 두께는 포토 레지스트의 점도, 용액의 종류, 웨이퍼의 회전수에 의해 주로 제어한다.

도포 장치 자체는 같은 구조이지만, 포토 레지스트의 도포, 현상, 베이크까지 일련의 공정을 수행하는 코터 앤 디벨로퍼(coater & developer : 도포와 현상 장치)도 사용되고 있다. 이 장치는 노광장치와 웨이퍼를 주고받는 기능을 가지고 있으며, 노광장치와 연동하여 일련의 리소그래피 공정이 수행된다.

(3) 포토 레지스트

포토 레지스트는 공기 중에 방치해 두면 고체로 변하는 성질이 있기 때문에 노즐에 남아 있는 포토 레지스트가 응고하여 노즐을 막아 버리는 일이 발생한다. 때문에 스핀코터에서는 웨이퍼에 도포하기 전 소량의 레지스트를 노즐로부터 배출해 버림으로써 항상 안정한 포토 레지스트의 도포가 가능하게 하는 시스템과 포토 레지스트의 도포가 끝나면 레지스트 노즐로부터 남아 있는 포토 레지스트를 진공으로 뽑아 버리는 Suck Back 시스템, 노즐의 끝부분을 린스액으로 세정하거나 노즐의 끝부분에 마개를 닫아 건조를 방지하는 시스템을 갖추고 있다.

스핀코터는 웨이퍼를 회전시켰을 때 포토 레지스트가 주변으로 퍼져나가지만, 퍼져나간 포토 레지스트가 도포컵을 맞고 튕겨서 웨이퍼에 다시 부착하지 않도록 웨이퍼 스테이지의 하부를 음압(감압)으로 만들어 두고 있다.

또한, 웨이퍼에 균일한 막 두께의 포토 레지스트막을 형성하는 것이 무엇보다도 기본적인 기능이지만, 웨이퍼의 주변에 부착하는 포토 레지스트를 제거하는 기능(edge rinse), 웨이퍼의 뒷면에 포토 레지스트가 흘러 들어와 부착하지 않도록 하는 기능(back rinse)도 필요하다. 이들 기능은 웨이퍼의 에지(edge)나 뒷면의 포토 레지스트에 의한 불순물의 발생이나 공정상 에러를 방지하기 위한 기능이다. 예를 들어, 포토 레지스트를 도포한 후에 웨이퍼 캐리어로 웨이퍼를 이동하는 경우에 캐리어와 웨이퍼의 에지가 접촉한다. 웨이퍼의 에지에 포토 레지스트가 부착되어 있으면, 에지의 포토 레지스트가 벗겨져서 웨이퍼에 부착한다.

또한, 도포 후 처리 공정(노광이나 식각) 시 에지의 포토 레지스트가 웨이퍼 이송기나 처리 스테이지에 부착하여 장치를 오염시키기도 하고, 뒷면에 포토 레지스트가 부착되어 있으면 처리 스테이지와 웨이퍼가 밀착하지 못하여 노광 공정이나 식각 공정에서 정상적인 처리가 되지 못하는 원인이 된다.

● 용어해설

HMDS(Hexa Methyl Di Silazane, $Si_2(CH_3)_6$)
웨이퍼나 Glass 표면을 소수성으로 바꾸어주기 위해 사용한다.

웨이퍼의 뒷면은 친수성이 강해서 원래 상태의 웨이퍼를 사용하면 포토 레지스트, 특히 포지티브 포토 레지스트는 균일하게 도포되지 않기 때문에 포토 레지스트를 도포하기 전에 웨이퍼의 뒷면을 소수성으로 만드는 HMDS 처리를 수행한다. HMDS는 무색 투명한 액체이다.

(4) 포토 레지스트 도포 공정

포토 레지스트의 도포는 웨이퍼를 세정한 후에 웨이퍼 뒷면을 소수성으로 만들기 위한 HMDS 표면처리를 먼저 수행한다. 이후에 스핀 코터를 이용하여 포토 레지스트를 도포하고, 이후에 포토 레지스트에 포함되어 있는 유기물을 제거하기 위한 소프트 베이크 공정을 거쳐 포토 레지스트의 도포 공정을 완료한다. 이상의 공정을 순서대로 나열하면 세정, 표면처리, 포토 레지스트 도포, 그리고 소프트 베이크 순이다.

02 프리 베이크(Pre-Bake)

(1) 프리 베이크의 목적

프리 베이크는 포토 레지스트를 도포한 웨이퍼를 질소 분위기에서 가열 처리하여 포토 레지스트에 잔존하는 유기용제를 휘발시켜 제거하는 공정이다.

이 처리 후 노광을 수행하기 때문에 이 열처리는 노광 특성이 나빠지지 않도록 저온(80℃ 정도)에서 처리한다.

(2) 프리 베이크 장치

장치로써는 포토 레지스트 도포 장치와 연동하여 매엽 처리하는 핫 플레이트(hot plate) 타입, 벨트 이송으로 가열 터널을 통과시키는 터널(tunnel)식(그림 II-67)이나 배치식으로 박스형의 가열로에 넣어서 처리하는 형태가 있다.

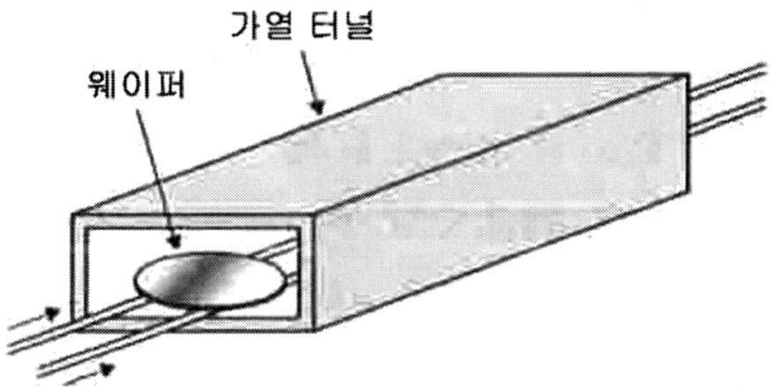

그림 II-67 베이크 장치(터널식)

이전에 기술한 코터 앤 디벨로퍼 장치에서는 핫 플레이트 타입이 사용되며, 포토 레지스트의 도포로부터 연속해서 베이크를 수행한다(그림 II-68).

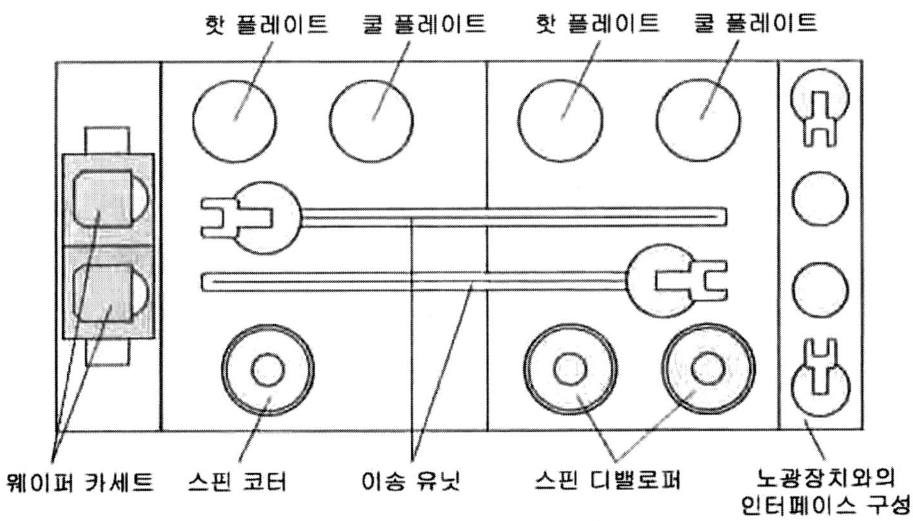

그림 II-68 코터 앤 디벨로퍼(Coater & Developer)

03 노광

(1) 노광

● 용어해설

마스크(mask)
사진공정에서 빛을 반사시키거나 투과하여 포토 레지스트에 패턴을 만드는 역할을 한다.

레티클(reticle)
집적회로 제조공정에서 쓰이는 그물모양의 마스크 패턴

노광은 웨이퍼에 도포한 빛을 조사하여 광화학 반응을 발생시킴으로써 포토 레지스트에 마스크(레티클) 패턴을 전사하는 공정이다.

노광에서는 광원의 빛을 마스크를 통과하여 웨이퍼에 조사하기 때문에 마스크 위에 포토 레지스트에 빛을 조사하는 부분(마스크의 투명 부분에 해당한다)과 조사하지 않는 부분(마스크의 불투명한 부분에 해당한다)의 패턴을 만든다. 빛을 조사한 부분은 광화학반응에 의해 포토 레지스트의 막질이 변화한다. 사용하는 마스크에는 필요한 패턴을 형성하기 위한 명암의 패턴이 형성되어 있으며, 공정에 따라 몇 종류의 마스크를 사용한다.

(2) 스테퍼

노광 장치로써 무엇보다도 일반적으로 사용되고 있는 것은 스테퍼(stepper : 축소 투영 노광 장치)이다(그림 II-69).

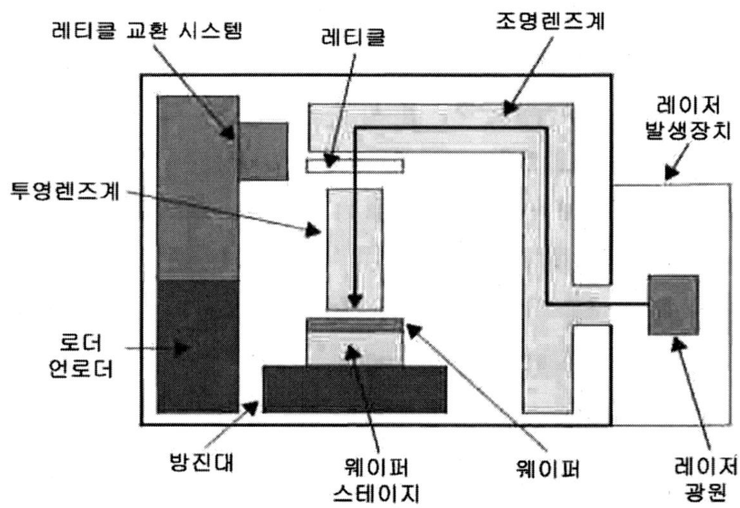

그림 II-69 노광 장치(스테퍼)

노광 광원인 ArF 레이저 등을 레티클(마스크)과 렌즈를 통해 웨이퍼 위의 포토 레지스트에 4분의 1(또는 5분의 1)로 축소하여 조사하고, 레티클 패턴을 웨이퍼 위의 포토 레지스트에 전사하여 노광(조사) 부분과 비노광(비조사) 부분을 만든다.

레티클에는 1칩 분의 패턴이 형성되어 있기 때문에 1회의 노광으로 1칩 분의 노광이 완료된다. 계속해서 인접한 칩으로 이동하여 노광하고, 이 처리를 반복하여 웨이퍼 전면에 노광을 수행한다.

LSI에서는 몇 종류의 공정을 반복하는데, 이미 형성된 패턴에 위치를 맞추어 다음 패턴을 형성할 필요가 있기 때문에 이전에 형성한 패턴과 현재 형성할 패턴 사이의 정렬이 필요하다.

장치의 주된 구성은 로더, 언로더, 노광 스테이지, 레이저 발생·광원 시스템, 조명 렌즈 시스템, 투영 렌즈 시스템, 레티클 교환 시스템이다.

(3) 스캐너와 이머젼 장치

1) 스캐너

해상도를 유지한 채 노광영역을 확대하기 위해서 렌즈 스캐닝 방식을 채용한 노광 장치를 스캐너라고 한다. 노광 광원으로부터 빛을 슬릿 상으로 만들어 레티클에 조사하고, 레티클과 웨이퍼를 동시에 스캔하여 레티클의 패턴을 슬릿 형태로 웨이퍼에 연속적으로 스캔 전사한다.

슬릿 상으로 노광을 수행함으로써 렌즈의 수차(aberration : 렌즈나 곡면거울 같은 광학계가 맺는 물체의 상이 흐려지거나 일그러지는 현상, 그림 II-70 참조)가 적은 부분을 사용할 수 있기 때문에 패턴 정도의 향상이나 노광 필드(면적)를 크게 할 수 있는 장점이 있다.

LSI의 패턴은 매년 미세화가 진행되고 있기 때문에 노광 장치의 해상도 역시 높아져야 한다. 따라서 노광에 사용되는 광원의 파장은 점점 단파장으로 변하고 있다. 단파장화에 따라 광원은 g선(파장 436 nm), i선(파장 365 nm), KrF 엑시머 레이저(파장 248 nm), ArF 엑시머 레이저(파장 193 nm)로 변화하고 있다.

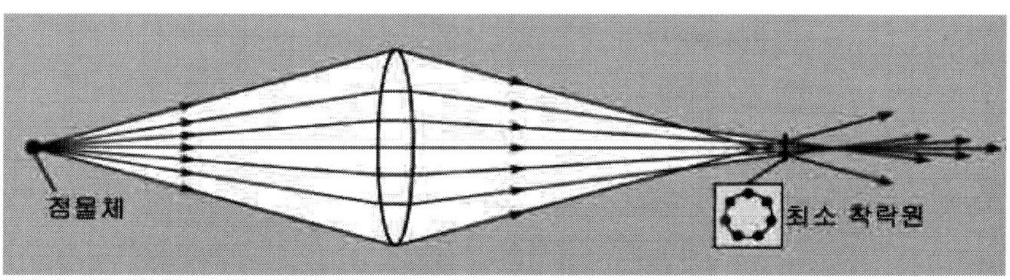

그림 II-70 수차(aberration)의 개념

2) 이머젼 장치

최근에는 웨이퍼와 노광 장치의 사이에 공기보다 굴절률이 큰 물 등의 액체를 끼워 넣어 실효적으로 노광 파장을 짧게 하여 해상도를 높여 미세화에 대응하는 이머젼 장치가 개발되어 채용되고 있다(그림 II-71).

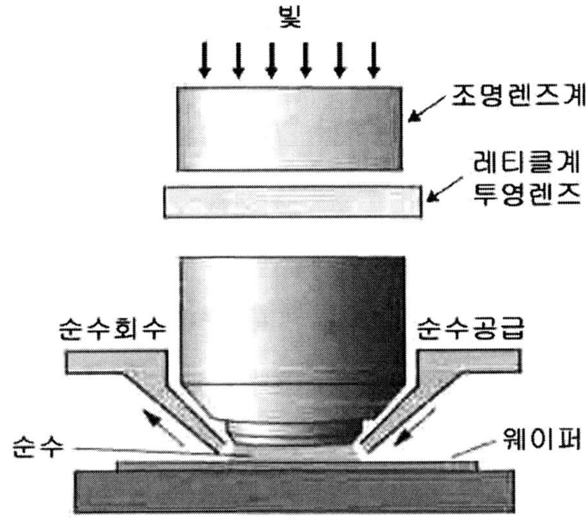

그림 II-71 이머젼 노광 장치

(4) EUV

앞으로의 장치 기술로써는 보다 짧은 파장을 얻을 수 있는 EUV(Extreme Ultra-violet radiation : 극자외선, 파장 13.5 nm)를 노광 광원으로 사용하는 장치가 차세대 이후의 디바이스향 노광 장치로써 기대되고 있다. EUV는 현재 일반적으로 사용되는 ArF(파장 193 nm)의 약 10분의 1 단파장이다.

현재 노광 장치에서는 노광 광원의 빛은 공기와 렌즈를 투과시키는 광학계를 사용하고 있다. 그러나 EUV는 공기나 광학 렌즈에 흡수되어 버리기 때문에 빛의 진로를 모두 진공으로 유지하고, 투과 렌즈가 아닌 반사 렌즈의 광학계가 필요하다. 실용화하기에는 EUV 광원의 개발과 동시에 반사계 마스크나 반사계 장치의 개발 등이 과제이다(그림 II-72).

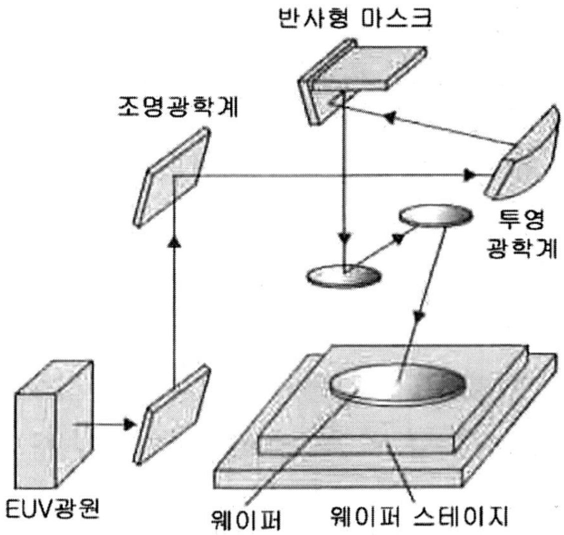

그림 II-72 EUV 노광장치 개략도

LSI 제조에 사용되고 있는 최소 단위의 미세화 트랜치와 노광 장치·광원파장과의 관계를 그림 II-73에 나타내었다.

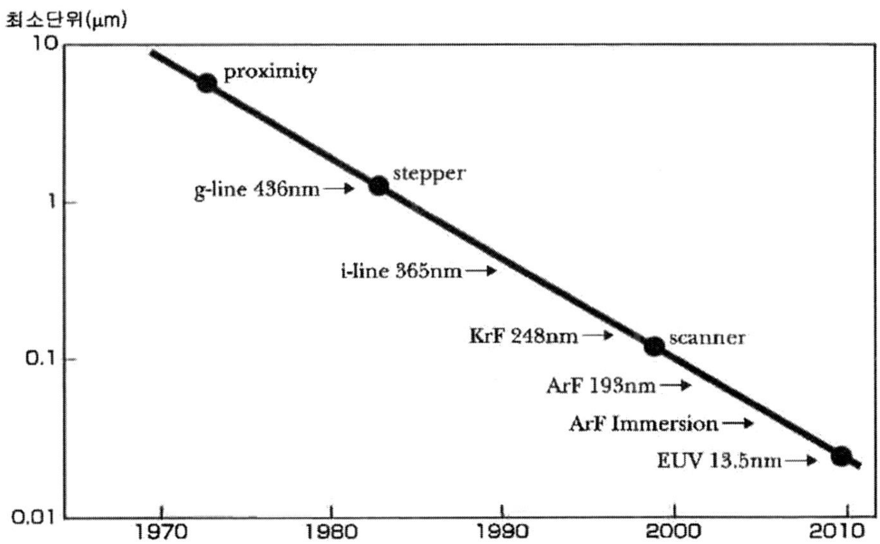

그림 II-73 미세화 트랜드

(5) 패턴 해상도의 향상 기술

동일한 광학계 장치를 사용하여 웨이퍼 위의 패턴 해상도를 향상시키기 위해서 여러 가지 기술이 사용되고 있다. 중요한 몇 가지를 소개한다.

1) 변형 조명

통상 노광 장치에서는 레티클에 수직으로 빛을 조사하지만, 노광 장치의 광축 중심으로부터 벗어난 위치에 조리개를 넣어 레티클의 기울어진 광선을 입사시킴으로써 해상도나 초점심도의 향상을 꾀하는 기술이다.

2) 광근접 효과 보정(OPC : Optical Proximity Effect Correction)

이 방법은 미리 레티클에 패턴 보정용 패턴을 부가해 두어 웨이퍼 위의 패턴의 해상도나 초점심도를 향상시키는 기술이다.

현재의 노광 장치에서는 해상도의 한계에 가까운 곳에서 사용하고 있기 때문에 빛의 회절 현상으로 웨이퍼 위의 포토 레지스트 패턴의 종단부 형상이 얇아지거나 둥그렇게 되어 레티클 패턴대로 형성되지 않는 경우가 있다. 이러한 패턴에 대해 레티클에 햄머 헤드와 같은 보조 패턴을 부가하여 웨이퍼 위로 전사한 포토 레지스트 패턴이 설계한 패턴대로 되게 하기 위한 기술이다(그림 II-74).

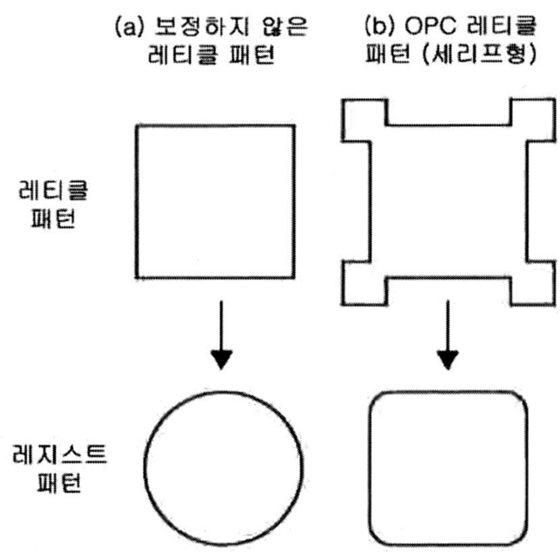

그림 II-74 OPC(광근접 효과 보정)

3) 위상 시프트(Phase Shift)

위상 시프트는 미리 특수한 가공을 한 레티클을 사용하여 웨이퍼 위 패턴의 해상도나 초점심도를 향상시키는 기술이다. 노광 빛의 위상을 180도 반전시키는 위상 시프트를 레티클에 가공하고, 빛 강도의 콘트라스트를 향상시켜 해상도를 향상시킨다. 레벤슨-형, 하프톤-형, 보조패턴-형 등이 있다.

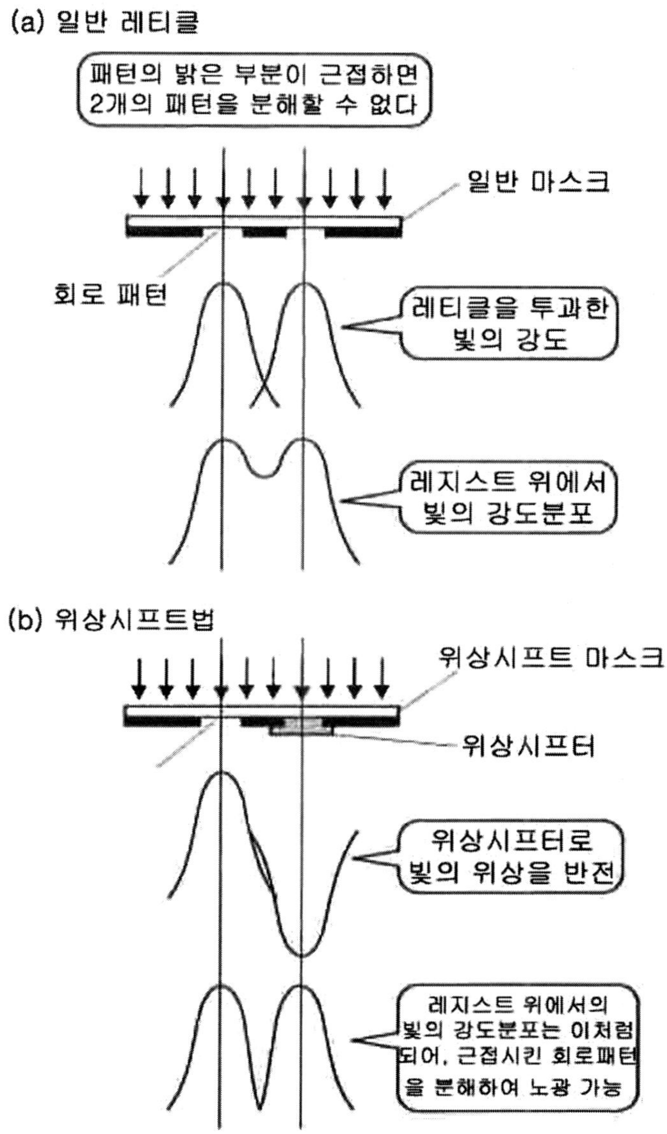

그림 II-75 위상 시프트법(레벤슨형)

레벤슨(Levenson)형은 레티클 부분에 빛의 위상을 시프트시키기 위한 투명막을 부착하거나, 글래스 기판의 일부를 식각하여 그 부분을 투과하는 빛의 위상을 반전시킨다. 이 방법은 라인 앤 스페이스(line & space) 패턴에 적합하다(그림 II-75).

> ● 용어해설
>
> **라인 앤 스페이스 패턴(line and space pattern)**
>
> 반도체에서 배선 역할을 하는 금속선의 패턴을 말하여, 금속선과 절연 부분의 공간을 의미한다.

하프톤(half tone)형은 위상을 시프트하기 위해 레티클 차광막의 투과율이나 굴절율을 제어해서 차광막을 통과한 약한 강도의 노광 빛 위상을 반전시켜 그 빛을 이용한다. 하프톤 시프트로써는 산화크롬, MoSi나 TaSi의 산화막 등이 이용된다. 이 방법은 홀 패턴에 적합하다.

4) 더블 패터닝(Double Patterning)

패턴을 2 분할한 2장의 레티클을 이용하여 각각 노광부터 식각까지를 2회 반복하여 미세한 패턴을 얻는 방식이다. 현재의 노광 장치를 그대로 사용할 수 있는 장점을 가지고 있다. 그러나 1개의 패턴을 얻기 위해서는 2회의 노광~식각의 공정이 필요하기 때문에 공정이 길어지고 장치의 대수가 증가하는 단점도 있다.

(6) 전자빔 노광

1) 전자빔 노광

이제까지 설명한 장치는 광원으로 빛을 사용하지만, 전자빔(electron beam)이나 X선을 사용하는 기술도 있다.

전자빔 노광장치는 전자빔을 스캔하여 전자선용 포토 레지스트에 조사하여 패턴을 형성하는 방법이며, 패턴을 형성하기 위한 빔 스캔 방법으로 래스터 스캔(raster scan)과 벡터 스캔(vector scan) 두 종류가 있다.

래스터 스캔은 일정한 전자빔 크기로 빔을 일정한 방향으로 스캔시켜서 그리고자 하는 패턴의 모양대로 빔을 온/오프하여 패턴을 형성하는 방법이다. 한편, 벡터 스캔은 전자빔을 조사하는 영역을 선택하여 빔을 스캔시켜서 패턴을 형성하는 방법이다.

2) 전자빔 노광 장치

전자빔 노광 장치에는 마스크를 사용하지 않고 패턴 데이터에 따라 직접 노광하는 직접 묘화 방식과 마스크를 사용하여 노광하는 방법이 있다. 직접 묘화 방식에서는 마스크를 만들 필요가 없다. 수율(Through-put)이 낮기 때문에 극소량의 웨이퍼 제작이나 레티클·포토 마스크의 제조에 사용된다(그림 II-76).

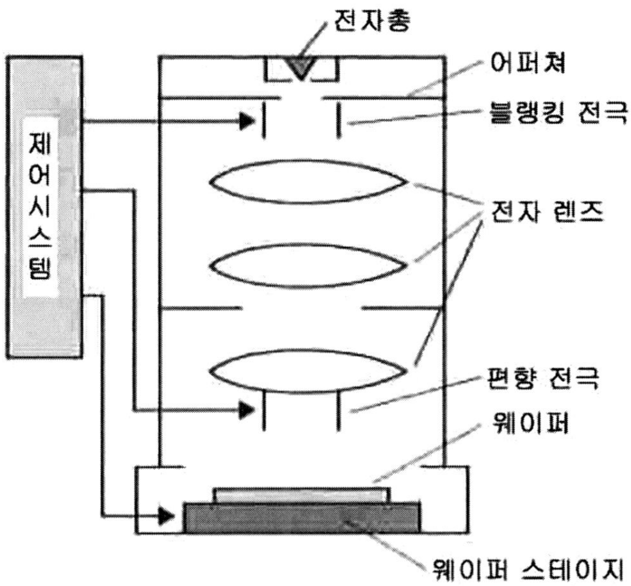

그림 II-76 전자빔 노광 장치(스폿 빔 방식)

마스크를 사용하지 않는 묘화 방법은 ML2(Maskless Lithography)라고 불리며, 주로 수율을 높이기 위해 부분 일괄법, 가변 성형 빔법, 싱글 칼럼/멀티 빔법, 멀티 칼럼/가변 성형·부분 일괄법 등 여러 가지 방식을 이용한다.

마스크를 사용하는 묘화 방법에는 PEL(Proximity EB Lithography), EPL(EB Projection Lithography)가 있다.

PEL은 같은 배율의 마스크를 웨이퍼에 근접시켜 설치하고, 저가속 전압의 전자빔을 마스크를 통해 스캔·조사하여 마스크의 패턴을 웨이퍼에 전사하는 방법이다.

EPL은 마스크 위에 1 mm 간격으로 분할한 LSI 패턴을 형성하고 4분의 1로 축소한 패턴을 전사한다(웨이퍼의 위에서는 250 μm 간격). 분할한 패턴이 이어질 수 있도록 순차 마스크와 웨이퍼를 동기시켜 이동하면서 전자빔을 조사하여 1개의 LSI 패턴을 만드는 방법이다.

(7) 노광 장치의 방식

초기의 노광 장치는 접촉(contact) 노광 장치로써 패턴을 묘화한 마스크를 포토 레지스트를 도포한 웨이퍼에 접촉시켜 겹쳐 놓고, 평행 광선을 조사하여 노광하는 방식을 취하고 있다.

마스크는 웨이퍼 위의 패턴과 같은 크기의 등배율 마스크로써 웨이퍼 크기의 전면에 상당하는 영역에 칩 패턴이 형성되어 있다. 구조상 간단하지만 마스크와 웨이퍼를 밀착시키는 방식이기 때문에 웨이퍼 위의 파티클이나 포토 레지스트가 일단 마스크에 부착하면 다음 공정의 웨이퍼에도 전사되는 등의 결점이 있다.

프록시미티 노광 장치는 마스크와 웨이퍼 사이에 작은 간격을 두어 근접(프록시미티 : Proximity) 노광하는 방식이며, 이 외의 방법은 컨택 노광 방식과 같다. 이 방식은 웨이퍼와 마스크를 밀착시키지 않기 때문에 전사결함을 저감하는 효과가 있다.

이들 방법은 현재 LSI 제조에는 거의 사용되지 않지만, 구조가 간단하여 저가이기 때문에 액정, 프린트 기판, MEMS 등의 용도에 사용되고 있다.

프로젝션 노광 장치는 마스크를 통과한 광선을 투영 렌즈를 통해 웨이퍼에 조사하여 노광하는 방식으로 등배 투영 노광 장치와 축소 투영 노광 장치가 있다.

04 현상·포스트 베이크

(1) 현상

1) 현상의 목적

현상은 노광(광 조사)된 부분의 포토 레지스트를 현상액으로 용해시켜 포토 레지스트의 패턴을 만드는 공정이다.

이전 장에서 기술한 노광 공정에 의해 레티클 패턴을 전사하여 노광(광 조사) 부분과 비노광(비조사) 부분이 만들어져 있기 때문에 이에 대응한 포토 레지스트 패턴을 형성한다.

포토 레지스트는 빛이 조사된 부분과 조사되지 않은 부분에서 현상액에 대한 용해 속도가 다른 성질을 가지고 있다. 노광 공정에서 레티클 패턴이 전사된 포토 레지스트를 현상액에서 처리하면, 광 조사의 유무에 따라 현상액에 대한 용해 속도의 차이가 발생하여 포토 레지스트 패턴이 형성된다.

장치로써는 매엽식 스핀 디벨로퍼(회전식 현상 장치)를 사용한다(그림 II-77). 스핀 디벨로퍼는 수평한 웨이퍼 스테이지에 웨이퍼를 1장씩 놓고, 일정량의 현상액을 웨이퍼의 중앙에 노즐로부터 떨어뜨려서 웨이퍼 전면으로 퍼져 나가도록 웨이퍼를 천천히 회전시킨다.

일정 시간 동안 처리하여 현상이 종료되면, 웨이퍼를 고속으로 회전시켜 현상액을 날려 보내고, 노즐로부터 순수를 웨이퍼에 대량으로 흘려주어 현상액을 신속하게 씻어내어 현상을 정지시키는 세정(린스) 공정을 수행한다. 현상액을 중앙으로부터 떨어

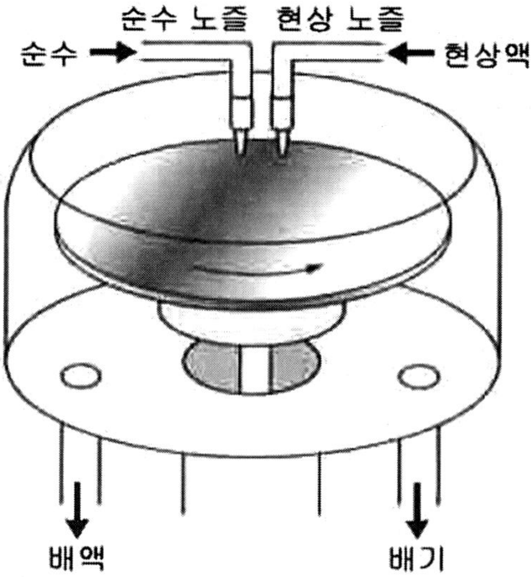

그림 II-77 스핀 디밸로퍼(회전식 현상 장치)

뜨리는 것이 아니라 복수의 현상 노즐을 일렬로 배열하여 웨이퍼의 말단부터 이동시켜 형상 처리하는 방법도 있다.

장치의 주된 구성은 로더, 언로더, 스핀 스테이지, 현상액 공급, 순수 공급, 현상컵, 배기 시스템이다.

포토 레지스트에는 포지티브(포지티브 레지스트) 타입과 네가티브(네가티브 레지스트) 타입이 있다. 포지티브 포토 레지스트와 네가티브 포토 레지스트의 특성을 비교하여 표 II-11에 나타낸다.

포지티브 타입은 노광한 포토 레지스트가 현상액에 대해 빨리 용해하고 노광하지 않은 부분의 포토 레지스트는 남는다(그림 II-78).

표 II-11 포지티브형과 네가티브형 포토 레지스트의 특성 비교

특성	포지티브	네가티브
실리콘과의 접착력	양호함	우수함
비용	고가	저가
현상 물질의 형태	액체	유기물
최소 선폭	0.5μm	below ± 2μm
스텝 커버리지	우수함	좋지 않음
내화학성	양호함	우수함

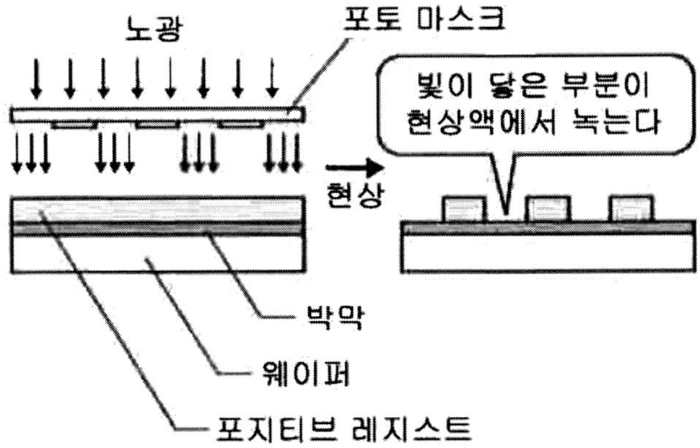

그림 II-78 포지티브형 레지스트

한편 네가티브 타입은 노광하지 않은 포토 레지스트가 현상액에 대해 빨리 용해되고, 노광한 부분의 포토 레지스트는 남는다(그림 II-79).

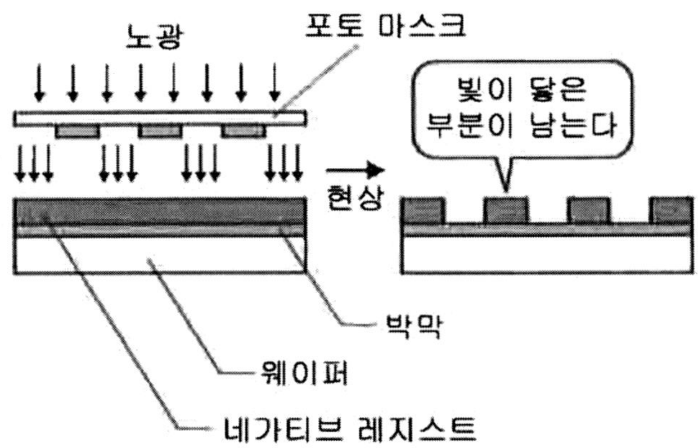

그림 II-79 네가티브형 레지스트

(2) 포스트 베이크

포스트 베이크는 현상 처리로 패턴이 형성된 웨이퍼 위의 포토 레지스트를 질소 분위기에서 가열 처리(120℃ 전후)하는 공정이다. 가열 처리에 의해 유기용제나 수분을 제거하여 포토 레지스트를 구워서 딱딱하게 만듦으로써 다음 공정에서 발생할 수 있는 포토 레지스트로부터 가스 방출을 감소시키고 아래층 박막과의 밀착성과 식각 내성을 향상시킨다.

장치로써는 이전에 기술한 프리 베이크와 동일한 가열 터널의 내부를 벨트로 통과시키는 벨트 타입, 박스형 가열로에 넣는 타입, 핫 플레이트 타입 등이 있다.

포스트 베이크에서는 포토 레지스트의 종류에 따라 내열성이 다르기 때문에 베이크 온도나 시간을 적절한 조건으로 설정할 필요가 있다. 온도가 너무 높거나 시간이 너무 길면 포토 레지스트가 늘어지거나 변형되기도 한다.

7. 식각 공정

학 습 목 표

- 식각 공정의 개념과 종류에 대해 설명할 수 있다.
- 건식 식각과 습식 식각에 사용되는 장비에 대해 설명할 수 있다.
- 건식 식각과 습식 식각을 비교 설명할 수 있다.
- 레지스트를 제거하기 위한 박리 및 애싱 장비에 대해 설명할 수 있다.

01 건식 식각(Dry Etching)

(1) 건식 식각

건식 식각은 기체를 이용한 식각의 총칭이며, 반응성 가스를 이용하여 감압 하에서 식각하는 방법이 가장 일반적이다. 포토 레지스트 패턴을 이용한 선택적 식각의 패턴 가공 정도가 높으며 식각 가스를 선택하여 다양한 막 재료의 식각에 대응할 수 있는 점 때문에 거의 모든 패턴 식각 공정에서 반응성 이온 식각이 사용되고 있다.

드라이 식각에는 화학 반응을 이용한 식각, 물리적인 식각, 이들 두 가지를 이용하는 식각 등이 있다. 또한, 상압 하에서 가스를 이용한 식각이나 액체의 증기를 이용한 식각도 넓은 의미로는 드라이 식각에 포함된다.

(2) 반응성 이온 식각 장치

반응성 이온 식각 장치(RIE : Reactive Ion Etching)는 원형의 평판 전극을 평행하게 마주보게 하여 감압한 반응실(챔버)에 반응 가스를 도입하고, 플라스마를 여기시킴으로써 도입 가스를 중성 라디칼화 또는 이온화하여 전극 사이에 생성시킨다. 이들 라디칼이나 이온과 웨이퍼 위의 재료와 화학 반응에 의해 휘발 물질화하는 식각과 물리적인 스퍼터링의 두 가지 효과를 이용하고 있다(그림 II-80).

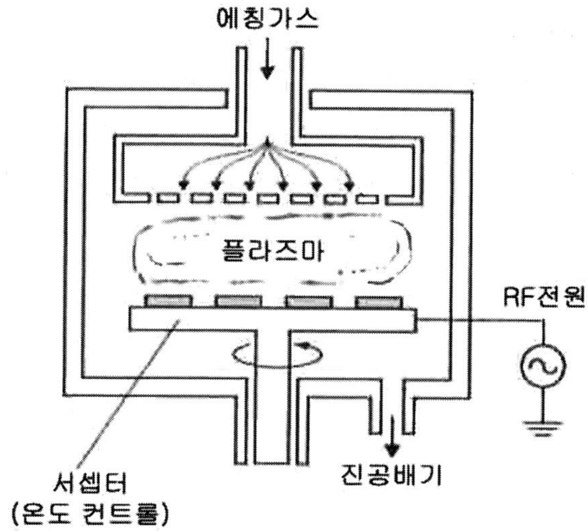

그림 II-80 반응성 이온 식각 장치(평행 평판형)

장치의 주된 구성은 로더, 언로더, 로드락 챔버, 식각을 처리하는 반응 챔버, 가스 컨트롤럴, 전극, 진공배기이다.

진공 배기가 가능한 로드락 챔버와 트랜스퍼 챔버를 갖추고 있어서, 웨이퍼의 교환은 트랜스퍼 챔버를 통해 게이트 밸브의 개폐와 연동시켜 수행한다. 반응실을 외부에 노출하지 않고 식각 분위기를 유지하는 것이 가능하다(그림 II-81).

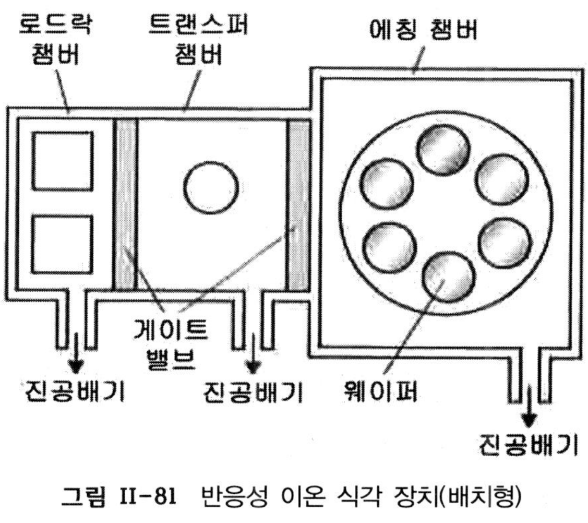

그림 II-81 반응성 이온 식각 장치(배치형)

(3) 이방성 드라이 식각의 종류

반응성 이온 식각에서는 식각에 이방성을 준다거나, 식각 속도를 높이기 위해 라디칼 밀도를 높인다거나, 웨이퍼로의 식각 손상을 감소시키는 등의 목적에 따라 여러 가지 타입의 전원, 주파수, 전극 구조가 개발되어 있다.

주된 장치로써는 ICP형(유도 결합형 : Inductively Coupled Plasma), 내로우 갭형(Narrow Gap), NLD형(Neutral Loop Discharge), 마그네트론형(Magnetron), 헬리콘파형(Helicon Wave), 이온빔 식각(Ion Beam Etching), ECR형(전자 사이클로트론 공명 : Electron cyclotron Resonance, 그림 II-82) 등을 들 수 있다.

플라스마 식각과 같은 종류의 장치로써 식각 가스로 알곤을 사용하는 스퍼터링 식각 장치는 식각 박막과의 화학 반응은 생기지 않지만 가속된 이온을 물리적으로 웨이퍼에 충돌시켜 막을 떼어내는(스퍼터링 현상) 이방성 식각을 하는 것이 가능하다.

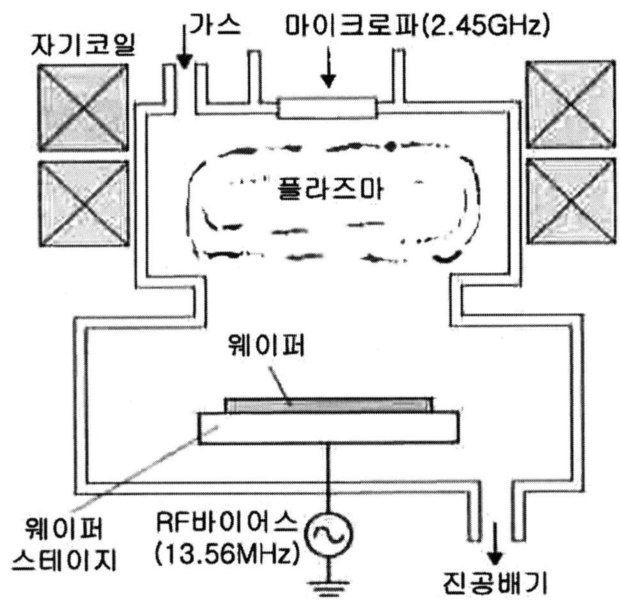

그림 II-82 ECR 식각 장치

(4) 이방성 식각과 등방성 식각

식각에는 이방성(anisotropic)과 등방성(isotropic)이 있으며, 식각 가공의 정밀도와 식각 형상이 크게 달라진다.

이방성 식각은 식각이 웨이퍼 면에 대해 수직방향으로 진행한다. 그 때문에 포토레지스트 등의 마스크를 이용한 식각에서 마스크 크기에 충실한 가공 정밀도가 높은

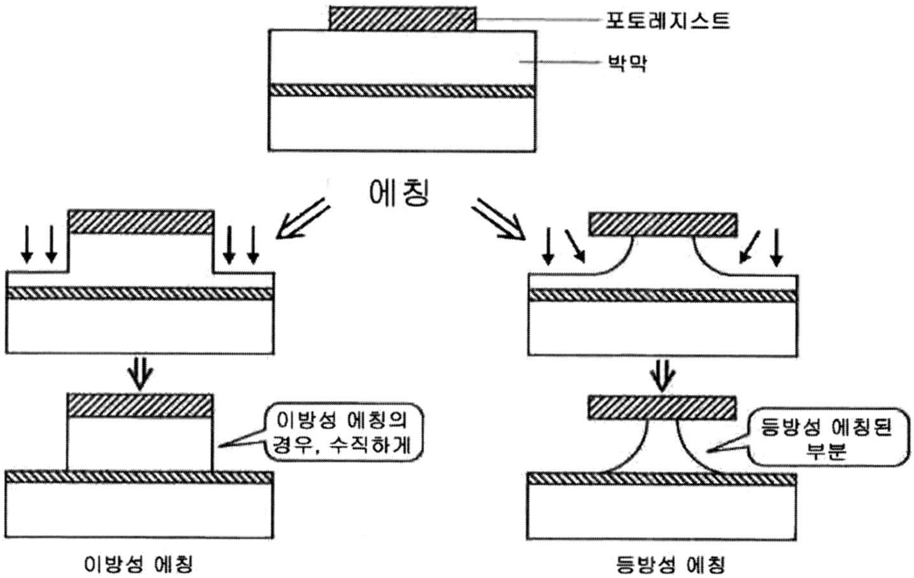

그림 II-83 식각 단면 형상의 비교

패턴이 얻어지고, 식각 면은 수직에 가까운 형상이 된다(그림 II-83).

식각이 이방성으로 되는 메커니즘에 대해서는 이온 어시스트 모델과 측벽으로의 폴리머 부착 모델로 설명할 수 있지만, 두 가지가 복합적으로 발생한다고 생각할 수 있다.

이온 어시스트 모델에서는 수직하게 입사한 이온이 식각 면에 충돌함으로써 결합이 발생하고, 이온 충돌에 의한 가열 효과에 의해 식각 반응이 가속되어 수직방향으로 빨리 식각이 진행된다.

측벽으로의 폴리머 부착 모델은 일반적으로 RIE에서는 식각 과정 중 포토 레지스트도 식각되어 식각된 포토 레지스트의 일부는 식각하는 막재료나 식각 가스 성분과 반응하여 폴리머라고 불리는 막을 형성하게 되고, 포토 레지스트나 식각된 측벽에 부착한다. 이 폴리머가 횡방향으로의 식각을 억제하는 보호막이 되어 수직한 방향으로 식각이 진행한다(그림 II-84).

금속 배선에 사용하는 알루미늄의 드라이 식각에는 염소계 가스를 이용하지만, 식각 후 웨이퍼에 부착한 염소나 반응물($AlCl_3$)이 공기 중의 수분과 반응하여 염산이 생성된다. 이때 알루미늄의 부식(코로젼)이 발생하기 때문에 식각 후 공기 중에 노출되지 않고 산소 플라스마나 수세 처리할 필요가 있다. 알루미늄 이외에도 식각 후에는 산소 플라스마나 수세 등에 의해 웨이퍼에 부착한 식각 가스나 반응 생성물 등을 빨

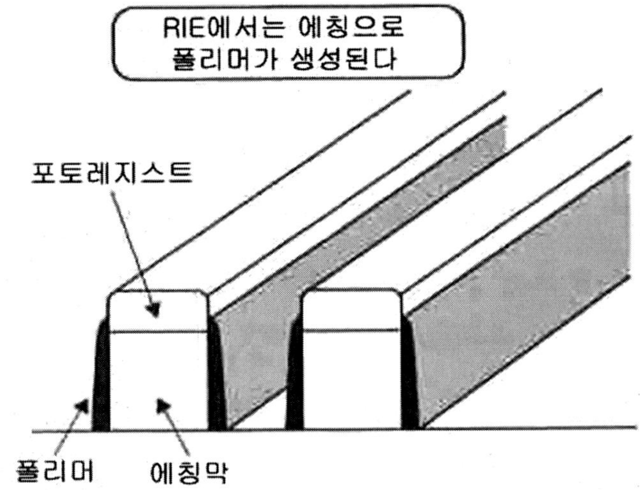

그림 II-84 반응성 이온 식각의 폴리머

리 제거하는 방법이 사용되고 있다.

한편, 등방성 식각은 식각이 모든 방향으로 동일하게 진행한다. 그 때문에 포토 레지스트 등의 마스크를 이용한 식각에서는 마스크 말단으로부터 횡방향으로도 식각이 진행되어 마스크 크기 그대로 패턴이 얻어지지 않으며, 미세한 패턴에서는 포토 레지스트가 벗겨지는 일이 발생한다. 식각 면은 곡면 형상으로 된다(그림 II-83).

드라이 식각에서도 배럴형(원통형) 플라스마 식각에서는 등방성 식각으로 된다(그림 II-85).

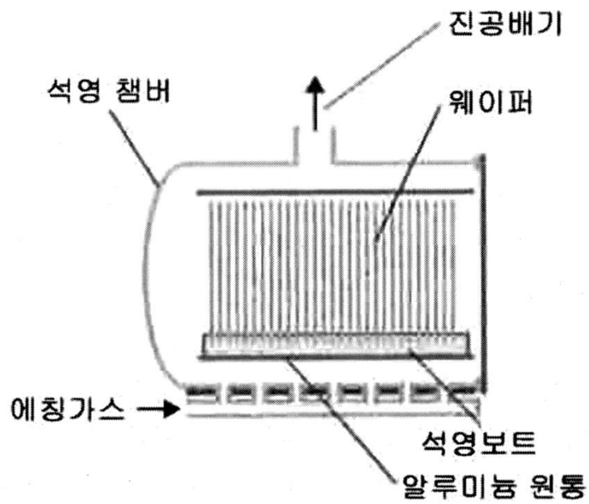

그림 II-85 플라스마 식각 장치(배럴형)

02 습식 식각(Wet Etching)

(1) 습식 식각

습식 식각은 용매를 이용한 식각의 총칭으로, 용액 중에 웨이퍼를 침적하는 딥(dip) 방식, 용매를 스프레이 형태로 뿌리는 스프레이 방식, 회전 스테이지에 수평으로 놓은 웨이퍼에 용매를 떨어뜨려 회전시키는 스핀 방식이 있다.

습식 식각은 생산성이 높고, 낮은 비용으로 가능한 공정이지만, 가공의 정밀도가 좋지 않기 때문에 미세한 패턴 가공이나 웨이퍼 전면 식각 등 특수한 공정으로의 사용에 제한을 받는다.

딥 방식은 배치 처리로 생산성이 높고, 장치의 구조가 간단한 장점이 있다. 그러나 식각 반응에 의한 기포가 웨이퍼의 식각면에 부착하는 것과 식각의 제어가 어려운 단점이 있다. 이 때문에 패턴 가공의 용도로는 사용하지 않고, 게이트 산화막의 성장 전에 산화막 식각이나 열인산(가열한 인산)을 이용한 질화막의 식각 등 웨이퍼 전면 식각에 주로 사용된다.

장치로써는 용매 처리조, 수세·건조 시스템, 용매 가열·온도 제어 시스템, 용매 공급·배액 시스템, 이송 시스템, 배기 시스템으로 구성되어 있다(그림 II-86).

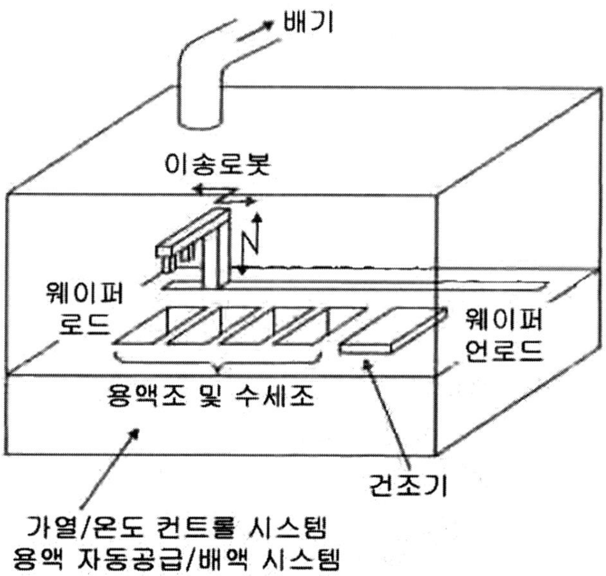

그림 II-86 습식 식각 장치

(2) 기타 방법

스프레이 방식은 매엽 처리로 스프레이 노즐이 웨이퍼 위를 스캔하는 방식(그림 II-87)과 스핀 현상 장치와 같은 구성으로 현상액을 대신하여 식각 용매를 사용한다. 두 장치 모두 주로 전면 식각에 사용되지만, 매우 미세한 패턴 가공에 사용되는 경우도 있다.

● 용어해설

열인산액(hot phosphoric acid, H_3PO_4)
실리콘 질화물은 일반적으로 인산에 잘 녹는데, 반응 온도를 높이기 위해 가열한 인산 용액.

전면 식각(etch back)은 포토 레지스트 등 식각용 마스크 패턴을 사용하지 않고, 웨이퍼 전면을 식각하는 것이다. 대표적인 전면 습식 식각에 대해 간단히 설명한다.

STI 형성 공정의 질화막 식각은 역할이 끝난 질화막을 열인산액에 침적하여 제거하는 공정이다. 식각 전에 웨이퍼 표면에는 질화막과 산화막이 노출되어 있다. 열인산 용액을 이용하는 경우, 산화막의 식각 레이트는 질화막에 비해 매우 낮기 때문에 웨이퍼를 그대로 열인산에 침적하면 식각 레이트에 다소의 편차가 있어도 산화막에는 큰 영향을 주지 않고 질화막을 제거할 수 있다.

게이트 산화막 형성 공정의 산화막 식각은 산화막을 습식 식각하여 MOS 트랜지스터 영역의 실리콘 면을 노출시키는 공정이다. 산화막 습식 식각에는 불화수소산(불산 = HF : Hydrofluoric Acid)의 희석액(DHF : Diluted HF)나 버퍼드 불산(BHF : Buffered HF)을 이용한다. 불산의 산화막 식각에서는 실리콘과의 식각 선택성이 높고 실리콘에 손상을 주지 않기 때문에 습식 식각이 이용된다.

코발트 식각 공정에서는 불필요한 코발트를 식각하여 제거한다. 코발트 실리사이

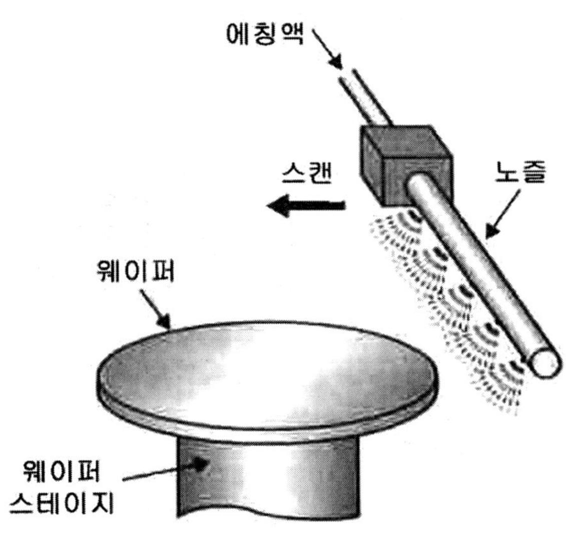

그림 II-87 습식 식각(스프레이식)

드는 MOS 트랜지스터의 저항을 낮추기 위해서 열처리 공정으로 실리콘과 열반응시켜 형성되지만, 그 이외의 부분은 코발트 실리사이드로 되지 않고 코발트인 채로 남는다. 이 공정에서는 웨이퍼를 산성의 용매에 침적하는 습식 식각을 이용하여 코발트를 식각한다.

03 | 레지스트 박리·애싱

(1) 레지스트 박리 장치

레지스트 박리는 식각이나 이온 주입처리를 한 후에 불필요한 포토 레지스트를 제거하는 공정으로, 용매를 이용하는 습식 제거가 일반적이다.

습식 박리 장치는 복수의 용매 배스(Bath)에 가열한 박리 용매와 유기용제를 넣고 웨이퍼를 순서대로 침적시켜 레지스트의 박리 처리와 박리액을 치환·세정하는 유기 세정 부분과 마무리 단계의 순수 세정·건조하는 부분으로 되어 있다(그림 II-88).

장치의 주된 구성은 로더, 언로더, 박리·린스·건조 처리 시스템, 박리액 공급·배액 시스템, 제어 시스템이다. 그 외의 습식 박리 장치로써는 밀폐 드럼 내에 여러 장의 웨이퍼를 넣은 캐리어를 배치하고 박리액, 유기용제, 순수를 각각의 노즐로부터 순서대로 분사하는 밀폐 드럼식 장치, 매엽식 스핀 박리 장치 등이 있다.

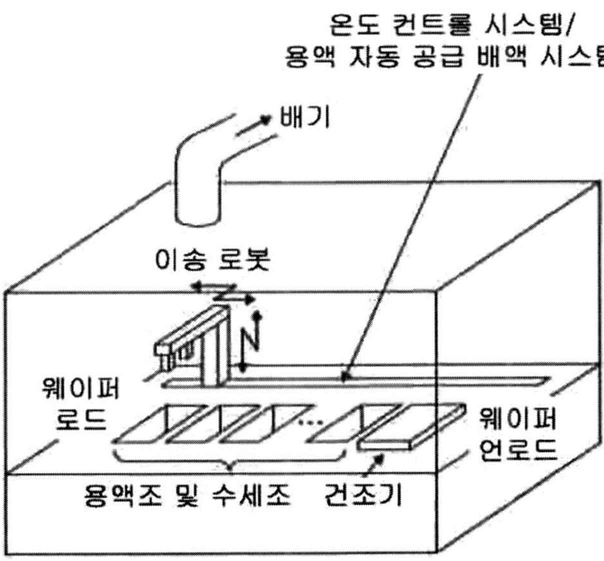

그림 II-88 습식 박리 장치(복수조 침적식)

(2) 애싱 장치

애싱은 가스 등을 이용해서 포토 레지스트를 분해·휘발시키는 건식 박리의 방법이다. 감압 하에서 산소 가스를 플라스마 여기시킨 산소 플라스마를 이용하는 플라스마 애싱 장치와 오존이나 산소에 자외선(UV)을 조사하여 분해한 산소 라디칼을 이용하는 광(여기) 애싱 장치와 오존 애싱 장치로 크게 분류할 수 있다. 표 II-12에 애싱 장치의 종류를 소개한다.

포토 레지스트는 탄소, 수소, 산소로 구성되어 있기 때문에 산소 플라스마나 산소 라디칼 등과 화학 반응하여 이산화탄소(CO_2), 수증기(H_2O), 산소(O_2)의 가스가 되어 배출된다.

애싱 장치에는 박리성이나 애싱 속도 외에 대전 손상이나 막질 열화가 없을 것과 파티클이나 챔버 내 금속을 비산시켜 재부착시키는 금속 오염이 없을 것 등의 요구 조건을 만족해야 한다.

표 II-12 애싱 장치의 종류

대분류	소분류	특징
플라스마 애싱	배럴형 애싱	생산성 우수, 대전 손상 및 막질 열화
	매엽식 애싱	균일성 높음, 대전 손상
	다운 플로우 애싱	대전 손상 저감
광/오존 애싱	광 애싱	대전 손상, 금속 오염 및 막질 열화 없음, 대기압에서 처리 가능
	오존 애싱	대전 손상 저감

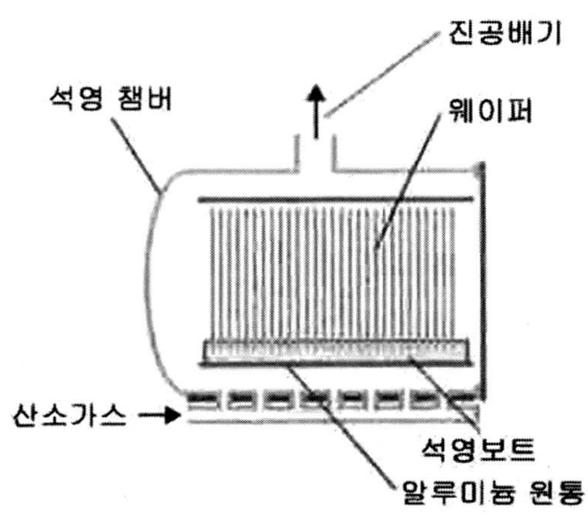

그림 II-89 플라스마 박리 장치(배럴형)

초기에 도입된 배럴형 플라스마 애싱 장치는 배치 처리로 생산성이 높아서 많이 사용되었지만, 대전 손상·Low-K 막 등의 막질 열화, 애싱 속도의 편차가 커서 용도가 제한되어 고정밀도가 필요한 공정 용도로는 매엽식이 채용되고 있다.

플라스마 애싱 장치(그림 II-89) 중에서도 매엽식 평행 평판형 장치는 애싱 속도의 균일성은 높아지지만, 웨이퍼가 플라스마 안에 위치하기 때문에 대전 손상이 있다. 플라스마 챔버로부터 애싱에 기여하는 산소 라디칼만을 꺼내어 애싱하는 다운 플로우 애싱 장치는 대전 손상을 저감할 수 있는 특징이 있다.

광(여기) 애싱 장치는 오존 등에 UV(자외선)를 조사하여 산소 라디칼을 생성하여 화학 반응으로 포토 레지스트를 분해·기화시켜 배출하는 장치이다(그림 II-90). 대전 손상, 금속 오염, 산화막 막질 열화가 없는 애싱이 가능하며, 또한 대기압에서 처리 가능한 간단한 구조의 장치이다.

오존 애싱 장치는 고농도의 오존에 의한 화학 반응으로 포토 레지스트를 분해·기화시켜서 배출하는 장치로, 대전 손상가 낮은 효과를 얻을 수 있다.

그 외에 매엽식 식각 장치에는 복수의 매엽 챔버를 설치하여 식각 처리 후에 애싱 처리를 연속적으로 수행하는 장치도 있다.

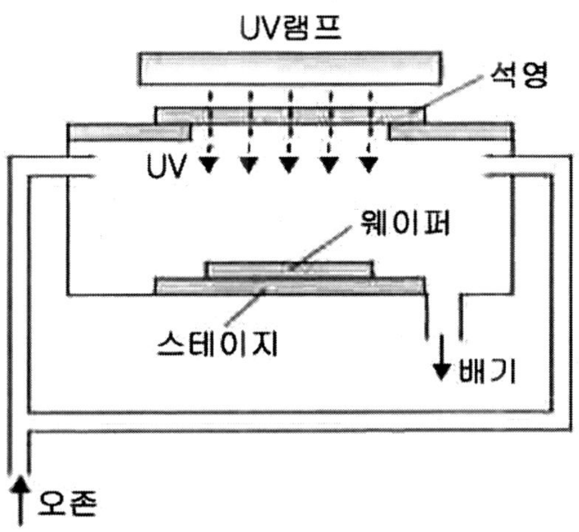

그림 II-90 광 애싱 장치

04 산화막 식각(에치백)

(1) 에치백(Etch Back)

에치백은 포토 레지스트 등의 마스크를 이용한 패턴 가공이 아니라 웨이퍼에 성장시킨 막을 표면으로부터 전면 식각하는 것을 말한다. 이 처리는 웨이퍼에 성장시킨 막을 이방성 드라이 식각함으로써, 웨이퍼 표면의 평탄화나 평활화(단차의 각을 낮춤), 트랜치 내의 매설, 단차 측면에 막을 남기는 등의 공정에 이용된다.

게이트 폴리 실리콘의 사이드월(side-wall) 형성 공정에서는 폴리 실리콘 측벽에 산화막의 사이드월을 형성하는 경우에 사용한다.

(2) 에치 백 프로세스

간단히 프로세스를 설명한다. 폴리 실리콘 패턴을 형성한 후에 산화막을 성장시킨다. 그 후에 이방성 드라이 식각을 이용하여 식각한다. 단차 측벽의 산화막이 평탄한 부분에 비해 두껍기 때문에 평탄부의 산화막이 없어질 때까지 식각하면, 단차 측벽에만 산화막이 남으며, 이것이 폴리 실리콘의 사이드월 산화막이 된다(그림 II-91).

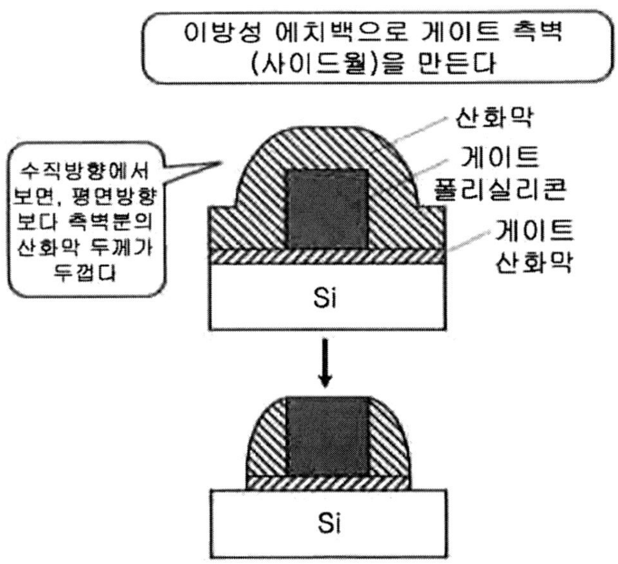

그림 II-91 에치백(게이트 사이드월 형성)

(3) 에치 백 장치

평탄화에서는 평탄화할 표면에 포토 레지스트 등의 도포막을 형성하고, 도포막이 돌출한 부분에서는 얇아지는 것을 이용하여 식각한다.

장치로써는 반응성 이온 식각 등이 이용된다(그림 II-92).

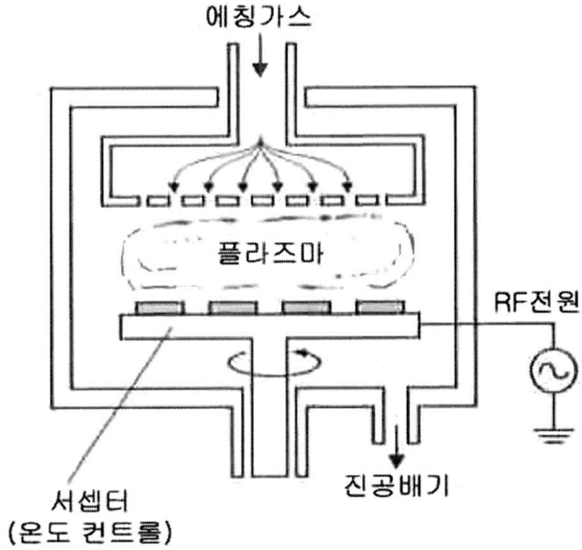

그림 II-92 반응성 이온 식각 장치(평행 평판형)

8. 기타

학	습	목	표

● 기타의 기술과 장비에 대해 이해한다.

01 기타 기술과 장치

(1) 에피택셜 성장

1) 에피택셜 성장

LSI에 사용하는 웨이퍼는 단결정 실리콘이며, 웨이퍼 위에 웨이퍼와 같은 결정 구조의 단결정막을 성장하는 것을 에피택시(epitaxy) 또는 애피택셜 성장(애피 성장 : epitaxial growth)이라고 한다. 일반적으로는 감압 화학기상성장(CVD)을 이용하며, 산화막이나 질화막의 CVD 장치와 같지만 애피 성장에서는 단결정을 성장하기 때문에 높은 성장 온도(1000℃ 이상)가 필요하고 성장 표면의 제어가 용이한 장치 구조가 필요하다.

2) 에피 장치

장치의 주된 구성은 로더, 언로더, 진공 처리 챔버, 가스 컨트롤러, 가열·온도 컨트롤러, 진공 배기이다(그림 II-93).

화학기상성장 이외의 방법으로는 고상 애피택셜 성장(solid phase epitaxy), 분자선 애피택셜 성장(molecular beam epitaxy), 원자층 애피택셜 성장(atomic layer epitaxy), 액상 애피택셜 성장(liquid phase epitaxy) 등이 있다.

또한 애피 성장에는 성장 기판과 같은 재료의 막을 성장시키는 호모-애피택셜 성

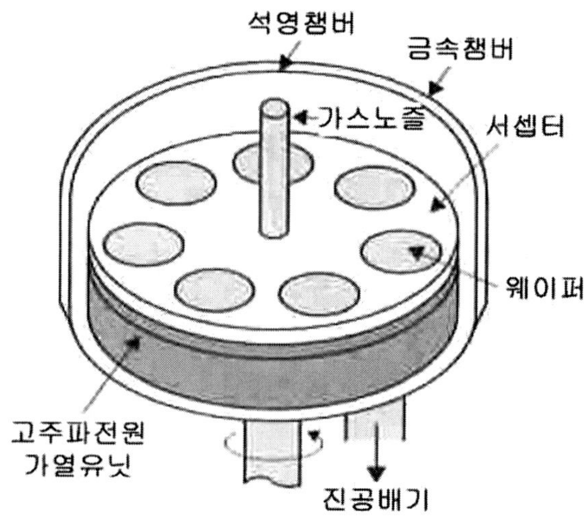

그림 II-93 에피택셜 성장 장치(감압 CVD)

장(homoepitaxy)과 격자 정수, 결정 방위, 재료 등이 다른 막을 성장시키는 헤테로-애피택셜 성장(heteroepitaxy)이 있다.

웨이퍼의 전면에 애피 성장시키는 경우 외에 산화막이나 질화막으로 가려진 웨이퍼에서 실리콘이 일부 노출되어 있는 부분만 애피 성장시키는 선택적 애피택셜 성장이 있으며, 구부러진 실리콘 구조나 3차원 구조의 트랜지스터 제조에 사용되는 예가 있다.

3) 에피택시얼 공정 기술

① HVPE(Hydride Vapor Phase Epitaxy)

HVPE법은 역사적으로 가장 오래된 성장 방법으로 Hydride Vapor Phase Epitaxy를 의미하고, III족 원소로 금속의 Halogen 화합물을 사용하고 있다. GaN 성장의 경우 III족 원료로 GaCl, $GaCl_3$ 등을 이용하지만 전기로 내 Ga 영역에서 Ga 원료와 HCl 가스를 반응시켜 GaCl를 생성하는 것이 일반적이다. 이렇게 생성된 GaCl과 NH_3 가스를 성장영역까지 보내어 1000~1100℃에서 사파이어 기판 상에 에피 성장시킨다.

HVPE법의 특징은 MOCVD와 비교해서 성장속도가 매우 빠르고 수십~수백 마이크로의 두께를 가지는 박막을 비교적 쉽게 얻을 수 있는 점이다.

② MOCVD(Metal Organic Chemical Vapor Deposition)

MOCVD법에서 III족 원소는 알킬기를 구성요소로 하는 유기 금속 화합물(TMGa, TMGa)로 사용하고 V족 원소로는 주로 NH_3를 이용한다. RF 가열, 저항 가열, 적외선

lamp 가열 등의 방법으로 가열한 기판 위에서 유기 금속을 열분해한 다음 NH_3와 반응하여 GaN를 성장하는 방법이다.

③ MBE(Molecular Beam Epitaxy)

MBE법은 10^{-9} Torr 이하의 초고진공 반응관에서 증발된 결정 재료가 분자나 원자 형태로 빔을 형성하면서 기판 위에 도달한 후 기판표면과 반응하여 결정성장이 되는 것으로서 종래의 증착방식을 발전시킨 것이다. 특히 RHEED(reflection high energy electron diffraction)와 같이 성장 중에 에피택시 층을 분석할 수 있는 장치가 있어서 정밀한 성장이 필요할 때 주로 사용된다.

● 용어해설

RHEED(reflection high energy electron diffraction)
박막의 성장 중에 표면의 특징을 정량적, 그리고 정성적으로 측정하는 방법.

(2) 열확산

실리콘에 불순물을 도입(doping)하는 방법에는 이온 주입 이외에 열확산법이 있다. 열확산은 웨이퍼를 가열하여 도핑할 가스 분위기에서 실리콘에 불순물을 열적으로 확산시키는 방법이다. 실리콘이 노출된 부분으로 확산되지만 비교적 두꺼운 막 두께의 산화막이나 질화막으로 가려진 부분에는 확산하지 않기 때문에 선택적으로 불순물 도핑이 가능하다.

장치로써는 열확산로가 이용되며, 노심관 주변에 히터를 설치하여 1000℃ 정도로 가열해 두고, 여러 장의 웨이퍼를 보트에 배열하여 싣고, 보트를 노심관의 중앙에 넣는다. 여기에 불순물 가스를 흘려서 일정 시간 처리하면 실리콘이 노출된 부분에 불순물이 확산된다. 장치의 주된 구성으로는 로더, 언로더, 노심관, 히터·온도 컨트롤러, 가스 컨트롤러, 배기이다. 장치의 형태로써는 튜브를 수평으로 놓은 횡형로(그림 II-94), 튜브를 수직하게 놓은 종형로가 있다.

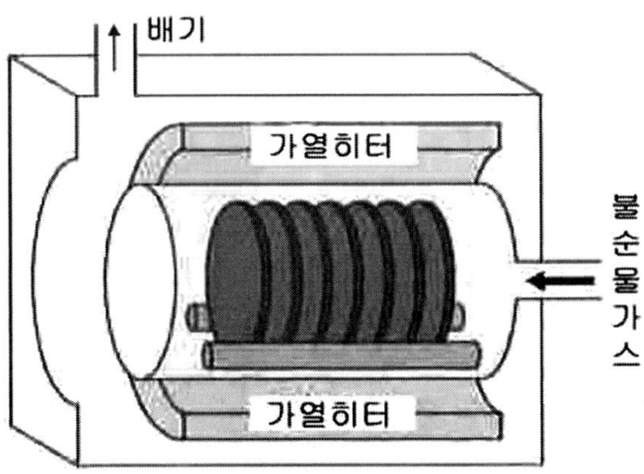

그림 II-94 열확산 장치(횡형로)

열확산에서는 실리콘 이외의 산화막 표면에도 불순물을 포함한 글래스 층이 만들어지기 때문에 얇은 산화막 아래의 실리콘에는 불순물이 확산된다. 확산 조건에 의해 불순물을 확산하지 않는 부분에는 적절한 막 두께의 산화막을 형성해 둘 필요가 있다.

또한 웨이퍼를 가열 처리하면서 확산시키기 때문에 얕은 불순물 도핑을 얻기 어렵고, 불순물이 등방향으로 확산하기 때문에 횡방향으로도 확산하여 미세한 패턴이나 얕은 접합에는 적합하지 않다.

(3) 도포 절연막

박막의 성장에는 CVD, PVD가 자주 사용되고 있지만, 산화막이나 Low-k막(저유전율막) 등의 절연막 성막에는 용액을 도포하여 성막하는 방법으로써 회전 도포하는 SOD(Spin On Dielectric, 또는 SOG : Spin On Glass라고도 함)가 이용되고 있다. SOD에서는 산화막이나 유기계 폴리머(고분자) 등의 용액을 회전 도포시켜 균일한 막 두께를 형성한 후 열처리하여 소성시킨다.

회전 도포 장치는 포토 레지스트 도포와 기본 구조는 동일하며, 스핀 코터를 사용한다. 웨이퍼의 중앙에 일정량의 액체 상태 도포액을 노즐로부터 떨어뜨리고, 웨이퍼를 고속 회전시켜 균일한 막(예를 들어 산화막 등)을 만든다.

장치의 주된 구성은 로더, 언로더, 스핀 스테이지, 도포액 공급, 린스 노즐, 도포컵, 배기이다(그림 II-95).

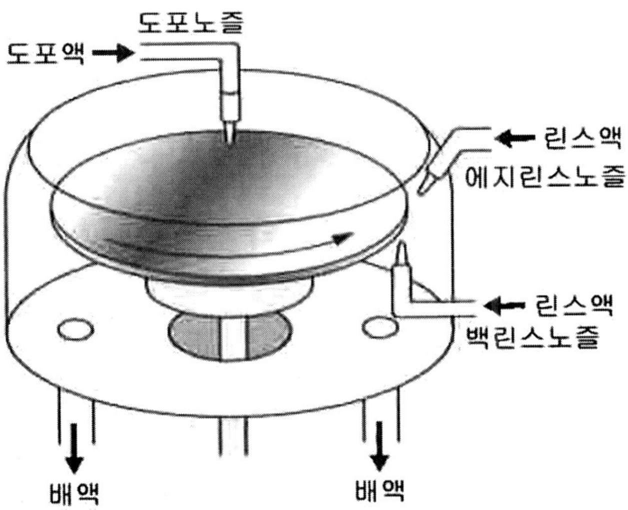

그림 II-95 스핀 코터

도포막의 막 두께는 도포액의 종류 또는 웨이퍼의 회전수에 의해 주로 컨트롤된다.

스핀 코터에서는 노즐로부터 떨어뜨린 도포 재료 중에 웨이퍼 위에 성막한 절연막으로써 사용되는 양은 아주 적고, 대부분은 회전시켜서 날려버리기 때문에 재료의 사용 효율은 좋지 않다.

SOD 이외의 도포 절연막법으로는 스캔 도포법이 있다. 이 방법은 용액을 회전 도포하지 않고, 수 10~100 μm 정도의 극히 얇은 노즐로부터 웨이퍼 전면에 균일하게 재료 용액을 도포한다. 웨이퍼를 회전시키지 않기 때문에 재료 용액의 주변으로 흩어짐이 없다. 재료 사용 효율이 높으며, 장치의 유지·관리가 용이한 점 등이 장점이다. 1개의 노즐로부터 1줄씩 전면에 도포하는 방법과 라인 형태의 여러 개의 노즐로부터 도포하는 방법이 있다(그림 II-96).

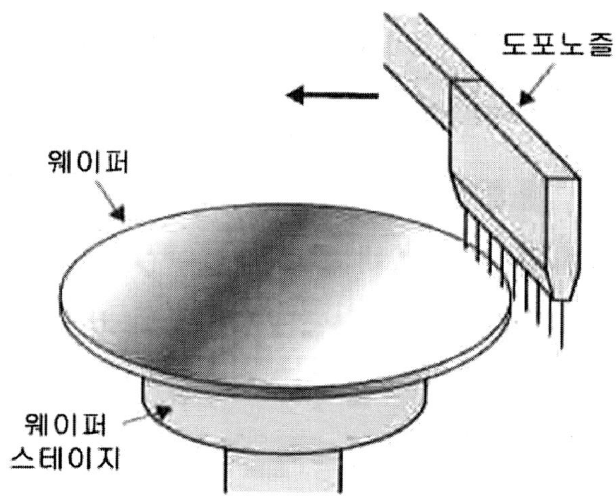

그림 II-96 스캔 도포

(4) 나노 임프린트(Nano-Imprint)

노광 장치를 이용한 포토 리소그래피를 대신할 패턴 형성 기술의 후보로써 노광 기술을 이용한 패턴 형성 방법과는 전혀 다른 나노 임프린트 기술이 있다.

이 기술에서는 웨이퍼 위에 유동성이 있는 수지를 도포하여 요철 패턴을 형성한 몰드(원판)를 수지에 눌러서 몰드의 패턴을 수지에 전사하는 기술이다. 수지를 연화 또는 경화시키는 방법에 의해 열 나노 임프린트, UV(자외선) 나노 임프린트가 있다.

이들 방법은 수지가 몰드에 부착하거나, 파티클 등이 부착하거나 하기 때문에 몰드의 박리성 향상 등의 결함 대책, 내구성 문제 등의 실용화에는 아직 과제가 남아 있지만, 몰드 표면에 불소 등을 이용한 처리를 수행하여 박리성을 개선하는 기술도 개발되어 있다.

장치로써는 가열, 냉각 스테이지나 UV 조사 시스템 등 간단한 구조로 되어 있는 장점이 있다. 그 외의 방법으로써 몰드의 돌출 부분에 부착시킨 유기 고분자나 폴리머를 기판에 전사하는 소프트 리소그래피라고 불리는 방법이 있다.

1) 열 나노 임프린트

열 나노 임프린트 공정의 과정은 PMMA(polymethly methacrylate) 등의 열 가소성 수지를 웨이퍼에 도포하고 웨이퍼를 PMMA의 유리전이 온도(100℃ 정도) 이상으로 가열·경화시킨 상태로 요철 패턴을 형성한 몰드를 PMMA에 눌러 붙인다.

그 후에 유리전이 온도 이하로 웨이퍼를 냉각시켜서 수지를 고화하고, 웨이퍼로부터 몰드를 분리해낸다. 이것으로 일단 패턴은 형성 가능하지만 바닥 면에 얇게 남아 있는 수지를 산소 플라스마 등으로 제거한다(그림 II-97).

몰드의 재료로써는 탄화 실리콘(SiC), 실리콘(Si), 탄탈륨(Ta) 등을 이용한다.

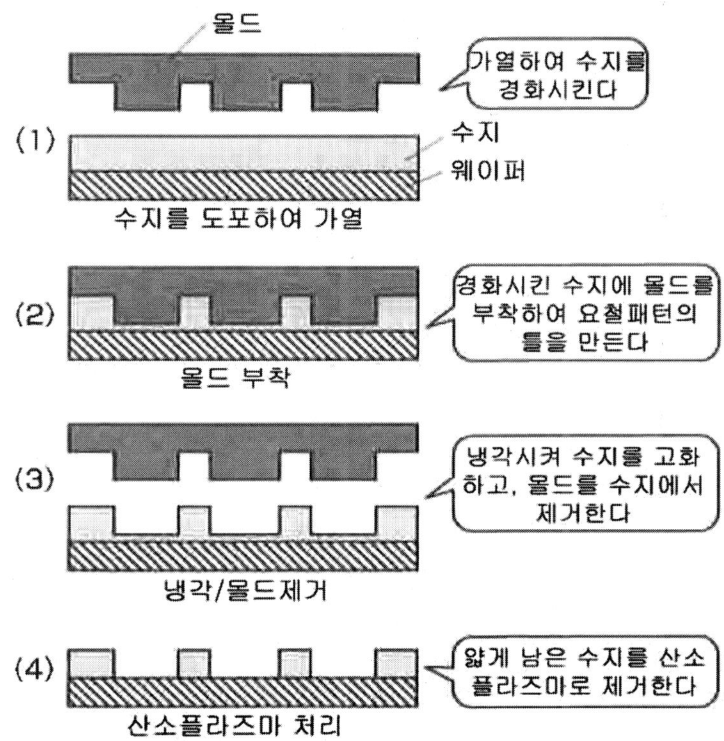

그림 II-97 열 나노 임프린트

2) UV 나노 임프린트

UV 나노 임프린트는 자외선으로 경화되는 광경화성 수지를 사용하고, 몰드에는 자외선을 투과시키는 석영 등을 이용한다.

공정의 과정은 웨이퍼에 광경화성 수지를 도포하고, 요철 패턴을 형성한 몰드를 수지에 눌러 붙인 다음 몰드의 요철 패턴에 맞춰서 변형시킨다. 그리고 나서 몰드의 뒷면으로부터 자외선을 조사하여 수지를 경화시키고 몰드를 분리해낸다. 그 후에 바닥 면에 남아 있는 얇은 막을 산소 플라스마로 제거한다(그림 II-98).

이 방법은 몰드에 투명한 석영 등을 이용하기 때문에 웨이퍼 위의 패턴과 정렬이 가능한 점, 자외선으로 경화시키기 때문에 가열에 의한 팽창·수축 등에 의한 크기의 변화가 없는 점 등의 장점이 있다.

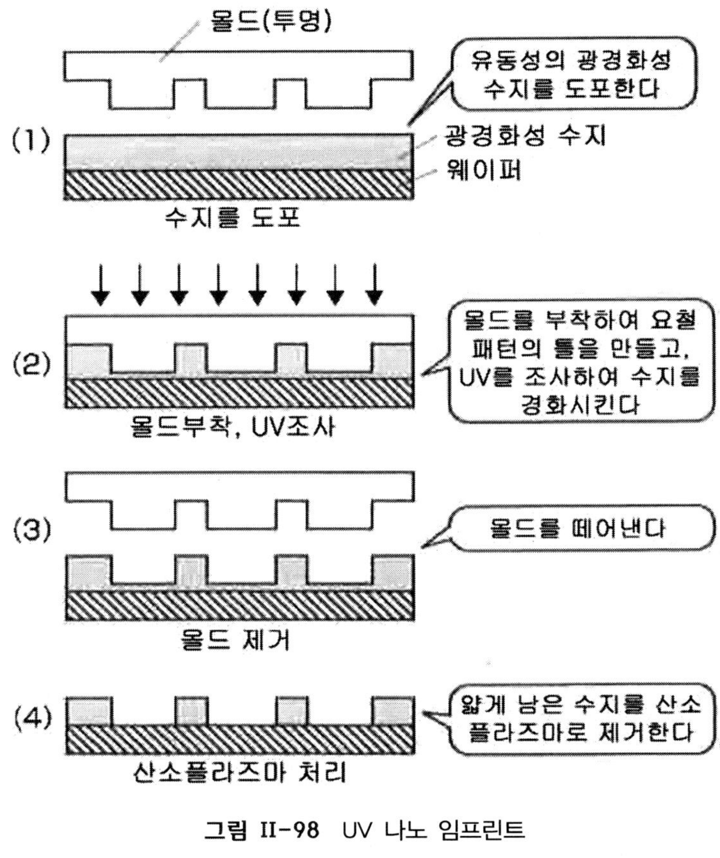

그림 II-98 UV 나노 임프린트

III

반도체 공정 실습

1. 회로 설계 실습
2. 마스크 제작 실습
3. 웨이퍼 가공 실습
4. 초기 웨이퍼 세정 실습
5. 공정 중 웨이퍼 세정 실습
6. 회전 도포 실습
7. 진공 탈수 베이크 실습
8. 소프트 베이크 실습
9. 포토마스크 세정 실습
10. 마스크 정렬과 노광 실습
11. PR 현상 실습
12. 하드 베이크 실습
13. 실리콘 식각 실습
14. 확산 실습
15. 산화 실습
16. 스퍼터링 실습
17. 알루미늄 식각 실습
18. 진공 증착 실습
19. 알루미늄 어닐링 실습
20. 전기 전도율과 저항 측정 실습
21. 두께 측정 실습
22. 웨이퍼 전도 형태 측정

실습을 통하여 반도체 공정의 요소 기술을 이해하고 숙지할 수 있도록 공정별 순서에 따라 관련 지식과 함께 전체적인 반도체 공정을 학습한다.

1. 회로 설계 실습

실습 목적 … 가장 간단한 인버터 회로를 이용하여 배치(layout) 이미지를 작성할 수 있다.

실습 재료 … 인버터(inverter) 도면, CAD 소프트웨어

실습 기기 … 컴퓨터

안전 및 유의사항 …
① 인버터 회로를 먼저 이해하고 설계에 임한다.
② 정렬을 위한 마크도 고려해서 제작한다.

관계 지식 … 잭킬비(Jack Kilby)가 맨 처음 집적 회로를 설계할 때에는 5개의 소자를 수작업으로 그렸다. 오늘날에는 1억 개 이상의 소자가 포함되어 컴퓨터와 전용 설계 도구를 사용하지 않고는 설계가 불가능하게 되었다. 이러한 설계와 시험, 배치도 설계를 위해서는 수십 명의 설계 기술자들이 몇 달씩 작업을 해야 가능하다. 설계할 때 주된 고려사항은 성능과 다이 크기, 설계 시간, 시험성 등이다. IC 설계는 항상 적당한 성능과 좋은 결과를 얻을 수 있도록 위의 요소들을 서로 가감한다. IC 설계는 시스템(architectural) 설계와 논리 회로 설계, 배치 설계(트랜지스터 레벨)로 구분된다.

시스템 설계(architectural) →
기능 실현의 논리 회로(logic design) 설계 →
논리 실현의 전자 회로(schematic design) 설계 →
회로의 공간적 배치 설계(layout design) → 시험 검사

시스템(architectural) 설계는 응용 동작 시스템을 정의하고 시스템에 대한 모듈을 구분한다. 논리 회로 설계는 모듈에 가산기, 게이트, 인버터, 레지스터와 같은 논리

단위를 넣고, 각 모듈을 반복(subroutine)하여 실행한다. 배치(트랜지스터 레벨) 설계에서는 개개의 트랜지스터가 각 논리 단위에 배열된다. 설계된 회로를 시험하기 위해 논리 단위에 2진 명령어를 대입한다. 설계를 시험하여 버그(bug) 요소를 제거하고, 배치도는 크롬이 도금된 석영 유리에 인쇄하여 마스크나 레티클을 만든다. 마스크나 레티클은 설계 패턴을 반도체 웨이퍼에 사진 석판 공정을 통하여 노광에 의한 광화학 반응에 의해 PR가 전사되도록 한다.

1980년대 이전에는 대부분의 반도체 업체들이 설계와 제조 및 시험까지 일괄 공정으로 하는 종합 반도체 업체였으나, 1990년대에는 설계는 하지 않고 외부에서 주문해오면 제조만 해주는 파운드리(foundry) 업체와 설계와 시험 부분만을 가지고 제조는 외부에 위탁하는 임가공 위탁(fabless) 업체가 생겨났다.

① VHDL

VHDL은 very high speed integrated circuit hardware description language의 약자로서 상위의 동작 레벨에서부터 하위의 게이트 레벨까지 하드웨어를 기술하고 설계하도록 하는 CAD 업계 및 IEEE 표준 언어이며, 미국 정부가 지원을 공인한 하드웨어 설계 언어이다.

HDL 이전의 하드웨어 설계에서는 주로 배치도 편집기(layout editor)나 전자 회로 편집기(schematic editor)를 이용해 작은 블록을 설계하고 이것을 이용해 큰 블록을 설계하는 상향식 설계(bottom-up)를 했다. 하지만 설계해야 할 회로의 규모가 커지고 복잡해짐에 따라 이러한 방법은 한계에 도달하게 되었다. 따라서 알고리즘이나 기능 레벨에서 설계가 가능하도록 하는 하향식(top-down) 설계 방식의 HDL이 출현하게 되었다.

● 용어해설

- IEEE(Institute of Electrical and Electronics Engineers)
  미국 전기 전자 기술자 협회
- RTL
  register transter level
- GSI(Giant Scale Intergrated Circuit)
  초고밀도 직적 회로

표 III-1 IC 설계 환경의 변천

설계 단계	제1단계 (1960~1970년대)	제2단계 (1980년대)	제3단계 (1990년대)
설계 방법	트랜지스터 레벨의 배치도(layout) 설계(상향식 설계)	게이트나 RTL 레벨의 논리 설계	알고리즘이나 기능 레벨의 고급 설계(하향식 설계)
설계 도구	배치도(layout) 편집기	전자회로(schematic) 편집기	HDL과 합성기 (실리콘 컴파일러)
설계 범위	SSI, MSI(10^3 게이트 이하)	LSI, VLSI(10^3~10^5 게이트)	VLSI, GSI(10^5 게이트 이상)
설계 예	게이트, 카운터, 멀티플렉서, 가산기	마이크로프로세서, 주변 장치	고성능 마이크로프로세서, 실시간 영상 처리기

현재는 VHDL을 실제 회로로 만들어 주는 합성 도구(synthesis tool)의 발달로 설계자의 생각을 VHDL로 표현하면 합성 도구가 실제 회로로 전환시켜 준다.

② 배치도 설계 방법

대부분의 IC 칩들은 CMOS가 기본이고, 인버터가 가장 간단한 CMOS 회로이기 때문에 인버터를 사용하여 배치도를 설계해 보도록 하겠다.

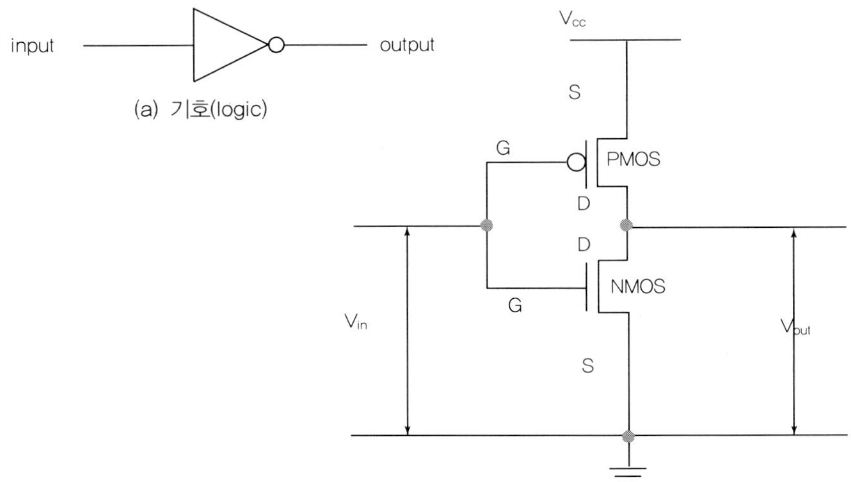

(a) 기호(logic)

(b) 전자 회로 설계도(schematic)

그림 III-1 인버터 기호 및 전자 회로 설계도

표 III-2 IC CMOS 소자 제조시 설계 요소

요소 성분	색상	저항	기판과 위치 관계	용도
금속 1		매우 낮음	상	전원과 신호선
금속 2		매우 낮음	상	전원선
다결정 실리콘		낮음	상	신호선, 트랜지스터 게이트
n형 확산		중간	하	신호선 트랜지스터 소스와 드레인
p형 확산		중간	하	신호선 트랜지스터 소스와 드레인
접 점		매우 낮음	상	신호 연결
비아(via)		매우 낮음	상	금속층 간의 연결
절연체	표시 없음	매우 높음	상	층간 절연 및 보호

인버터의 회로도부터 단계적으로 막대 배치도(stick layout)를 작성할 수 있다.

- 배선은 가느다란 선으로 표시
- 접점은 작은 정사각형으로 표시
- 색상은 동일하게 표시

구분	막대 배치도	마스크 배치도
1		
2		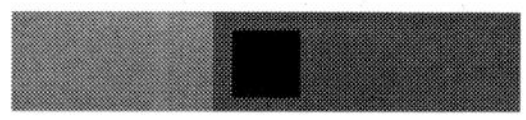

그림 III-2 인버터 기호 설계 방법

③ 트랜지스터 구조

고밀도 집적 회로(VLSI)의 배치도는 소자의 크기와 위치, 필요한 상호 연결을 결정하는 마스크의 설계로 구성되어 있다. 설계와 검사를 손쉽게 하기 위하여 필요한 각각의 독립된 마스크에 대하여 다른 색상을 사용한다. 확산대를 지나가는 다결정 실리콘은 트랜지스터 스위치를 만든다.

즉, 적색과 녹색의 교차점은 n형 트랜지스터가 만들어지고, 적색과 노란색의 교차점은 p형 트랜지스터가 만들어진다. 트랜지스터는 a 부호의 소스와 b 부호의 드레인, c 부호의 게이트의 3단자가 있다.

n형 트랜지스터는 게이트 전압이 높을 때에 동작하며, 기호로는 게이트에 원표시가 없다.

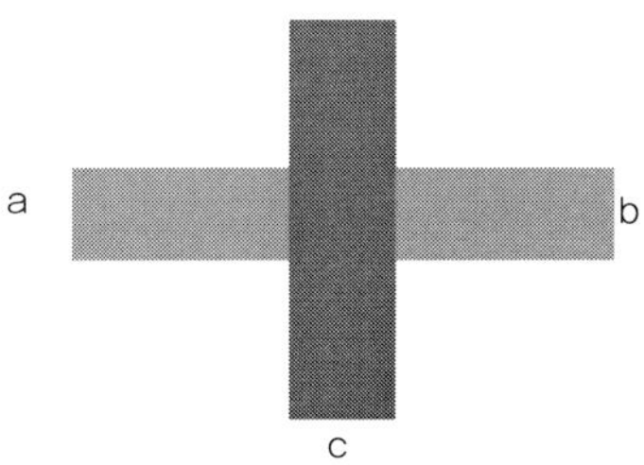

배치도

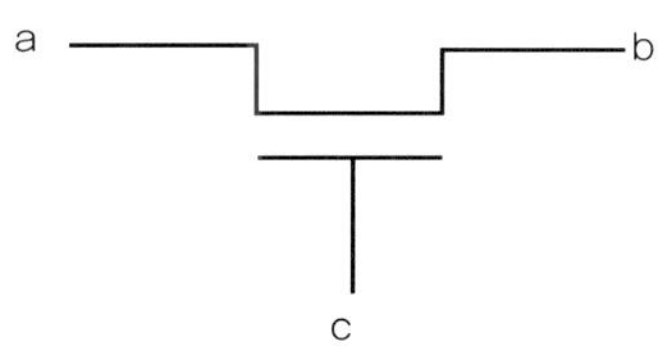

회로 기호

p형 트랜지스터는 게이트 전압이 낮을 때에 동작한다. 회로 기호는 게이트에 원표시가 있다.

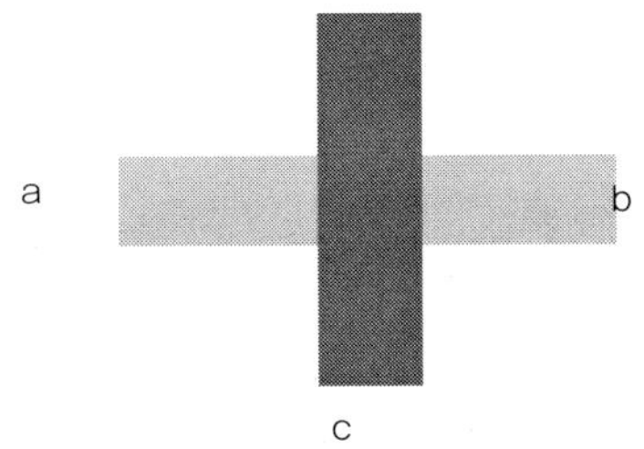

배치도

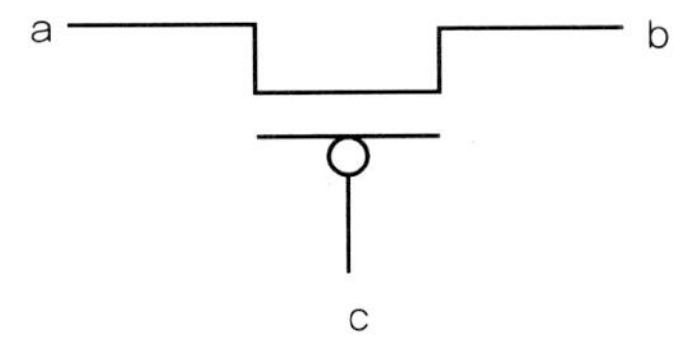

회로 기호

CMOS … 인버터 배치도 설계 방법

인버터 전자 회로도(schemetic)

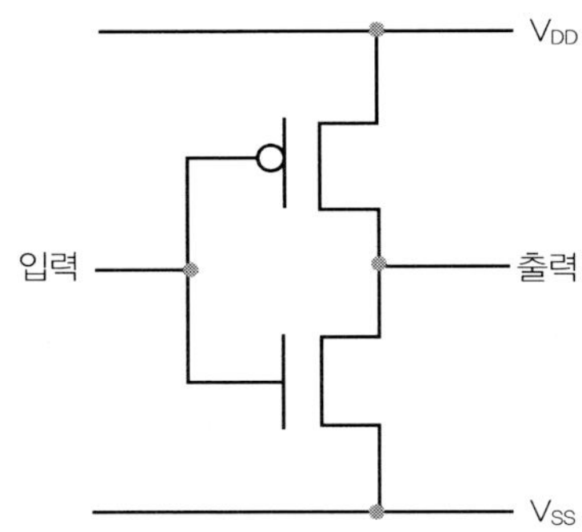

1. 두 수평 배선은 V_{SS}와 V_{DD}를 연결하기 위해 사용된다. 일반적으로, 금속 2가 사용되며 금속 1도 사용할 수 있다.

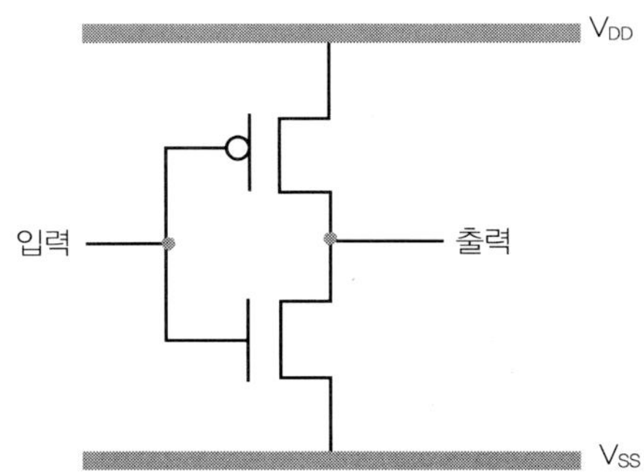

2. 두 수직선상의 선은 p형 트랜지스터(노란색)와 n형 트랜지스터(녹색)를 나타낸다.

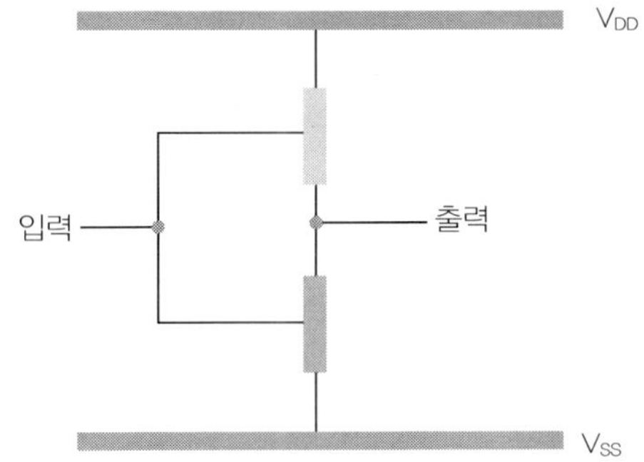

3. 트랜지스터의 게이트(입력)는 다결정 실리콘 배선으로 입력과 연결된다.

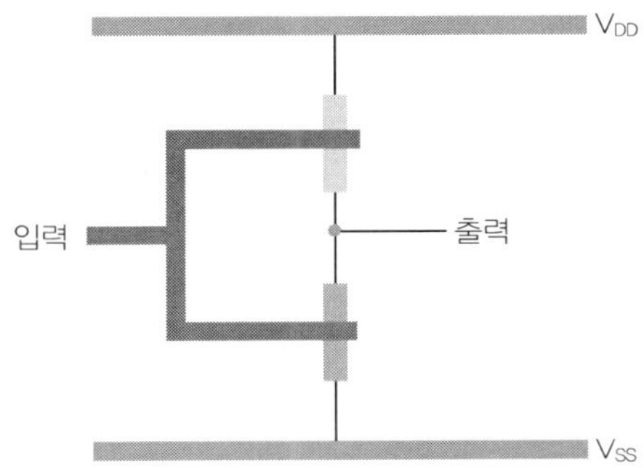

4. 두 트랜지스터의 드레인은 금속 1로 배선하여 출력에 연결된다.

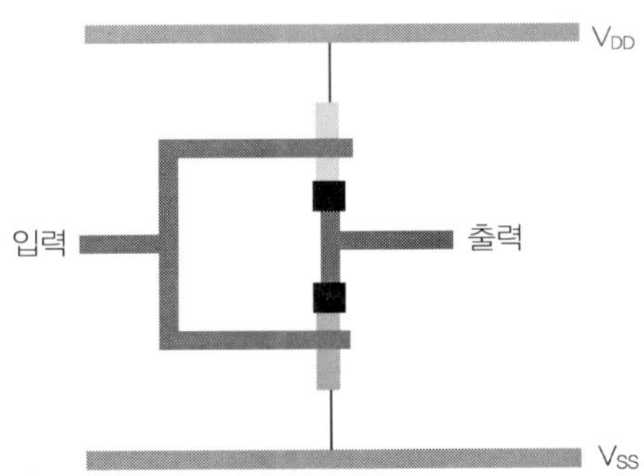

● 용어해설

V_{DD} 또는 V_{CC}
전원(공급) 전압

V_{SS}
V_{DD}의 그라운드(접지 전원)

5. 두 트랜지스터의 소스는 금속 1로 연결하여 V_{SS}와 V_{DD}에 연결된다.

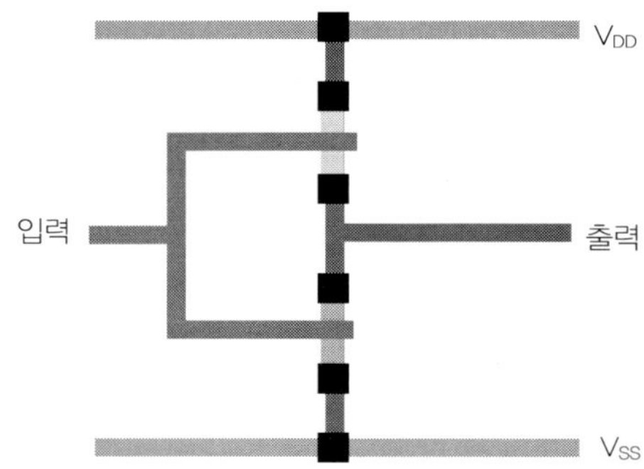

6. 막대 배치도(stick layout)(금속 1이 금속 2 대신 V_{SS}와 V_{DD} 연결에 사용됨)

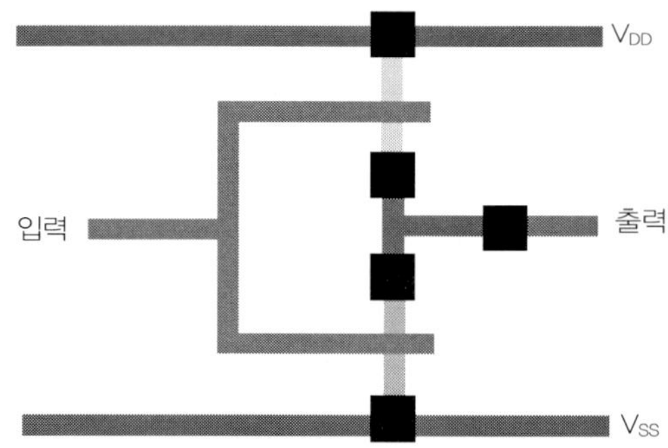

7. 마스크 배치도(layout)

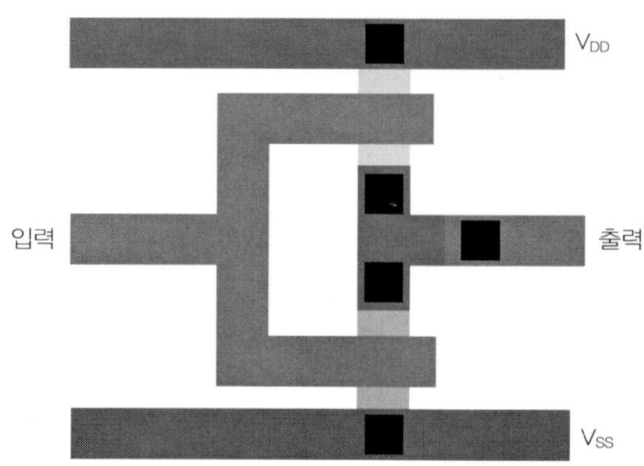

그림 III-3 인버터 배치도 설계

2. 마스크 제작 실습

실습 목적

전자 설계 자동화(EDA) 소프트웨어로 만들어진 배치도(layout) 이미지를 유리 기판 위에 형상화시키는 방법을 익힌다.

실습 재료

배치도 이미지, 유리 기판, PR

실습 기기

스텝퍼

안전 및 유의사항

① 배치 이미지를 먼저 이해하고 제작에 임한다.
② 정렬을 위한 마크도 고려해서 제작한다.

관계지식

IC 설계가 끝나면 전자 설계 자동화(EDA) 소프트웨어로 만들어진 배치도 이미지는 크롬 도금된 석영 유리에 인쇄된다. 컴퓨터로 제어되는 레이저 빔은 배치도 이미지를 PR가 도포된 크롬 도금 석영 유리 표면에 투사하게 된다. 광자는 광화학 반응에 의하여 노광된 PR의 화학적 성질을 변화시킨다. 이것은 현상 용액에서 용해되어 없어진다. 따라서 배치도의 이미지는 크롬이 도금된 석영 유리에 전사되게 된다. 전자 빔은 UV보다 파장이 짧기 때문에 높은 해상도의 정밀한 이미지를 얻을 수 있다. 크롬 도금된 석영 유리의 이미지가 웨이퍼 전체를 한 번에 전사할 수 있으면 마스크라고 부르고, 웨이퍼의 일부를 전사하고 반복 작업을 통해 전체 웨이퍼에 전사가 되는 것을 레티클(reticle)이라고 한다. 레티클은 큰 이미지를 가지며 4 : 1, 5 : 1, 10 : 1의 비율로 축소해서 웨이퍼에 투영시킨다. 이러한 작업을 하는 장비를 스텝퍼(stepper)라 한다. 스텝퍼는 해상도 가 높은 장점이 있어 첨단 반도체 제조 공정에서 많이 사용된다. 또, 레티클에 오염된 불순물들이 있어도 축소 투영되기 때문에 불량이 감소하게 된다.

사진 석판 기술에서는 해상력을 높이기 위해 우선 광원 파장이 i-line(365 nm),

KrF(248 nm)에서 ArF(193 nm), CaF(157 nm) 등으로 점점 짧아지고 있으며, 렌즈의 구경(NA ; numerical aperture)도 0.6 nm, 0.7 nm, 0.8 nm 등으로 크게 하고 있다.

그러나 파장을 짧게 하고 렌즈의 구경을 크게 하면 초점 심도가 깊지 않아 실용적인 해상력이 한계점에 이른다. 이러한 노광 장비에서 오는 한계를 극복하여 디자인 룰(design rule) 0.18 μm, 0.15 μm, 0.13 μm 수준의 반도체 양산에 주목받기 시작한 기술이 바로 위상 변이 마스크(phase shift mask)를 활용한 사진 석판 기술이다.

위상 변이 마스크는 기존의 일반 마스크 기판에 위상 반전층을 형성하여 이 부분을 투과한 빛의 위상(phase)을 반전 또는 변이시킴으로써 해상력을 높이고자 만든 것이다.

실습 방법 …

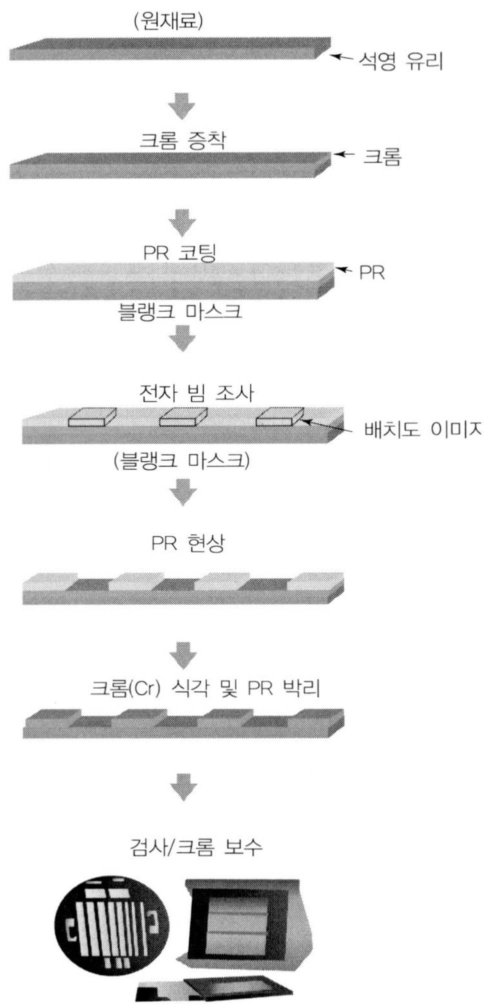

그림 III-4 마스크 제작 방법

● 용어해설

블랭크 마스크(blank mask)
패턴이 형성되기 전에 석영 위에 Cr과 포토레지스트 가 코팅된 것.

조사(irradiation)
전자 빔 또는 레이저를 사 용하여 마스크 위의 PR에 패턴을 전사하는 공정

PR 현상
전사된 PR를 형상화하는 공정

크롬(Cr) 식각 및 PR 박리
현상 후 생성된 PR 패턴을 막으로 하여 Cr을 식각한 후 남은 PR를 제거

검사/Cr 보수
PR 스트립 및 세정을 실시한 후 마스크 상의 결함을 검사하여 이를 보수하면 최종 마스크(mask)가 완성 된다.

3. 웨이퍼 가공 실습

웨이퍼를 필요한 크기로 절단하는 방법을 익힌다. … **실습 목적**

웨이퍼, 핀셋, 웨이퍼 집게, 에어 스포이드, 알루미늄 포일, 자, 다이아몬드 팁(tip), 격자 용지, 유산지, 보호 장갑, 앞치마, 보안경 … **실습 재료**

… **안전 및 유의사항**

① 웨이퍼를 다루는 동안은 항상 장갑을 착용한다.
② 웨이퍼의 전면에 흠집이 생기지 않도록 항상 고무 매트 위에서 깨끗한 와이퍼(종이)를 깔고 작업을 한다.
③ 모든 가공은 웨이퍼 플랫 면에 수평 또는 수직으로 실시하여 벽개면을 따라 절단되도록 한다.
④ 웨이퍼는 파손시 산산이 조각나기 때문에 장갑과 보안경을 착용해야 한다.

… **실습 방법**

① 웨이퍼는 항상 깨끗한 와이퍼 위에 앞면이 밑으로 가도록 하여 위치시켜 뒷면이 위쪽에 오도록 한다.
② 뾰족한 다이아몬드나 초경(WC) 팁으로 웨이퍼의 플랫에 수직 또는 수평으로 선을 그어 흔적을 만든다.
③ 그은 선의 한쪽을 바닥에서 이격시킨 후 충격을 주면서 두드려(눌러) 웨이퍼를 두 조각으로 절단한다.

4. 초기 웨이퍼 세정 실습

실습 목적 … 웨이퍼 표면의 이물질을 제거하기 위한 세정 방법을 익힌다.

실습 재료 … 트리클로로르에틸렌(TCE), 아세톤, 메탄올, 황산, 불산(HF), 과산화수소(H_2O_2), 탈이온수(D. I. water), 질소(N_2), 웨이퍼용 핀셋(wafer tweezers), 비커(600 mL)

실습 기기 … 핫플레이트, 초음파 세척기, 후드(hood)

안전 및 유의사항 …

① 이 실습은 600 mL의 비커에서 2" 웨이퍼를 세정하기 위한 것으로 크기가 다른 경우에는 실습 방법에서 사용되는 시약의 양을 가감할 필요가 있다.

② 초기 세정용이라고 적혀 있는 전용 실험 비품을 사용한다.

③ 시약과 수용액을 취급할 때에는 보호구(앞치마, 앞면 보호대, 장갑)를 착용해야 한다.

④ 고농도의 강산(HF, HCl), 강알칼리(NH_4OH)와 과산화수소(H_2O_2)는 심한 화상을 일으킬 수 있다.

⑤ 수용액을 혼합하거나 취급할 때에는 항상 후드(hood) 내에서 작업하여 인체에 해가 없도록 한다. 불산(HF)과 황산을 취급할 때에는 특별히 화상에 주의해야 한다.

⑥ 산과 용매(solvent)는 혼합하지 말고, 동일한 핫플레이트에서 함께 가열하지 말아야 한다. 갑작스럽게 증기가 서로 반응하는 경우가 있다.

⑦ 시약은 천천히 붓고 정확한 시약인지 확인한다. 항상 물에 산을 붓는 방식으로 수용액을 제조해야 하며, 산에 물을 부어서는 절대로 안 된다.

⑧ 특별한 내용이 없으면 사용된 시약은 동일한 이름의 폐수 통에 천천히 붓는다(적어도 산, 용매 등의 동일 유형의 통에 붓는다). 부득이한 경우는 사용된 시

약의 빈병을 세정하여 사용하고 위험 물질(시약명)이라고 표기한다.

⑨ 아세톤이나 다른 용매를 과산화수소 용액과 함께 동일한 핫플레이트에서 가열하면 절대로 안 된다. 가열된 용매의 증기는 매우 발화성이 높으며 가열된 과산화수소 용액은 많은 양의 산소를 공급하여 폭발이나 화재의 위험이 있다.

⑩ 과산화수소 수용액은 차가운 상태에서도 다량의 가스를 발산하며 급격하게 분해하므로 후드 내에서 각 단계마다 사용 전에 바로 혼합하여 사용해야 한다. 이러한 용액은 수명이 상온에서는 1일 이내이고, 가열된 경우에는 30분도 되지 않기 때문에 후드 내에 저장할 필요가 없다. 폐기시에는 많은 양의 수돗물을 배수구에 같이 흘려보낸다.

… **실습 방법**

① 웨이퍼의 표면에 지문이나 다른 이물질이 심하게 묻어 있으면 TCE를 묻힌 면봉으로 깨끗하게 닦는다(새 웨이퍼는 보통 이 단계는 생략할 수 있다).

② 따뜻한 TCE 용액에 5분 동안 담근다(새 웨이퍼는 상온에서도 가능하다).

③ 아세톤에 5분 동안 담가서 TCE 잔류물을 제거하고 유기물을 세정한다.

④ 메탄올에 5분 동안 담가서 아세톤의 잔류물을 제거한다.

⑤ 탈이온수를 이용해 여러 번 세정한다.

6~8단계는 용제 세정과 전 공정에서 남아 있는 유기 이물질을 제거하기 위한 것이다.

⑥ $H_2O/H_2O_2/NH_4OH$(5 : 1 : 1)의 용액을 준비한다.
65 mL의 NH_4OH(27%)와 325 mL의 탈이온수 혼합물을 핫플레이트에서 70±5℃로 가열한다. 비커를 핫플레이트에서 내리고 65 mL의 H_2O_2(30%)를 첨가한다. 1~2분 후 심하게 거품이 발생한다.

⑦ 위 용액에 15분 동안 담근 후, 탈이온수로 비커 내에서 몇 차례 씻는다.

⑧ 흐르는 물(unbroken water)에서 웨이퍼를 꺼내면 유기물을 웨이퍼 표면에 다시 오염시킬 수 있다.

9~12단계는 '암모니아수와 과산화수소' 세정시에 생긴 얇은 산화막을 제거하기 위한 것이다.

⑨ 수파 실험(water break test)을 통하여 웨이퍼의 표면이 친수성(표면 위에 물을 부으면 전면이 젖게 됨)인지를 확인한다.

⑩ 25 mL의 49% 불산(HF)과 475 mL 탈이온수를 혼합하여 2.5%의 묽은 불산 용액을 준비한다. 불산은 유리질을 식각하므로 항상 폴리프로필렌 재질의 비커와 눈금이 있는 메스실린더를 사용한다.

⑪ 1분간 웨이퍼를 위에서 만든 묽은 불산 용액에 담근다.

⑫ 탈이온수로 수세하고 수파 실험(water break test)을 통하여 웨이퍼의 표면이 다시 소수성(표면 위에 물을 부으면 전면이 젖지 않음)인지를 확인한다. 실리콘은 소수성이고 산화실리 콘은 친수성이다.

13~15단계는 이온과 금속성 이물질을 제거하기 위한 것이다.

⑬ $H_2O/H_2O_2/HCl$(4:1:1)의 용액을 준비한다.

a) 65 mL의 HCl(37%)과 260 mL의 탈이온수 혼합물을 70±5℃로 가열한다.

b) 비커를 핫플레이트에서 내리고 65 mL의 H_2O_2(30%)를 첨가한다.

⑭ 위 용액에 웨이퍼를 15분 동안 담그고 탈이온수로 수세한다.

⑮ 수파 실험(water break test)을 통하여 웨이퍼의 표면이 다시 친수성(표면 위에 물을 부으면 전면이 젖게 됨)으로 되었는지 확인한다. 그렇지 않으면 13번부터 다시 시작한다.

⑯ 흐르는 탈이온수로 웨이퍼를 수세한다.

⑰ 건조된 질소가스로 웨이퍼를 건조시킨다.

5. 공정 중 웨이퍼 세정 실습

… 실습 목적

공정 중간에 웨이퍼 표면의 이물질을 제거하기 위하여 실시하는 세정 방법을 익힌다.

… 실습 재료

아세톤, 이소프로필알코올, 탈이온수(DI water), 웨이퍼용 핀셋(wafer tweezers), 비커(600 mL)

… 실습 기기

초음파 세척기

… 안전 및 유의사항

① 세정액은 몇 차례 다시 사용할 수 있다.
② 용액이 오염되지 않도록 동일한 용기를 항상 사용한다.
③ 유기 용제가 부족하여 다시 교체할 때에는 사용한 용제는 적절한 용기에 넣어서 처리한다.
④ 유기 용제를 배수구에 버려서는 안 된다.
⑤ 실험실 내의 모든 비커들은 정확하게 라벨을 붙인다.

… 실습 방법

① 웨이퍼를 홀더에 위치시키고 아세톤이 들어 있는 비커에 담근다.
② 초음파 세척기에 비커를 넣고 5분 동안 세척한다.
③ 이소프로필알코올이 들어 있는 비커에 시편 홀더를 넣고 5분 동안 초음파 세척을 한다.
④ 흐르는 탈이온수에서 수세한다.
⑤ 질소 건(gun)을 사용하여 건조시킨다.

6. 회전 도포 실습

실습 목적 … 회전 도포기를 사용하여 웨이퍼 표면 위에 포토레지스트를 도포하는 방법을 익힌다.

실습 재료 … PR(포토레지스트)

실습 기기 … 회전 도포기

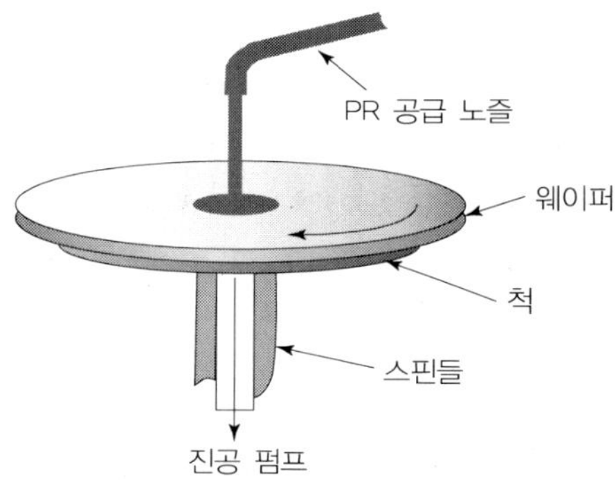

그림 III-5 회전 도포기(spinner)

안전 및 유의사항 …

① 실험실이 밀폐되어서는 안 된다.

② PR 용액도 자극성이 강할 뿐만 아니라 식각 과정에 사용되는 불산은 호흡기 계통에 치명적 인 영향을 끼칠 수 있다.

③ 노광기의 광원은 자외선이므로 외부에 노출되지 않도록 한다.

④ 회전 도포기 사용시 주위 환경에 유의한다.

⑤ 식각시에는 반드시 후드(hood) 시설을 사용한다.

⑥ PR나 식각 용액 및 세정 물질 등이 몸에 묻지 않도록 주의한다.

⑦ 회전 도포기의 회전 속도와 도포 두께는 사용하는 PR 참고 자료에 따른다.

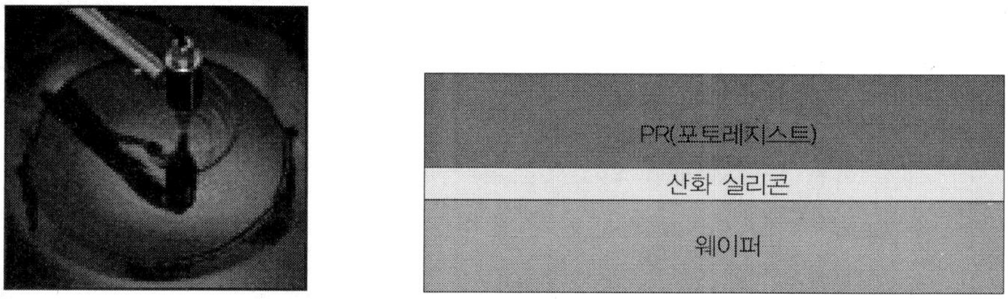

(a) 도포 장면 (b) PR 도포 단면

그림 III-6 회전 도포 공정

… **관계지식**

PR 코팅의 목적은 표면에 적당한 두께의 PR를 입히는 것이다. 액체는 보통 담그거나 뿌리거나 굴려서 입히는 데 가장 적합한 방법으로 회전 도포기를 이용한다.

PR는 빛이나 방사선, 열 등 여러 형태의 에너지에 노출되었을 때에 내부 구조가 바뀌는 특성을 가진 혼합물이다. 양성 PR는 노발락(NOVALAC) 수지가 카르복실산으로 변화하여 광연화 또는 광 용융화 되는 것이다. 음성 PR는 광경화 또는 광고분자화에 의해 화학적으로 안정한 막을 형성한다. PR는 복사업계에서 쓰여 왔는데, 1920년에 인쇄 회로 기판업계에서 먼저 응용하기 시작했다. 반도체 산업은 1950년대에 웨이퍼 공정에 이 기술을 적용시켰다. 반도체에 쓰이는 PR는 Eastman Kodak 회사에서 최초로 개발되었다.

1950년대 말, KPR와 KMER 등의 음성(negative) PR가 만들어졌다. 비슷한 시기에 Shipley 회사에서는 양성(positive) PR를 만들었다. 그 뒤에 더 미세한 패턴을 균일성 있고 공정에 너무 민감하지 않게 형성할 수 있는 PR를 개발하면서 많은 회사들이 시장에 뛰어들었다. PR는 패턴 크기나 공정을 생각하지 않고는 선택할 수 없다. 한 번 공정이 설정되었으면 PR를 바꿀 때에는 충분한 테스트가 선행되어야 한다.

표 III-3 원소의 구성과 질량

PR 성분	기 능
다중체(polymer)	에너지에 반응하여 구조를 바꾼다(고분자화 또는 광분해).
용제(solvent)	박막을 회전 도포법으로 도포할 수 있게 다중체 분자를 분리한다.
감응제(sensitizer)	노광되었을 때, PR의 광화학적 반응을 일으키고 조절한다.

… **실습 방법**

① 새 웨이퍼를 사용하여 작업할 때에는 초기 세정을 실시한다.
② 웨이퍼를 탈수 베이크한다.
③ 회전 도포기용 진공 펌프를 작동시킨다.

④ 회전 도포기에 전원을 넣는다.

⑤ 회전축에 적당한 크기의 진공 척을 설치한다.

a) 웨이퍼보다 척이 커야 한다.

b) 척은 회전 도포기에서 위쪽으로 당기면 빠진다.

c) 새 척은 축에 올려놓고 위에서 아래로 수직 방향의 힘을 가하면 고정된다.

d) 척 안쪽에 있는 O-링은 이탈되지 않고, 정 위치에 있도록 해야 한다.

⑥ 웨이퍼는 척의 중심에 무게 중심이 일치하도록 해야 한다.

⑦ 진공 버튼을 눌러 진공을 건다.

a) 척에 웨이퍼를 안정되게 고정한다.

b) 기판이 최종 회전 속도까지 빨리 도달하도록 한다.

c) 회전 도포 후, 기판이 천천히 감속되도록 한다.

⑧ 시작 버튼을 누르고 속도 노브를 시계 방향으로 천천히 돌려 기판이 척의 중앙에 오도록 한다.

⑨ a. 만일 기판이 요동하거나 중앙에 오지 않으면

i) 리셋 버튼을 눌러 정지시킨다.

ii) 진공 버튼을 눌러 진공을 해제한다.

iii) 요동이 없도록 기판을 재설치한다.

iv) 7단계로 가서 계속 진행한다.

b. 만일 기판이 요동 없이 정확하게 위치한다면 속도를 높여 적당한 회전 속도까지 올린다.

⑩ 리셋 버튼을 눌러 정지시킨다.

⑪ 가속 노브와 감속 노브를 반시계 방향으로 완전히 돌려 원위치시킨다.

a) 가속을 천천히 해서 PR가 급속하게 기판에서 이탈되는 것을 방지한다.

b) 감속을 느리게 하여 갑작스런 정지로 PR가 뭉치는 것을 방지한다.

⑫ 회전 도포 시간을 설정한다(PR에 따라 별도로 주어진다).

⑬ PR를 기판 중앙에 스포이드를 이용하여 도포한다.

⑭ 시작 버튼을 누른다(PR가 튀어나오는 것을 방지하도록 덮개를 덮는다).

⑮ 리셋 버튼을 눌러 진공을 해제한다.

⑯ a) 6번부터 시작하여 다른 기판을 작업한다.

b) 모든 작업이 종료되었으면 회전 도포기의 전원과 진공 펌프의 전원을 끈다.

7. 진공 탈수 베이크 실습

… 실습 목적

웨이퍼 표면의 수분을 증발시켜 PR의 밀착력을 좋게 하는 진공 탈수 베이크 방법을 익힌다.

… 실습 재료

웨이퍼, 웨이퍼 집게

… 실습 기기

진공 오븐(oven)

… 안전 및 유의사항

① 200±5℃에서 사용할 수 있는 전용 오븐을 사용한다.
② 사용 전에 진공 상태에 있지 않았다면, 진공 상태에서 온도를 안정화시킨 다음, 작업을 시작한다.
③ PR 공정과 웨이퍼 준비(산화, 증착) 공정 사이에 작업이 중단되었을 경우, 탈수 공정은 반드시 실시해야 한다.

… 실습 방법

① 오븐의 진공 밸브를 잠그고 배기(vent)시켜 대기압이 되면 문을 연다.
② 웨이퍼의 앞면이 위로 오도록 오븐 내에 설치한다.
③ 다시 문을 닫고 배기 밸브를 잠그고 진공 펌프를 작동시켜 오븐을 진공 상태로 한다.
④ 약 380 Torr(0.5 atm)의 기압으로 배기한 후, 밸브를 잠그고 오븐을 진공 상태에서 외기와 차단한다.
⑤ 웨이퍼를 200℃에서 30분 동안 베이크한다.
⑥ 베이크 후에 진공을 풀어 오븐의 문을 열고 핀셋으로 웨이퍼를 꺼낸다.

8. 소프트 베이크 실습

실습 목적 … PR에 포함된 용제의 양을 감소시켜 변형에 대한 강도와 밀착력을 향상시키는 방법을 익힌다.

실습 재료 …

구 분	PR 품명	PR 형태
A	microposit S 1800	양성
B	microposit S 1600	양성
C	OGC SC	음성
D	OGC HNR-120	음성

실습 기기 … 핫플레이트(hot plate), 오븐(oven)

안전 및 유의사항 …

① 노의 열에 의한 화상에 주의한다.

② 가열 온도와 시간을 정확하게 지킨다.

관계 지식 … 소프트 베이크는 PR의 용제를 증발시키는 열처리 공정이다. 용제를 증발시키는 이유는 세 가지이다. 첫째, 용제가 PR에 남아 있으면 폴리머의 노광에 의한 화학 반응이 방해를 받는다. 둘째, PR가 웨이퍼 표면에 잘 붙게 하기 위함이다. 이는 페인트가 마른 후에 표면에 붙게 되는 것과 같은 원리이다(90℃의 오븐에서는 약 10분 정도 베이크하면 된다). 이때 부피는 10% 정도 감소된다. 셋째, 감응제(PAC)를 작용시킨다.

실습 방법 …

① 회전 도포법에 의해 PR가 도포된 웨이퍼를 준비한다. 이때 이물질이나 공기 방울이 없어야 한다. 그렇지 않은 경우는 PR를 박리시키고 탈수 베이크를 실시하고 다시 작업을 시작한다.

② 오븐에 장입한다.

③ 오븐 문을 닫는다.

④ PR의 종류에 따라 다음과 같은 온도와 시간에서 베이크를 한다.

구분	PR 품명	온도	설정 시간
A	microposit S 1800	90~100℃	30 min
B	microposit S 1600	90~100℃	30 min
C	OGC SC	90~100℃	25 min
D	OGC HNR-120	90~100℃	25 min

⑤ 설정된 시간이 경과하면 웨이퍼를 꺼내고 문을 닫는다.

⑥ 다음 공정으로 웨이퍼를 보낸다.

9. 포토마스크 세정 실습

실습 목적 … 보관 중인 포토마스크를 재사용하기 위해 오염된 이물질을 세정하는 방법을 익힌다.

실습 재료 … 면봉, 이소프로필알코올, 탈이온수, 세정 용액(Kodak photo Flo), 웨이퍼용 핀셋, 비커

안전 및 유의사항 …

① 화학 약품의 취급시에는 인체에 묻지 않도록 주의한다.

② 사용한 화학 약품은 지정된 용기에 넣어 보관한다.

실습 방법 …

① 이소프로필알코올(2-propanol) 용액을 준비한다.

② 탈이온수가 반쯤 채워져 있는 비커에 세정제(Photo Flo 200)를 몇 방울 첨가하여 세정 용액(Kodak photo Flo)을 만든다(Photo Flo 200 : 탈이온수 = 1 : 200).

③ 마스크를 2분 동안 흐르는 탈이온수에 수세한다.

④ 마스크를 10분 동안 이소프로필알코올(2-propanol)에 담근다.

⑤ 마스크를 2분 동안 흐르는 탈이온수에 수세한다.

⑥ 세정 용액(Photo Flo)에 2분 동안 마스크를 담근다.

⑦ 면봉을 세정 용액에 담그고 마스크의 양쪽 면을 문질러 깨끗하게 닦는다.

⑧ 세정 용액에 2분 동안 마스크를 담근다.

⑨ 마스크를 5분 동안 흐르는 탈이온수에 수세한다.

⑩ 질소 건(gun)으로 마스크를 건조시킨다.

10. 마스크 정렬과 노광 실습

마스크 정렬과 노광을 통해 마스크의 형상(패턴)이 웨이퍼 위에 도포된 PR층에 형성시키는 방법을 익힌다. … **실습 목적**

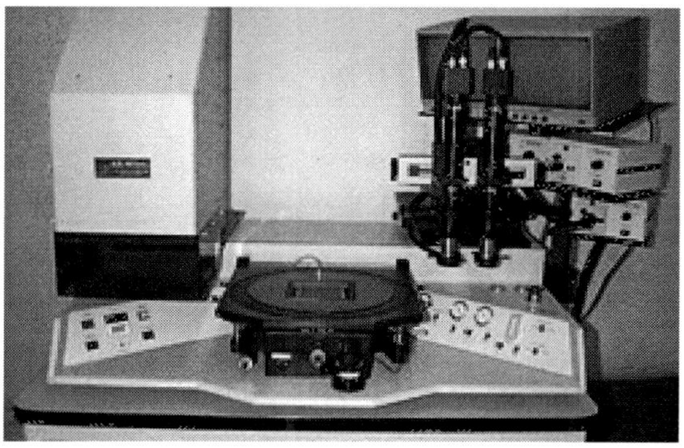

그림 III-7 마스크 정렬기

마스크, PR 도포 웨이퍼, 웨이퍼 집게 … **실습 재료**

마스크 정렬기(Kasper 2001 mask aligner) … **실습 기기**

① 실험실의 모든 빛을 노란색 셀로판테이프를 이용하여 차단한다.
② 창문에서 빛이 새어 들어오지 못하도록 테이프를 잘 붙인다.
③ 형광등이나 기타 조명을 이용할 경우에는 조명등을 셀로판테이프로 감싸서 노란색 빛만 나오도록 한다.

정렬과 노광은 두 가지 목적의 공정이다. 한 가지 목적은 마스크에 웨이퍼를 정확히 정렬시키는 것이고, 다른 한 목적은 정렬 후에 마스크를 통해 PR 막에 적절한 노 … **관계지식**

광을 하여 선택적으로 고분자화하기 위한 것이다. 이 두 공정의 결과로 마스크의 패턴이 PR 위에 옮겨진다.

① 노광 방법

접촉형(contact)–웨이퍼가 마스크에 밀착되어서 노출과 복사의 회절을 줄이게 되어 마스크 패턴을 정확히 전달할 수 있는 장점이 있지만, 밀착으로 인하여 마스크와 PR층이 손상을 입을 수 있다. 이 경우는 5 μm 이상의 회로에 적합하다.

근접형(proximity)–마스크가 웨이퍼 10~250 μm 정도 가까이 가지만 닿지는 않는다. 이 방법은 마스크 주변에서의 빛의 회절 때문에 5 μm 이상의 패턴에 적합하다. 따라서 간격이 좁을수록 해상도가 높다.

투사형(projection)–마스크나 PR에 손상이 없고, 마스크의 수명이 길며 마스크를 갈아줄 필요가 없다는 장점을 가지고 있다.

스텝퍼(stepper)–레티클의 큰 이미지를 4 : 1~10 : 1 정도로 축소 투영하는 자동 정렬 노광 장치라고 할 수 있다.

② 노광 광원

- 자외선(UV) : G–Line(436 nm), H–Line(406 nm), I–Line(365 nm)
- DUV(deep ultraviolet) : KrF(248 nm) → ArF(193 nm) → CaF(157 nm)
- E–beam
- X–ray

일반적으로 노광 광원의 파장이 짧으면 해상도(분해능)는 더 좋다.

실습 방법 …

① 실험실은 노란 테이프를 이용하여 다른 빛은 대부분 차단한다.

② 웨이퍼는 가능하면 손상이 작은 것을 사용하고, 회전 도포기에 맞는 크기로 웨이퍼를 절단한다.

③ PR의 경우에는 AZ1512 200 mL와 물 200 mL를 혼합하여 코팅 용액을 만들고, 미리 가열시켜 놓은 120℃ 오븐에서 8분간 베이크한다.

④ 노광을 실시한다. 노광에 있어서는 두 가지 방법을 이용한다. 하나는 스텝퍼를 이용하여 $\frac{1}{4}$로 축소된 상을 얻어내기 위해 실시하며, 다른 하나는 접촉(contact)으로 마스크와 웨이퍼를 밀착시킨 후 수은 등에 직접 노광시킨다.

⑤ 현상한다. 현상액은 1 : 1의 희석 비율을 이용한다. 현상에 있어서 가장 중요한 것은 용액의 온도이다. 상온에서는 적어도 15분 정도 지나야 현상을 확인할 수 있고, 온수에서는 3분 정도 지나면 상이 나타난다.

⑥ 현상 후 세척을 하고 포스트 베이크의 시간은 110℃에서 8분 이상 실시한다.

⑦ 식각 용액에 담가서 패턴을 각인시킨다.

⑧ 육안 및 현미경으로 패턴의 정밀도를 측정하고 분석한다.

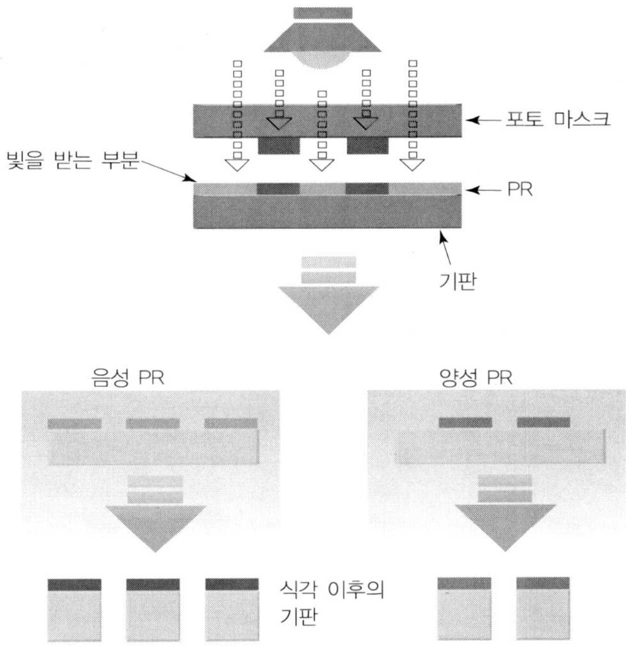

그림 III-8 사진 공정

11. PR 현상 실습

실습 목적 … 마스크 패턴에 의해 노광된 부분의 PR(양성, 음성)를 선택적으로 제거하여 웨이퍼 위의 PR층을 형상화하는 방법을 익힌다.

실습 재료 … 현상제(Microposit MF-319), 웨이퍼 집게, 비커

실습 기기 … 광학 현미경

안전 및 유의사항 …

① 현상제(Microposit MF-319)는 테플론 재질의 비커에서 사용하면 안 된다.

② 현상 시간이 길면 노광 시간이 짧아도 되고, 현상 시간이 짧을수록 노광되지 않은 부분의 침식이 적다.

관계 지식 …

① 현상(development)

정렬 및 노광 후에 마스크에 있던 패턴에 의해 PR층은 고분자화된 부분과 안 된 부분으로 구 분되어 PR층에 옮겨지게 된다. 다음 단계는 PR 중 고분자화가 안 된 부분을 제거하는 것이다. 음성(negative)과 양성(positive) PR 현상액은 다르다. 정렬 및 노출 후에 음성(negative) PR는 노광된 부분이 다중체로 바뀐다. 현상액은 고분자화된 부분을 용해하지 못하지만, 나머지 부분은 용해시킨다. 양성(positive) PR는 이와 반대이다. 경우에 따라서는 현상 전에 PR의 유동점 이하 온도의 핫플레이트에서 포스트 베이크를 30초 동안 실시한다. 이러한 포스트 베이크의 목적은 잔류 휘발분을 제거하고 밀착력을 더 견고하게 하며 측면과 표면을 균일하게 하기 위한 것이다.

② 현상 방법

침적(Immersion)과 분사(spray)법이 있다. 침적의 경우에는 현상액 용기와 세척액 용기를 나란히 설치하고 현상액에 웨이퍼를 담근 후, 세척액에 담갔다가 건조시키면 된다. 분사법의 경우에는 PR를 코팅할 때처럼 설치하고 PR 대신 현상액과 세척액을

웨이퍼에 분사시킨다.

③ 검사

검사의 목적은 수율이 낮을 것 같은 웨이퍼를 골라내는 것이다. 이 시점에서 결함이 발견된다면 PR를 제거하고 다시 공정을 할 수 있게 된다. 이것은 결함이 치명적이지 않고 재작업이 가능한 경우에만 한다. 검사 과정으로는 나안 검사를 한 후, 현미경 검사를 통해서 현상 패턴을 자세히 관찰하여 목적하는 크기의 패턴이 나왔는가를 확인하는 것이다. 포토마스킹의 목적이 마스크 패턴을 PR 표면에 정확히 옮기는 것이기 때문에 가장 중요한 작업이다.

… 실습 방법

① 비커에 MF-319 현상제를 준비한다.
② 웨이퍼 홀더에 웨이퍼를 설치한다.
③ 현상제에 웨이퍼 홀더를 담근다. 서서히 지속적으로 교반하고 40~60초간 진행한다.
④ 2분 동안 흐르는 탈이온수에 수세한다.
⑤ 질소가스로 건조시킨다.
⑥ 현미경으로 PR 패턴을 관찰한다.
⑦ 노광된 PR가 잔존하면 5~15초 동안 현상을 반복한다.
⑧ 2분 동안 탈이온수로 수세하고 현미경으로 다시 관찰한다.

12. 하드 베이크 실습

실습 목적 … PR 중의 잔류 용제를 증발시켜 밀착력을 향상시키고 막의 경도를 높여 식각 용액에 대한 내구성을 향상시키는 방법을 익힌다.

실습 재료 …

구분	PR 품명	PR 형태
A	Microposit S 1800 series	양성 PR
B	Microposit S 1600 series	양성 PR
C	OGC SC	음성 PR
D	OGC HNR-120	음성 PR

실습 기기 … 핫플레이트

안전 및 유의사항 … PR의 밀착력은 시간이 경과함에 따라서 감퇴되므로 하드 베이크 후, 4시간 내에 식각이나 도금 공정이 완료되어야 한다.

실습 방법 …

① PR가 현상된 웨이퍼를 준비한다(만약 재작업이 필요하면 PR 박리와 탈수 베이크 공정으로 보낸다).

② 오븐 내에 웨이퍼의 전면이 위쪽으로 오도록 장입한다.

③ 오븐의 문을 닫는다.

④ 아래의 온도와 시간에 따라 베이크한다.

구분	PR 품명	온도	설정 시간
A	Microposit S1800	100℃~110℃	30 min
B	Microposit S1600	110℃~120℃	30 min
C	OGC SC	140℃~150℃	20 min
D	OGC HNR-120	140℃~150℃	20 min

⑤ 설정된 시간이 되면 웨이퍼를 꺼내고 오븐의 문을 닫는다.

⑥ 다음 공정으로 웨이퍼를 넘긴다.

13. 실리콘 식각 실습

… 실습 목적

PR에 의해 마스킹되지 않은 부분을 식각 용액을 사용하여 식각하여 목적하는 패턴을 완성시키는 방법을 익힌다.

… 실습 재료

식각 용액, 마스킹된 웨이퍼 또는 금속, 비커, 웨이퍼 집게

… 실습 기기

광학 현미경

… 안전 및 유의사항

① PR 자체가 완전히 제거되어야 한다.
② 웨이퍼 표면이나 기판을 손상시켜서는 안 된다.
③ 실리콘의 경우에는 산에 의해 쉽게 부식이 되지 않지만, 알루미늄의 경우에는 부식이 될 수 있으므로 시간 조절이 필요하다.
④ NH_4F에 HF를 첨가하는 방법으로 식각 용액을 만든다.
⑤ 하드 베이크 후, 30분 이내에 식각을 시작한다.

… 관계지식

식각(etching)이란 피가공물의 표면을 물리적, 화학적 방법으로 제거하는 방법으로 이방성 식각에 주로 사용되는 건식과 등방성 식각에 사용되는 습식이 있다.

가. 식각 가공의 특징
① 기계 가공이 어려운 재료의 가공
② 가공 변질층이 아주 적다.
③ 3차원 가공에서는 큰 제약이 있다.

나. 등방성 식각 가공

습식 식각에서 식각액에 접촉된 부분은 모든 장소에서 모든 방향으로 같은 속도로 식각되는 것을 말한다. 식각 진행시 측면이 노출되면 PR의 보호를 받지 못하므로 재

료 표면에 수직 방향과 동시에 수평 방향으로도 진행하므로 가공 깊이의 증가에 따라 언더컷도 커진다. 방지 대책으로는 가공물에 언더컷이 생기지 않을 정도로 식각한 후, 측면에 피복시키는 방법을 반복한다.

> ● 용어해설
>
> **언더컷(under cut)**
> 표면보다 깊은 곳에서 횡방향 식각이 많이 되어 입구보다 큰 식각층이 형성되는 것.

다. 이방성 식각 가공

마스크 패턴(mask pattern)에 따라 측면 식각(side etch)을 작게 하면서 표면으로부터 깊게 가공할 수 있다. 이와 같은 식각 특성을 이방성 식각이라 하며, 가공 재료(wafer)와 식각액의 배합, 가공 조건 등을 조절한다.

→ 건식 식각 : 가스 사용

→ 이방성 화학 식각 : 액체 사용

라. 건식 식각의 분류

용액 중의 식각을 습식 식각이라 하고, 가스를 사용한 식각을 건식 식각(dry etch)이라고 한다. 가스 식각(gas etch)의 예로는 반도체 소자 제작시 SiO_2의 구멍 뚫기에 불산(HF)의 증기를 상온 에서 식각제(etchant)로 사용한다.

- 가스 식각(gas etch)
- 플라스마 식각(plasma etch)
- 스퍼터 식각(sputter etch)
- 이온 식각(Ion etch)
- 플라스마 스퍼터 복합 식각

마. 플라스마 식각의 특징 및 응용

① 공정이 기체 상태에서 행해진다(무해, 저가, 폐액 발생 없음).

② 언더컷이 적고 보다 미세하며 정밀 가공이 가능하다.

③ 공장의 간략화, 자동화가 쉽다.

바. 플라스마 식각의 실용화 특성

① 이방성 식각(anisotropic etch)

세로 방향의 식각 속도가 가로 방향의 식각 속도에 비하여 크다. 즉, 측면 식각(side etch)이나 언더컷이 작아 미세 패턴의 정밀도 높은 가공이 가능하다.

② 선택 식각(selective etch)

재료에 대하여 식각 속도의 선택성을 가지는 것을 말한다.

사. 선택 식각의 실례

① 단결정 Si, 다결정 Si, SiO_2, Si_3N_4 및 배선용 Al 식각에 가스 식각제(echant gas)로 CF_4를 사용하면 식각 속도는 Si 〉 SiO_2 〉 Al 순이다.

② 초기 SiO_2막이 천천히 식각 되어도 밑바탕의 실리콘이 나오는 즉시 실리콘만 식각되어 사용할 수 없게 되므로 선택성 식각이 필요하게 된다.

③ 방지법으로 SiO_2의 식각 속도가 단결정 실리콘보다 상당히 큰 선택성이 있는 가스를 사용한다.

아. 이방성 식각의 특성

① 터널 식각기(tunnel etcher) 방식은 중성 라디칼에 의한 화학 반응으로 언더컷이 적다.

② 플레이너 리액터 방식은 이온 및 전자의 충돌을 받으면서 화학 반응 상태가 되어 스퍼터링(sputtering)이 일어날 정도의 에너지는 되지 못하나 충돌 작용에 의하여 화학 반응을 현저히 촉진하여 이방성을 강하게 하며 가공면에 수직면에서 강하므로 언더컷이 거의 발생하지 않아 식각의 측면은 거의 수직이다.

③ 면심 입방 격자(FCC) 금속의 스퍼터링은 〈100〉 방향으로 일어나기 쉽고, 그 다음이 〈111〉 방향이며 그 외의 방향은 어렵다.

④ BCC 금속에서는 〈110〉, 〈100〉, 〈111〉 순으로 일어나기 쉽다.

⑤ HCP 금속에서는 〈2023〉, 〈1120〉 순으로 일어나기 쉽다.

⑥ BOE(buffered oxide etch) 부식액의 SiO_2 식각 속도는 22℃에서 1,200Å/min이고, 40% NH_4F와 49% HF를 6 : 1로 혼합한 용액이다.

⑦ 실리콘은 소수성이고 산화실리콘은 친수성이기 때문에 식각 용액에 담근 후 꺼내면 물이 묻어 있는 형태를 보고 식각의 진행 과정을 판단할 수 있다. 초기 식각 후에는 BOE 용액으로부터 웨이퍼 홀더를 꺼내서 웨이퍼의 뒷면을 관찰한다. 앞면과 뒷면의 산화층의 두께는 동일하다. 만약 산화막이 완전히 식각되어 제거되지 않았다면, 웨이퍼의 전체 표면에 용액이 균일하게 묻어 있을 것이고, 산화막이 완전히 제거되었다면 뒷면에 몇몇 물방울 외에는 용액이 묻어 있지 않아 웨이퍼는 마른 상태의 암회색을 나타낼 것이다. 이러한 현상은 SiO_2는 친수성이고 실리콘은 소수성이기 때문이다. 수백 Å 정도의 아주 얇은 산화막은 어떠한 색상도 없이 투명하므로 20초 이상 더 식각하는 것이 필요하다.

표 III-4 식각 물질과 식각제 조성

구분	습식 식각	건식 식각
SiO_2	BHF/H_2O = 6~50 : 1(800~1,000 Å/s)	$30CHF_3 + 90Ar + 3CF_4$ (3×10^{-2} Torr)
자연 산화막	HF : H_2O = 1 : 10(5~10 Å/s)	
Si_3N_4	H_3PO_4/D.I. Water = 13 : 3(170℃)	$30CHF_3 + 60Ar+2CF_4$ (2.2×10^{-1} Torr)
Au, Pt	HCl : HNO_3 = 3 : 1(60℃)	
다결정 실리콘	HF(20%)+HNO_3(45%)+CH_3COOH(35%) (30~50℃)	$30CHF_3 + 60Ar + 2CF_4$ (2.2×10^{-1} Torr)
Al	염화 제2철 HNO_3 : HCl : CH_3COOH : H_2O = 85 : 5 : 5 : 5	$45BCl_3 + 35Cl_2 + 35N_2$ (1.8×10^{-1} Torr)
PR 박리	H_2SO_4 : H_2O_2 = 4 : 1(110℃)	O_2

* BHF(buffered HF) : HF+NH4F+H2O

실습 방법 ···

1. SiO_2 식각

① BHF(6:1) 용액을 준비한다.

② 4분(식각 속도 : 800~1,000 Å/min) 동안 식각시킨다.

③ 현미경으로 현상 상태를 확인한다(X 50).

2. Al 식각

① 식각 용액(Aluminium ETCH Ⅲ)을 준비한다.

② 식각 용액을 적당히 가열하여 10~15초간 부식한다.

③ 수세 후 현미경(X 50) 관찰을 통하여 식각이 완료되었는지 검사한다.

3. PR 제거하기

① PR 박리제(stripper) : AZ 400T를 준비한다.

② PR 박리(strip)를 위해 80℃에서 1분 동안 유지한다.

③ 세정(초음파, 상온) 아세톤(5분) → 메탄올(5분) → 탈이온수(5분)순으로 세정한다.

④ 검사하기

현상 검사와 동일한 방법으로 최종 검사를 한다.

14. 확산 실습

실습 목적

사진 석판 공정에서 형성된 패턴을 갖는 웨이퍼의 표면 위에 불순물을 도핑시키는 방법을 익힌다.

실습 재료

질소(N_2), 질화붕소(BN) 웨이퍼

실습 기기

확산로, 광학 현미경, 4-포인트 프로브(probe)

안전 및 유의사항

① 전기적 안전사항을 준수한다.
② 각종 기계의 조작은 올바른 순서로 해야 한다.
③ 작업대 위의 물, 기타 도전성이 높은 액체 등에 의한 감전에 주의해야 한다.
④ 용기의 운반이나 사용시에는 충격을 주지 말아야 한다.
⑤ 가열된 시험편을 취급할 때에는 화상에 주의하여야 한다.
⑥ 안전복, 안면 보호 장비를 필히 착용하고 작업한다.
⑦ 노 주변에서 작업시는 고온에 특별히 주의하고, 보트, 노 튜브, 장입 봉 등은 모두 석영(quartz)으로 깨지기 쉬우므로 주의해야 한다.

관계지식

열확산 공정은 실리콘 웨이퍼 안으로 불순물을 도입하기 위한 공정에서 사용된다. 이 공정은 실리콘 기판을 아주 높은 온도(900~1,200℃)로 가열하여 기판 표면의 고체나 액체, 기체 상태인 불순물 원자를 실리콘 결정 내부로 이동시킨다. 본 실험에서는 P형 실리콘 웨이퍼에 붕소(B)를 확산시키기 위하여 고체 상태의 불순물 원을 사용한다. 고체 상태인 웨이퍼 형태의 불순물 원은 실험이 아주 간단한 장점이 있다. 사용되는 가스는 단지 질소만 있으면 되고, 공정도 일반적으로 2단계를 요구하는 가스 상태의 불순물 원과는 달리 1단계로 작업이 완료된다.

① 확산의 두 가지 방법(가스, 고체) 사이의 차이점을 이해한다.

② 아래의 식을 사용하여 붕소(B)의 확산 계수를 계산한다.

$$D = D_0 \exp(-E_A / KT)$$

D : 확산 계수　　　K : 볼츠만 상수

D_0 : 상수　　　T : 온도　　　E_A : 활성화 에너지

③ 계산된 확산 계수에 의하여 1μm 접합 깊이를 얻을 수 있는 시간을 결정한다(표 III-5 참조).

실습 방법 …

① 질소가스의 유량을 조절한다.

② 질화붕소(BN) 웨이퍼를 노에 장입하여 1~2시간 동안 어닐링 처리하여 활성화 시킨다.

③ 웨이퍼를 설치한다.

바깥쪽에 실리콘 웨이퍼를 위치시키고 실리콘 웨이퍼와 붕소(B) 원판을 교대로 위치시킨다. 한쪽 면을 도핑하기 위하여 붕소 원판 사이에 2개의 웨이퍼를 위치시킨다. 웨이퍼와 붕소 원판은 서로 접촉되지 않도록 하고 얇은 웨이퍼는 쐐기가 필요하다.

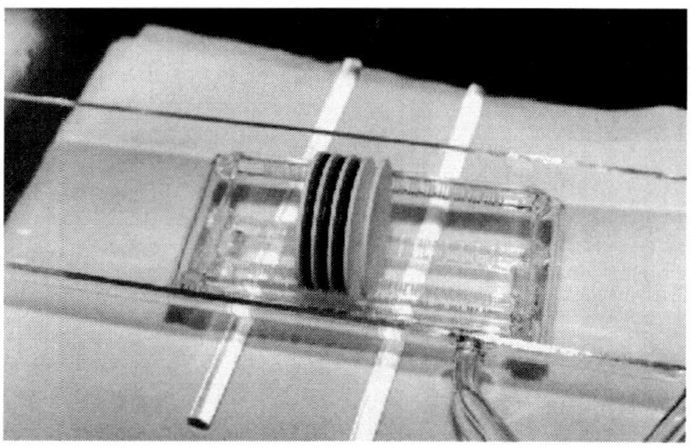

그림 III-9　석영 보트와 웨이퍼의 설치

④ 5 mm/s의 속도로 천천히 보트의 튜브 중심으로 밀어 넣는다.

⑤ 노 내에 웨이퍼 보트를 장입한다.

질소가스 분위기 중에서 10℃/min 속도로 400℃에서 1150℃로 승온(6 L/min. N_2 + 1% O_2)

⑥ 2.5 μm 정도의 막이 형성되도록 질소가스 분위기 중에서 1,150℃에서 60분 동

안 유지시킨다.

⑦ 800℃로 온도를 내린다(10℃/min).

⑧ 100% 건조된 산소 분위기 중에서 800℃에서 30분 동안 유지시킨다.

⑨ 100% 질소 분위기 중의 400℃로 온도를 내린다.

⑩ 웨이퍼를 꺼낸다.

⑪ 불산(HF)에서 유리를 식각한다(확산 후 산화 단계(⑧번)는 표면의 SiBx 층을 BSG(boro-silicate glass)로 변화시킨다. 따라서 불산으로 식각할 수 있다).

● 용어해설

석영(quartz)
실리콘 산화물의 다른 이름으로 높은 내열성을 가지 고 있어 확산 튜브 등의 반도체 공정 장치에 많이 쓰인다.

표 III-5 실리콘에서의 확산도와 고용도(1,200℃)

도핑제	확산도(cm^2/s)	고용도($atoms/cm^3$)
B	10^{-12}	3.3×10^{20}
P	5×10^{-12}	1.3×10^{21}
As	10^{-13}	1.8×10^{21}
Sb	10^{-13}	6.0×10^{19}

15. 산화 실습

실습 목적 ··· 열 확산이나 이온 주입과 같은 후속 공정에서 절연층이나 마스크의 기능을 부여하기 위한 초기 실리콘 산화막을 열 산화법으로 성장시키는 방법을 익힌다.

실습 재료 ··· 웨이퍼용 보트(wafer boat), 보트 홀더(boat holder), 밀대(push rod), 산소가스, 질소가스, 불산(HF), 불화암모늄(NH_4F), PR(양성 또는 음성), PR 박리제(stripper)

실습 기기 ··· 산화로, 진공 오븐, 표면 조도계(profilometer)

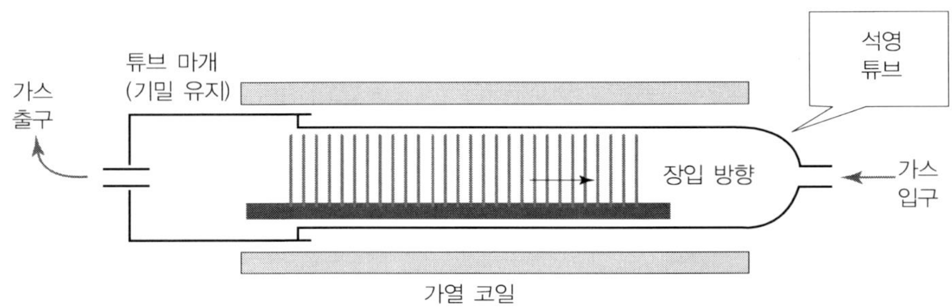

그림 III-10 산화로의 구조

관계 지식 ··· SiO_2막은 여러 가지 방법으로 형성시킬 수 있지만, 여기서는 열산화법으로 산화막을 성장시킨다. 그림 III-11과 같이 산화막의 성장에 있어서 45%는 실리콘 웨이퍼 내부로 성장하고 55%는 외부로 성장한다.

가열로와 산소가스, 거품 발생 장치(bubbler system)를 통하여 특정한 두께로 SiO_2막을 형성시킬 수 있다. 산화막이 형성되면 확산이나 이온 주입, 식각(etching) 등의 마스킹 물질로 사용될 수 있고, 반도체 소자 공정(capacitor 또는 MOSFET)에서 유전체로 사용될 수 있다.

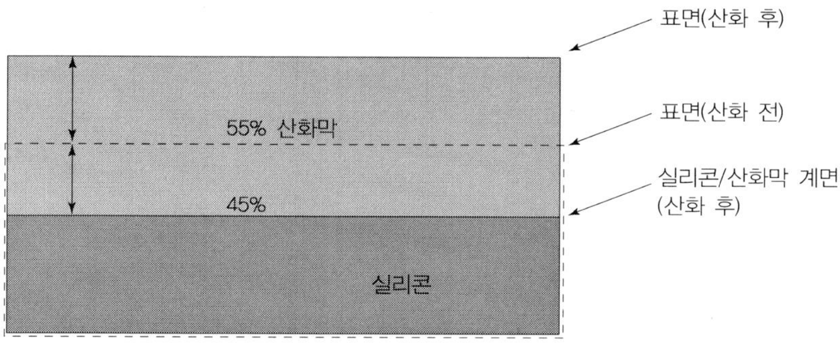

그림 III-11 웨이퍼 산화시 체적 변화

이 산화 공정은 마스킹이나 절연층을 만들기 위하여 SiO_2막을 형성하는 것이다. 웨이퍼에 산화 막을 형성시킨 후, 두께를 측정하기 위하여 두 가지 방법이 사용된다. 한 가지 방법은 SiO_2 산화막의 색상표(color chart)를 사용하는 비파괴 방법이고, 다른 한 가지 방법은 수작업으로 PR를 사용하여 산화막이 형성된 웨이퍼에 어떠한 패턴을 형성시키고 불산(HF) 용액으로 식각(etching)하여 단차를 형성시킨 후, 접촉형 표면 조도계(profilometer)로 두께를 측정하고, 시험 후 두 결과를 비교할 수 있다.

… **안전 및 유의사항**

① 산화로는 미리 프로그램화시키고 사용자는 수정할 수 없도록 한다.

② 1000℃까지 2시간 30분 동안 승온(+7°C/min)시키고 1시간 유지 후, 2시간 30분 동안 실온까지 냉각(−7°C/min)시킨다.

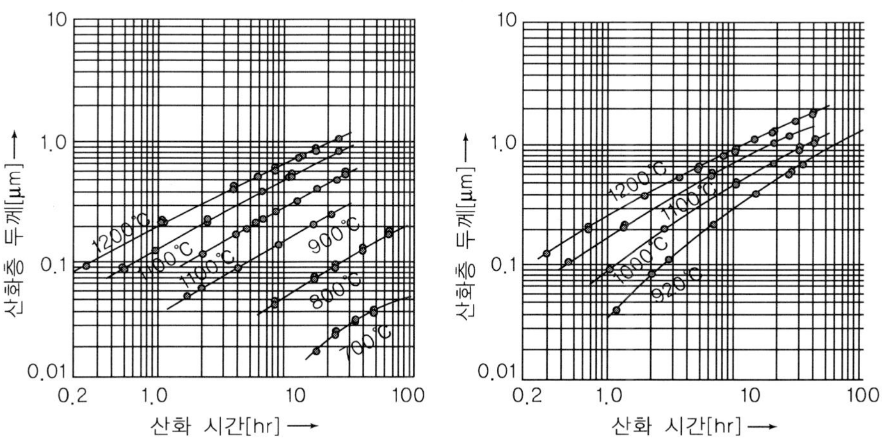

(a) 건식 산화 (b) 습식 산화

그림 III-12 Deal-Grove 모델로 계산한 실리콘 산화막의 두께에 미치는 온도와 시간 (결정 방위 무시)

③ 노의 승온 시간이 오래 걸리기 때문에 먼저 노의 전원을 넣고 프로그램에 따라 승온을 시키고 나서, 가습용 거품기(bubbler)를 95~98℃로 가열시킨다.

④ 웨이퍼는 유지 시간 동안에 노 내에 30 cm/min의 속도로 장입했다가 꺼낸다. 만일 작업자가 유지 시간을 더 연장하고 싶으면 HOLD 버튼을 누르면 되고, 다시 누르면 다시 원래의 프로그램으로 복귀된다.

표 III-6 SiO_2의 색상표

차수	두께(μm)	색상
I	0.05	tan(황갈색)
	0.07	brown(갈색)
	0.10	dark violet to red violet (어두운 보라~자주색)
	0.12	royal Blue(감청색)
	0.15	light blue to metallic blue (담청색~금속빛 청색)
	0.17	metallic to very light yellow green(금속빛 색~아주 연한 황록색)
	0.20	light gold to yellow; slightly metal- lic(연한 황금색~금속빛 노란색)
	0.22	gold with slight yellow orange(오렌지 빛 황금색)
	0.25	orangetomelon (오렌지색~메론색)
	0.27	red violet(자주색
II	0.30	blue to violet blue (청색~자청색)
	0.31	blue(청색)
	0.32	blue to blue green (청색~청록색)
	0.34	light green(연한 녹색)
	0.35	green to yellow green (녹색~황록색)
	0.36	yellow green(황록색)
II	0.37	green yellow(연두색)
	0.39	yellow(노란색)
	0.41	light orange(연한 오렌지색)
	0.42	carnation pink(담홍색)
	0.44	violet red(자적색)
	0.46	red violet(자주색)
III	0.47	violet(보라색)
	0.48	blue violet(남색)
	0.49	blue(청색)
	0.50	blue green(청록색)
	0.52	green(broad)(밝은녹색)
	0.54	yellow green(황록색)
	0.56	green yellow(연두색)
	0.57	yellow to'yellowish' (노란색~노르스름한색)
	0.58	light orange or yellow to pink borderline (연노랑~분홍색부근)
IV	0.60	carnation pink(담홍색)
	0.63	violet red(자적색)
	0.68	bluish(푸르스름한 색)
	0.72	blue green to green (quite broad)(청록색~아주 밝은 녹색)
	0.77	'yellowish'(노르스름한색)

차수	두께(μm)	색상
IV	0.80	orange(rather broad for orange)(밝은 오렌지색)
	0.82	salmon(살색-연어빛)
	0.85	dull, light red violet (연한자적색)
V	0.86	violet(보라색)
	0.87	blue violet(남색)
	0.89	blue(청색)
	0.92	blue green(청록색)
	0.95	dull yellow green (탁한 황록색)
	0.97	yellow to'yellowish' (노란색~노르스름한색)
	0.99	orange(오렌지색)
	1.00	carnation pink(담홍색)
	1.02	violet red(자적색)
	1.05	red violet(자주색)
VI	1.06	violet(보라색)
	1.07	blue violet(남색)

차수	두께(μm)	색 상
VI	1.10	green(녹색)
	1.11	yellow green(황록색)
	1.12	green(녹색)
	1.18	violet(보라색)
	1.19	red Violet(자주색)
VII	1.21	violet red(보라빛적색)
	1.24	carnation pink to salmon (담홍색~연분홍)
	1.25	orange(오렌지색)
	1.28	'yellowish'(노르스름한색)
	1.32	sky blue to green blue (하늘색~녹청색)
	1.40	orange(오렌지색)
	1.45	violet(보라색)
VIII	1.46	blue violet(남색)
	1.50	blue(파란색)
	1.54	dull yellow green (탁한 황록색)

··· 실습 방법

① 가열시 질소가스는 900 mL/min으로 조절한다.

② 거품기에 탈이온수를 $\frac{1}{2}$이나 $\frac{3}{4}$ 정도 채우고 덮개는 열어 놓는다(잠글 경우는 가열시 폭발의 위험이 있다).

주의 : 이 단계에서 사용되는 탈이온수의 저항은 매우 중요하다. 토출구에서 최소한 17MΩ 이상 되어야 한다.

③ 거품기의 온도를 1시간 정도 95~98℃에서 유지시킨다.

④ 산소가스를 연다. 산소 용기를 확인하여 작업 시간 동안 사용할 가스양이 충분한지 확인한다. 만약 300 psi보다 낮다면 작업을 시작해서는 안 된다.

⑤ 노의 스위치를 켜고 7℃/min 속도로 승온시켜 2시간 20분 후, 노의 온도가 1000±5℃인지를 확인한다.

⑥ 산화 작업이 시작되기 약 15분 전에 질소 밸브를 잠그고 산소 밸브를 열어 건조된 산소가 2 L/min의 속도로 거품기를 통해 확산로의 튜브로 투입시킨다.

⑦ 노의 컨트롤 패널에서 HOLD 버튼을 눌러 유지 시간 동안 설정 온도에 있도록 한다.

⑧ 초기 세정된 웨이퍼를 핀셋을 사용하여 석영 보트의 중앙 부분에 설치한다.

⑨ 보트 홀더와 밀대를 사용하여 노의 입구에 5분 동안 유지시켜 예열되도록 한다.

⑩ 5분 후 밀대를 사용하여 5mm/s의 속도로 로의 중앙 부분으로 서서히 이동시킨다. 이 속도가 초과되면 웨이퍼가 뒤틀릴 수 있다.

⑪ 튜브의 마개를 덮는다.

⑫ 건식 산화를 위해서는 산소가 노에 직접 투입되고, 습식 산화를 위해서는 거품기 안의 물(95~98℃)을 통과시켜 투입한다.

⑬ 습식 산화가 끝나면 거품기의 전원을 끈다.

⑭ 5 mm/s의 속도로 천천히 보트를 꺼낸다.

⑮ 출구에서 5분 동안 보트를 유지시켜 좀 더 냉각시킨다.

⑯ 5분 후에 보트 홀더와 밀대를 사용하여 보트를 꺼내고, 핀셋을 사용하여 웨이퍼를 쟁반에 옮긴다.

⑰ 노의 컨트롤 패널에서 HOLD 버튼을 다시 눌러 7℃/min 속도로 노가 냉각되도록 한다.

⑱ 산소가스를 잠그고 질소가스(900 mL/min)를 연다.

⑲ 노 내에 불순물의 유입이 없도록 튜브의 마개를 덮는다.

⑳ 노를 프로그램대로 상온까지 냉각시킨다(전원을 끄면 안 됨).

㉑ 질소가스를 잠근다.

실습 결과 … 시각적인 색상을 통하여 산화막의 균일도와 두께를 비교적 정확하게 알 수 있다. 이때 백색 광원과 웨이퍼를 수직으로 위치시켜야 한다. 표 III-6의 색상표(color charts)를 사용하여 산화막의 두께를 측정한다. 산화막의 두께는 산소의 유속과 노 내의 장입 위치, 물의 온도, 노의 온도 등에 의해 변화된다.

16. 스퍼터링 실습

스퍼터링법을 통하여 박막을 증착하고 이와 관련된 진공 기술의 기초를 습득한다. … **실습 목적**

시험편, 타깃, 아세톤, 알코올, 샌드페이퍼, 연마제 … **실습 재료**

스퍼터링 장비, 초음파 세척기, 연마 장치 … **실습 기기**

… **관계지식**

1) 건식 박막 증착이란?

진공(vacuum) 중에서 고체 재료의 일부를 기화시켜 원하는 소재 표면(기판)에 달라붙게 하여 얇은 막(두께 수 μm), 즉 박막을 성장시키는 기술이다.

2) 진공계의 종류

진공의 상태는 남아 있는 가스의 압력으로 표시한다. 진공의 측정은 진공계로 하지만, 측정되는 진공의 정도에 따라 다른 형태의 진공계가 필요하다. 보통 진공 장치에는 2, 3개의 진공계가 부착되어 있다. 진공계의 종류로는 표 III-9와 같으며 사용 압력 범위도 함께 나타내었다.

표 III-7 건식 박막 증착과 습식 도금의 비교

	건식 박막 증착	습식 도금
사용 물질	타깃-고체, 가스	수용액
반응 환경	진공	전해액
반응 기구	플라스마, 기체 반응	전기 화학 반응
사용 전압	고전압(수백~수천 V)	저전압(수십 V)
개발 역사	최근 개발	오랜 역사
대표적인 방법	스퍼터링, 이온 플레이팅	전기 도금, 무전해 도금

표 Ⅲ-8 건식 박막 증착의 특성

구분	특 성
장점	– 극한 기술인 진공, 플라스마 기술로서 신소재 개발에 매우 유리 – 합성이 어렵거나 가공이 곤란한 재료를 비교적 용이하게 제조 예 : TiN, ZrCN, Al_2O_3 등 각종 질화물 및 산화물 – 표면 성질을 변화시킴으로써 효율적인 재료의 성능 향상 – 기존 습식 도금에 비해 월등한 경도, 내마멸성, 내식성 부여 – 제품의 고급화, 장수명화 가능 – 습식 도금과 달리 폐수 발생이 전무하며, 무공해, 청정 공정
단점	– 초기 설비 투자비가 고가(고부가가치 제품에 적합) 소형 제품의 경우 가공 단가는 습식 도금 단가를 약간 상회하는 수준이며, 현재 관련 장비 및 설비가 대부분 국산화됨.
응용 예	– 전자기적 응용 : 반도체 산업, 자성 재료 산업 – 광학적 응용 : 각종 광소자, 유리 산업 – 기계적 응용 : 내마멸성, 내식성, 초경 보호 피막 – 장식성 응용 : 내구성이 있고 색상이 미려한 박막 코팅

여기서는 가장 많이 사용되는 가이슬러관, 피라니, 페닝 등의 진공 압력계에 관해서 간단히 알아보도록 하겠다.

표 Ⅲ-9 진공 압력계의 종류와 사용 범위

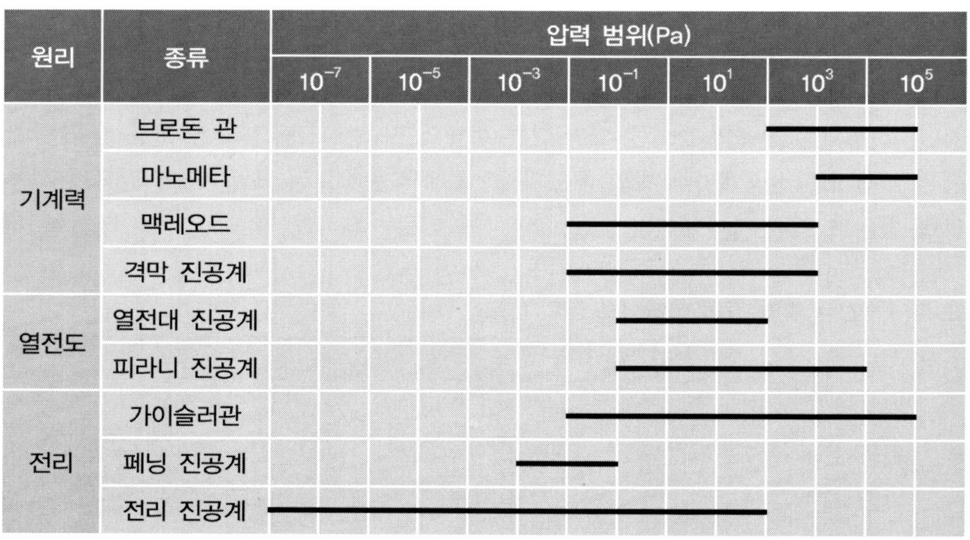

표 III-10 진공 단위 환산

구분	bar	mbar	Pa	atm	Torr
1 bar	1	10^3	10^5	0.987	750
1 mbar	10^{-3}	1	10^2	0.987×10^{-3}	0.75
1 Pa	10^{-5}	10^{-2}	1	0.987×10^{-5}	0.75×10^{-2}
1 atm	1.01	1.01×10^3	1.01×10^5	1	760
1 Torr	1.33×10^{-3}	1.33	1.33×10^2	1.32×10^{-3}	1

1 atm = 760 Torr
= 76 cmHg
= 760 mmHg
= 101330 Pa
= 1013.3 mbar

① 가이슬러 관

가이슬러 관은 진공 상태를 바로 볼 수 있는 매우 편리한 진공계로 종종 진공 장치의 저진공계로서 부착되어 있다. 그 구조는 그림 III-13에 나타낸 것과 같이 가스관 가운데에 2개의 전극(대부분 Al)을 마주 보게 설치한 것으로, 이 전극 간에 수~수십 kV의 직류 또는 교류 전압을 걸어 주게 되어 있다. 고전압으로 인하여 가속된 전자에 의해 공기 중의 분자가 전이하고 압력에 상응하는 방전 현상을 나타내는 것으로 그 방전 상태를 관찰하여 기체 압력의 개략값을 알 수 있다.

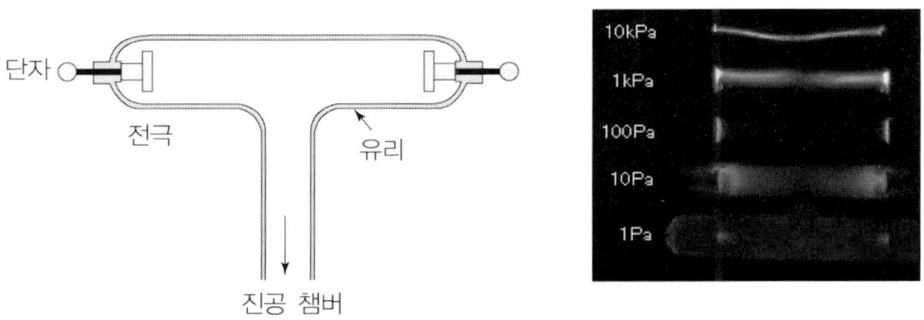

그림 III-13 가이슬러 관

② 피라니 진공계

피라니 진공계는 가열된 금속선으로부터 기체의 열전도에 따른 열손실이 기체의 압력에 의존하는 것을 압력 측정에 이용한 진공계로 10^4에서 10^{-1} Pa(파스칼 : 1μbar) 정도까지 정량적으로 측정할 수 있으므로 저진공의 측정이 필요한 스퍼터링 장치 등에 이용된다. 이것에는 여러 가지의 형식이 있지만, 일반적으로 많이 볼 수 있는 정온도형 피라니 진공계를 간단히 설명해 보겠다. 이 진공계의 측정자는 진공계 중에 길게 연결한 지름 25μm의 가는 백금(Pt) 선 또는 백금-로듐(Pt-Rh) 선 등의 금속선으로 구조는 매우 간단하다. 이 금속선에는 기체의 압력에 관계없이 항상 일정한 온도를 유지할 수 있도록 전류를 흘려주게 되어 있다. 온도가 일정하다는 것은 저항이 일정하다는 것이며, 그렇게 하기 위해 제어 회로가 여러 가지 고안되어 있다. 온도가 일정하므로 이 금속선의 열손실 중, 열방사 및 리드(lead) 선의 열전도에 따른 손실은 기체의 압력이 변하여도 변화하지 않는다. 따라서 고려할 필요가 있는 열손실은 기체의 열전도뿐이다.

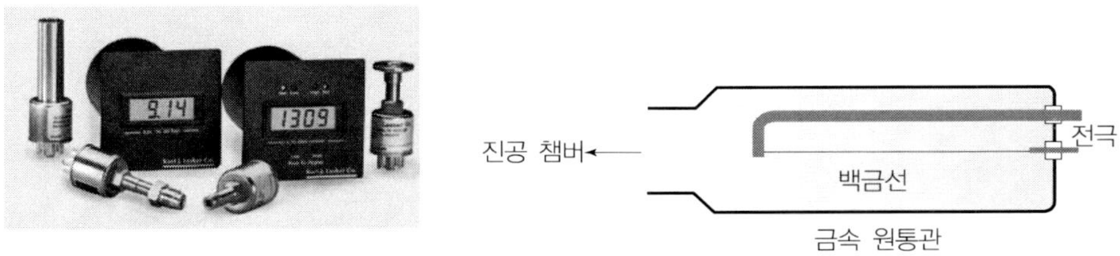

그림 III-14 피라니 진공계

③ 페닝 진공계

페닝 진공계(필립스 진공계)는 진공을 이용한 진공계로 측정의 정밀도는 낮지만 수리가 간단하며 10^{-1} Pa에서 10^{-3} Pa까지, 그리고 측정 장치에 따라서는 10^{-4} Pa까지 측정할 수 있으므로 압력 측정에 있어서 정밀도를 그다지 필요로 하지 않는 고진공 장치에 사용된다. 가이슬러 관에 따른 방전에는 기체의 압력이 10^{0} Pa 또는 그 이하가 되면 음극으로부터 방출한 전자의 평균 자유 행로가 길어지며, 전자는 기체 분자와의 충돌과 전이를 일으키지 않고 양극으로 가버려 압력 측정을 할 수 없게 된다. 그러나 페닝 진공계는 전자를 자기장 속으로 운동시켜 회전 운동을 일으켜 전자의 실제 주행 거리를 길게 하여 기체와 전자의 충돌 효율을 증가시킨다. 이것이 페닝 진공계의 기본 원리이다. 그림 III-15는 실제 장치의 한 예를 나타낸 것이다.

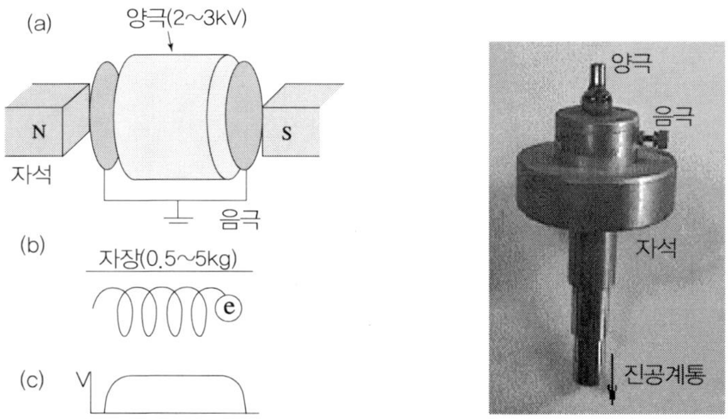

그림 III-15 페닝 진공계

3) 진공 펌프

진공 장치에서 가장 중요한 부분은 진공 펌프이다. 여기에서 진공 펌프에 대해 꼭 알아야 할 기초적인 진공 펌프를 중심으로 그 원리를 설명하고자 한다.

① 회전 펌프(rotary pump)

10^{-1} Pa 또는 그 이하의 진공으로 배기하기 위한 저진공 펌프로서 현재 가장 많이 보급되고 있는 것은 회전 펌프(로터리 펌프)이다. 이것에는 고정 날개형, 회전 날개형, 회전 피스톤형의 세 종류가 있는데, 그림 III-16은 회전 날개형을 나타내고 있다.

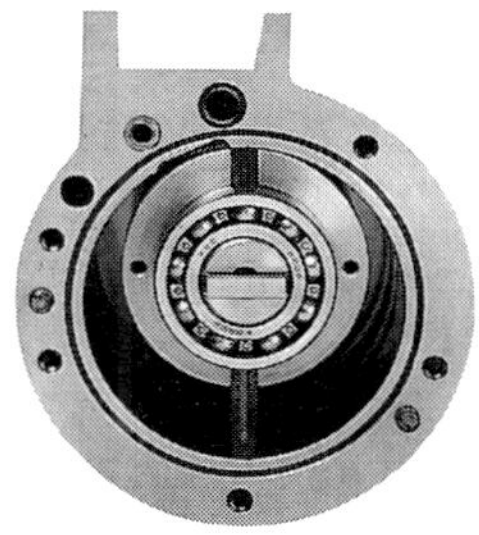

그림 III-16 회전 펌프(회전 날개형)

② 확산 펌프(diffusion pump)

고진공 펌프의 대표적인 펌프로 그 구조는 그림 III-17과 같다. 원통형의 통내부에 3단의 노즐이 장치되어 있다. 원통 하부의 기름이 아래 부분에 장치된 전기 히터에서 가열되고 증발하여 10^{2} Pa 정도의 압력으로 되고 3개의 노즐에서 배출구를 향해 가속된다. 기름 증기 흐름의 대부분은 배출구를 향하지만 일부가 흡입구로 향하는 것에

> ● 용어해설
>
> **배풀(baffle)**
> 펌프의 기름이 진공 용기 쪽으로 들어가는 것을 방지 하는 가로막

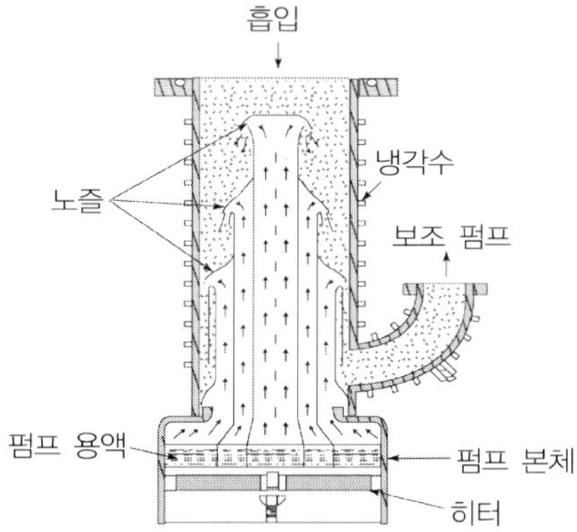

그림 III-17 확산 펌프

주의가 필요하다. 이 때문에 확산 펌프의 흡입 구 부분에는 수냉 배플(baffle) 또는 액체 질소 트랩을 붙여 기름 증기를 응축시켜 그 진공 용기 내로의 확산을 감소시키는 것이 보통이다. 분사에 이용되는 기름은 고온에서 다량의 공기와 접촉되면 공기 중의 수분 등을 흡수해서 배기 성능을 저하시키므로 특별히 필요하지 않는 한 확산 펌프는 정지 상태에서 흡입구와 배기구에 붙어 있는 코크를 꼭 막아서 내부를 될 수 있는 한 진공 상태로 유지한다.

③ 터보 분자 펌프(turbo molecular pump)

초고진공 펌프로서 최근 터보 분자 펌프가 빠르게 보급되어 왔다. 이것이 기체 분자에 역학적으로 힘을 가하여 그것을 특정의 방향으로 날려 배기하는 장치이며, 원리적으로는 송풍기와 유사하다. 원리를 간단히 이해하기 위해 기체 분자를 정지시키고 거기서 막이 움직여 충돌하는 경우를 생각한다. 충돌이 완전 탄성 충돌이라 할 때, 그림 III-18에 나타난 바와 같이 깊이 파인 회전 원판이 고속으로 회전하도록 하면 확산으로 깊이 파인 부분 안에 들어간 기체 분자는 평균적으로 아래쪽으로 운동하는 것이 되고 결국 위쪽에서 아래쪽으로 배기하는 것이 된다. 배기 성능을 높이기 위해 회전 날개와 고정 날개를 교대로 조합하여 직렬로 늘어놓은 것이 실제로 이용된다.

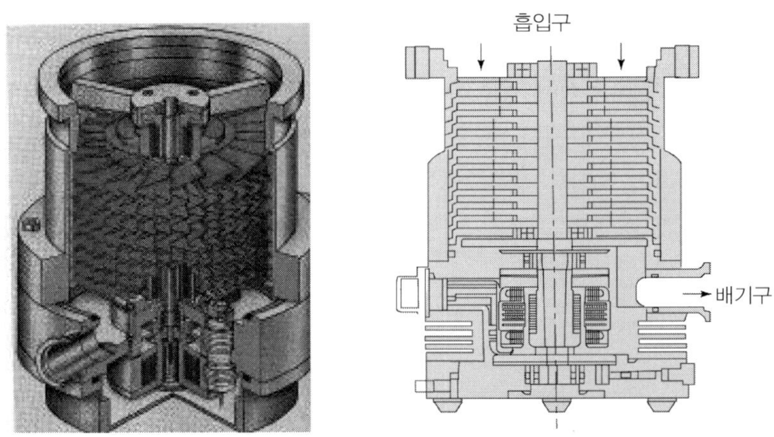

그림 III-18 터보 분자 펌프

표 III-11 주요 진공 펌프와 배기 압력 범위(○표는 도달 입력)

구분	펌프의 종류	원리	동작 압력 범위(Pa) 10^4 10^2 1 10^{-2} 10^{-4} 10^{-6} 10^{-8} 10^{-10} 10^{-12}
기체 펌프	회전 펌프 미케니컬 부스터 펌프 터보 분자 펌프	기계력으로 기체를 압축 배제한다.	
증기 분사 펌프	오일 확산 펌프 오일 이젝터 스팀 이젝터	분사 증기의 힘으로 기체를 가지고 간다.	
드라이 펌프	스퍼터 이온 펌프 크라이오 펌프	극도로 냉각시킨 면에 기체를 흡착(응축)시켜서 제거한다.	

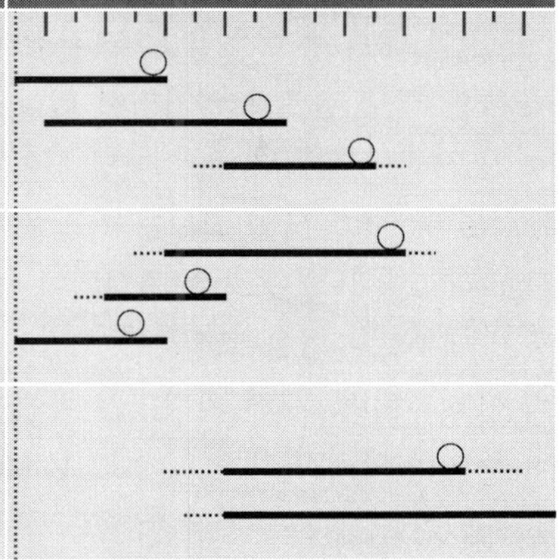

… 안전 및 유의사항

① 전기적 안전사항을 준수한다.
② 전원의 조작은 올바른 순서로 해야 한다.
③ 작업대 위의 물, 기타 도전성이 높은 액체 등에 의한 감전에 주의해야 한다.
④ 배선 및 이동 전선 등의 절연 피복 손상과 노화에 유의해야 한다.
⑤ 가스 취급시 안전판, 호스 등으로부터의 가스 누출에 유의해야 한다.
⑥ 가스 용기를 직사광선에 노출시키거나, 화기를 접근시키지 않도록 한다.
⑦ 밸브의 개폐는 조용히 확실하게 하고 누설 검사는 비눗물 같은 것을 사용하여야 한다. 사용 후에는 반드시 용기에 보호 캡을 씌워 두고, 유지류를 사용하지 않도록 한다.
⑧ 가스 용기의 운반이나 사용할 때에는 충격을 주지 말아야 한다.

… 실험 방법

① 코팅 장치

본 실험에서 사용할 실험 장치는 DC 마그네트론 스퍼터링 장치로 그림 III-19에 나타내었다. 스퍼터링 장치는 크게 진공 용기, 가스 도입 장치, 전원 공급 장치, 진공 펌프 등으로 나눌 수 있다. 진공 용기는 타깃과 시편 지지대로 구성되어 있으며, 타깃은 99.9% 순도인 Ti 타깃으로 지름이 75 mm, 두께 1/4"이다. 타깃의 뒤판(backing plate)에 타깃을 부착시키는 방법은 여러 가지가 있으나, 여기서는 실버 페이스트(silver paste)를 이용하여 부착한다. 아르곤(Ar)의 이온이 타깃에 높은 에너지의 상태로 충돌함으로 타깃은 대단히 높은 온도로 상승하며, 이로 인한 타깃의 용해를 방지하기 위해 물로 냉각을 시킨다.

시편 지지대는 피증착물을 올려놓는 부분으로서 타깃으로부터 5 cm 정도 떨어져 있으며, 진공 용기의 오염을 방지하기 위해서 알루미늄 포일로 덮었다. 진공 펌프는 배기 속도가 15.2 m^3/h이며, 최대 도달 압력이 6.5×10^{-3} mbar인 회전 펌프(rotary pump)와 배기 속도가 450 L/s(질소가스에 대한 측정값)이며, 최대 도달 압력이 10^{-10} mbar인 터보 펌프가 설치되어 있다.

진공도는 고진공용으로 페닝 게이지와 저진공용으로 열전대 게이지를 사용하여 측정하였다. 가스 도입 장치는 가스 유량 조절 장치(MFC)와 구리 파이프라인, 니들 밸브(needle valve) 등으로 구성되어 있으며, 99.999%의 순도를 가진 Ar과 N_2를 진공 용기 내부로 분압을 조절하며 도입하는 장치이다. 증착되는 동안 타깃에 공급되는 전력은 직류이며, 시편 지지대는 바이어스(bias)가 걸리지 않을 때에는 접지된 상태이다. 시험편의 전처리를 위해 13.56 MHz의 RF를 기판에 가하여 이온 식각(ion-etching)을 한다.

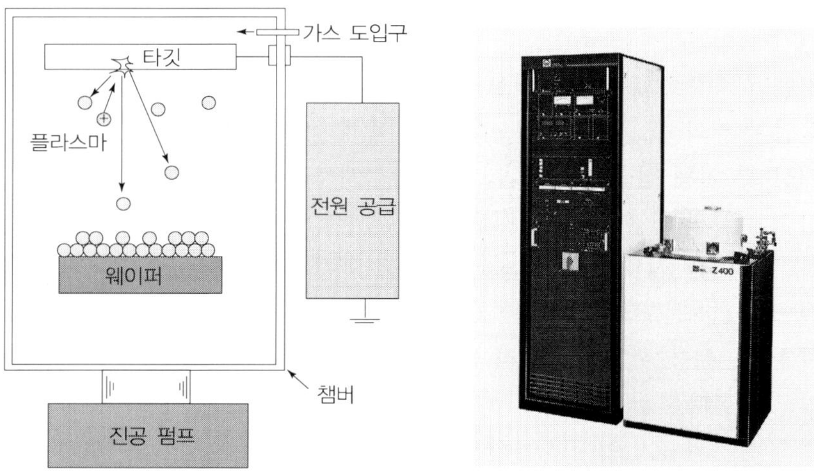

(a) 내부 구조　　(b) 외형

그림 III-19　스퍼터링 장치

② 시편 준비

시편은 반도체 제조용의 실리콘 웨이퍼로 하며, 챔버에 장입하기 전에 시편 표면의 유기 및 무기물을 제거하기 위해 아세톤과 메틸알코올의 용액 중에서 각각 10분간 초음파 세척을 실시한 후에 건조한다.

③ 코팅 방법 및 조건

준비된 시편을 챔버에 장입하고, 작업 챔버의 초기 압력(base pressure)이 2×

10^{-5} mbar에 도달된 후, 유량계(MFC)를 통하여 Ar과 N_2 기체를 주입시켜 2×10^{-3} mbar의 작업 압력(working pressure)을 얻는다. 전원은 직류 전력의 공급 장치로부터 타깃과 진공 챔버를, RF 전력공급 장치로부터 시편과 진공 챔버를 각각 연결하여 조절함으로써 TiN 박막을 증착시킨다. 밀착력의 향상을 위하여 증착 전에 13.56 MHz의 RF를 기판에 가하여 이온 식각(ion-etching)을 행한다. 직류 전원의 공급장치로부터 타깃을 양극, 시편을 음극으로 연결한 후, 밀착력의 향상을 위하여 코팅 전에 이온 식각을 1 kV에서 5~60분간 실시한다. 이온 식각된 시편에 공급되는 전원의 극성을 전환하여 430 W에서 5분 동안 TiN 박막을 증착한다.

17. 알루미늄 식각 실습

실습 목적 … PR가 도포되지 않은 알루미늄 부분을 식각하여 필요로 하는 금속 패턴을 얻는 방법을 익힌다.

실습 재료 … 알루미늄 식각 용액, 알루미늄 코팅 웨이퍼, 비커

실습 기기 … 웨트 스테이션, 핫 플레이트

안전 및 유의사항 …

① 하드 베이크 후 30분 내에 작업이 진행되어야 한다.
② 전용으로 시판되는 알루미늄 식각 용액(인산, 초산, 질산 혼합물)을 사용한다.

실습 방법 …

① 알루미늄 식각 전용 파이렉스 비커에 식각 용액을 준비한다.
② 핫플레이트로 약 40℃까지 가열한다.
③ 흐르는 탈이온수에 30초 동안 웨이퍼를 수세한다.
④ 식각 용액에 웨이퍼를 담그고 서서히 교반한다(보통 2분 내로 급격히 진행된다).
⑤ 식각이 진행되면 웨이퍼의 표면은 점점 검게 변화하면서 포토마스크 패턴이 나타나기 시작한다. 식각 정도를 확인하기 위해 웨이퍼 표면을 잘 관찰한다. 패턴이 웨이퍼 위에 선명하면 서도 균일하게 나타나야 하고, 식각된 패턴 내에 알루미늄 반점이 남아 있어서는 안 된다. 이 상태에서 20초 동안 추가로 식각을 한다.
⑥ 웨이퍼를 꺼내서 5분 동안 흐르는 탈이온수에 수세한다.
⑦ 질소가스로 웨이퍼를 건조시킨다.
⑧ 고출력 광학 현미경에서 웨이퍼를 검사한다.
⑨ 만약 웨이퍼의 표면에 알루미늄이 남아 있다면 3~8단계의 공정을 반복하지만 식각 시간이 30초를 초과해서는 안 된다.

18. 진공 증착 실습

웨이퍼 위에 주어진 재료(Al)를 증착시키는 방법을 익힌다. … **실습 목적**

알루미늄 박편, 알루미늄 포일, 웨이퍼 … **실습 재료**

증착기(evaporator) … **실습 기기**

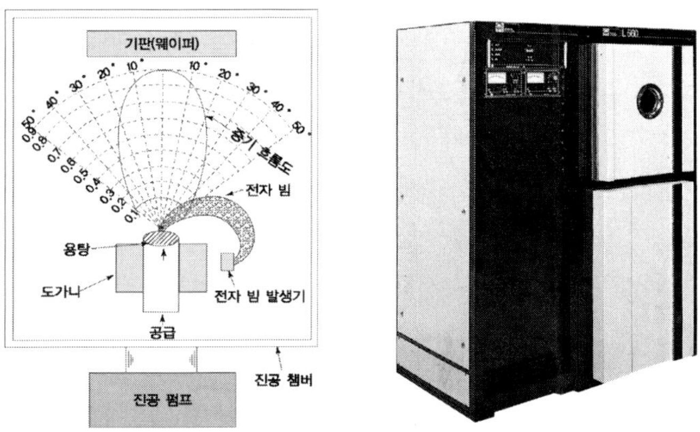

(a) 내부 구조 (b) 외형

그림 III-20 진공 증착기

… **안전 및 유의사항**

① 1×10^{-1} Torr 이상에서는 고진공 펌프를 작동시켜서는 안 된다.
② 작업 전에 장비에 관한 사용 설명서를 충분하게 탐독한다.
③ 고용융점의 금속은 설정된 증착 전류보다 더 높은 전류를 적용한다.

… **실습 방법**

① 장비의 전원을 넣는다.
② 회전 펌프를 작동시킨다.
③ 확산 펌프의 냉각 장치(chiller)를 23℃로 설정한다.

④ 회전 펌프와 확산 펌프 사이의 배킹 밸브(backing valve)를 연다.
⑤ 확산 펌프 부분에 압력 게이지를 설정한다.
⑥ 5×10^{-2} Torr 이하로 되었을 때에 확산 펌프를 작동시킨다.
⑦ 20분 정도 기다려서 확산 펌프가 가열되도록 한다.
⑧ 챔버를 배기시킨 다음 열어서 시편과 증착 물질을 장입한다.
⑨ 챔버를 닫고 배기 밸브를 잠근다.
⑩ 배킹 밸브를 닫고 동시에 러핑 밸브를 연다.
⑪ 고진공 게이지를 작동시키고 1분 동안 예열시키고 영점을 맞춘 다음, 챔버 내의 압력이 $1 \sim 1.5 \times 10^{-1}$ Torr가 될 때에 러핑 밸브를 잠그고 배킹 밸브를 연 다음 메인 밸브를 연다. 확산 펌프로 2×10^{-5} Torr까지 진공 처리하여 증착 조건으로 한다.
⑫ 필라멘트의 전원을 넣는다.
20A가 될 때까지 전류를 증가시켜 검붉은 색상이 되도록 예열한다. 증착 물질이 많으면 전류는 좀 더 높게 해주어야 한다.
⑬ 필라멘트의 예열이 끝나면 전류를 서서히 높여서 증착 전류가 될 때까지 올린다. 필라멘트가 밝게 발광하고 나서 2~3분이면 웨이퍼에 증착되게 된다.
⑭ 다시 전류를 0 A로 내린다. 고진공 상태에서 챔버를 냉각시킨 후 배기시켜야 텅스텐 필라멘트의 산화에 의한 파손을 방지할 수 있다.
⑮ 5분 후 메인 밸브를 잠그고 즉시 고진공 게이지를 끈다(배킹 밸브는 열림). 배기 밸브를 열고 배기시킨 후 챔버를 열고 장갑을 끼고 웨이퍼 시편을 꺼낸다.
⑯ 연마제나 아세톤, 메탄올 순서로 챔버를 세정한다.

장비 정비 … (shutdown)

① 챔버를 닫고 배기 밸브를 닫는다. 배킹 밸브를 잠그고 러핑 밸브를 열어서 100~150 mtorr로 진공화하고, 다시 러핑 밸브를 닫고 배킹 밸브를 열고 메인 밸브를 열어서 챔버를 고진공으로 만든다.
② 장비를 7×10^{-5} Torr 이상의 고진공으로 만든다.
③ 메인 밸브를 잠그고 확산 펌프를 끄고 10~20분 동안 냉각시킨다.
④ 확산 펌프가 냉각되면 배킹 밸브를 잠그고 회전 펌프를 끄고 나서 회전 펌프의 배기 밸브를 연다.
⑤ 5분 후에 확산 펌프의 냉각수(chiller)를 끈다.
⑥ 장비의 전원을 끈다.

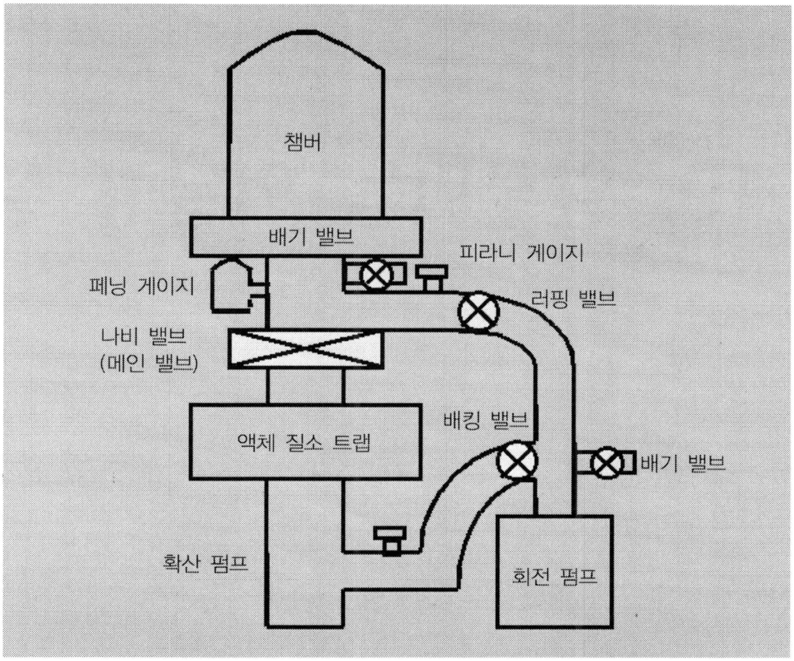

그림 III-21 진공 계통과 밸브

● 용어해설

트랩(trap)
기체에 섞여 있는 기름 증기나 수증기 등을 제거할 수 있는 장치

19. 알루미늄 어닐링 실습

실습 목적 … 알루미늄-실리콘 합금의 공정 온도(577℃)까지 가열하여 알루미늄과 실리콘 기판 간의 밀착력을 향상시키는 방법을 익힌다.

실습 재료 … 알루미늄 증착 웨이퍼, 세라믹 보트, 밀대, 질소가스

실습 기기 … 머플러 로

안전 및 유의사항 …

① 맨손으로 석영으로 된 실습 도구를 취급하지 말고 항상 장갑을 낀다.
② 질소가스를 열고 유속을 8분당 노 내의 튜브 부피만큼 투입한다(유속 = 노속의 튜브 부피/8 min).
③ 7℃/min 속도로 가열하여 실습 시작 전에 475℃까지 승온시킨다.

실습 방법 …

① 알루미늄이 증착된 기판을 준비한다.
② 3분 동안 탈이온수로 기판을 수세한다.
③ 아세톤, 메탄올, 탈이온수 순서로 수세한다.
④ 질소 건(gun)으로 건조시킨다.
⑤ 석영 보트 위에 기판을 설치하고 로의 중앙 부분에 장입한다.
⑥ 15분 동안 로에서 유지시킨다.
⑦ 7.5 cm/min의 속도로 보트를 꺼낸다.
⑧ 10분 동안 튜브 끝에서 기판을 냉각시킨 다음, 웨이퍼를 핀셋을 사용하여 전용 용기에 담고 덮개를 덮는다.
⑨ 질소가스를 잠근다.
⑩ 노를 7℃/min의 속도로 상온까지 냉각시키고 전원을 내린다.

20. 전기 전도율과 저항측정 실습

… 실습 목적

① 4-포인트 프로브와 함수 발생기, 디지털 멀티미터를 사용하여 전기 전도율을 측정하는 방법을 익힌다.

② 4-포인트 프로브, 디지털 멀티미터, 전류 공급기를 사용하여 기판이나 박막의 저항을 측정할 수 있다.

… 실습 재료

4-포인트 프로브, 디지털 멀티미터, 전류 공급기, 주파수 발생기

… 안전 및 유의사항

① 전류 공급기와 디지털 멀티미터를 켜고 1~2시간 워밍업한다.

② 프로브의 팁은 정밀한 부품이므로 장비를 사용할 때 주의해서 취급해야 한다.

③ 탄화텅스텐(WC)과 오스뮴(Osmium) 팁이 사용되는데 취약하여 깨지기 쉬우므로 주의해야 한다.

… 관계지식

전기 전도율 측정

4-포인트 프로브는 반도체의 전도 형태를 확인하는 데에 사용할 수 있다. 전기 전도율의 부호(+, −)는 반도체에 점접촉된 곳에서의 정류된 AC 신호의 극성으로 알 수 있다. 전류는 금속 봉이(+)일 때 N형 재료와 정류 접촉을 통해 흐른다. P형은 금속 봉이(−)일 때 흐른다. AC 전압은 그림 III−22(a)의 1과 2에서 공급되고 4와 2에서 측정된다. 프로브 2의 금속봉만이 반도체와 정류성 접촉을 하고 나머지는 저항성 접촉을 한다. 프로브 2의 AC 전압이(+)일 때 금속과 반도체의 접합이 순방향 바이어스이므로 V_{42}의 전압 강하는 매우 작다. 프로브 2가(−)이면 접합이 역방향 바이어스 되어 V_{42}는 큰(+)값이 된다. 큰(+)와 작은(−)의 AC 전압 V_{42}는 프로브 2에서의 접합을 역방향 바이어스시키기 위해 필요한 금속−반도체 접합 전압의 극성을 가지는 DC 전압을 생기게 한다. N−형에서는 V_{42}는 0보다 크고, P−형에서는 V_{42}는 0보다 작다.

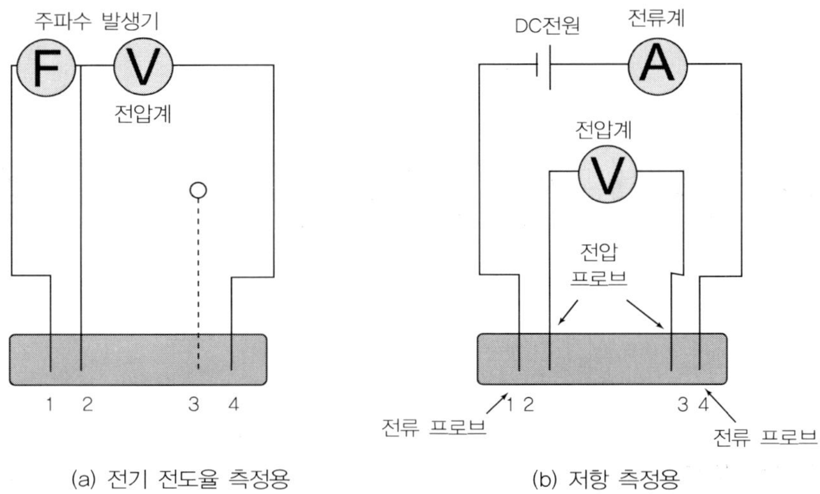

그림 III-22 4-포인트 프로브 개략도

실습 방법 …

1. 전기 전도율 측정 방법
   ① 전류 공급기를 떼어 낸다.
   ② 주파수 발생기를 붙인다.
   ③ 주파수 발생기와 디지털 멀티미터를 켠다.
   ④ 1 kHz 사인 곡선(sinusoid)의 주파수로 맞춘다.
   ⑤ 디지털 멀티미터는 DC 전압을 측정하도록 설정한다.
   ⑥ 시편을 프로브 헤드 밑의 중앙에 위치시킨다.
   ⑦ 프로브 헤드를 시편에 밀착시킨다(시계 방향).
   ⑧ 프로브 헤드를 올린다(반시계 방향).
   ⑨ 만일 디지털 멀티미터가(+)이면 시편은 N형이고,(−)이면 P형을 나타낸다.

그림 III-23 포인트 프로브 사진

2. 전기 저항 측정 방법

① 프로브를 시편에 접촉시킨다.

② 디지털 멀티미터를 DCV 모드로 한다.

③ 디지털 멀티미터를 AUTO 모드로 한다.

④ 전류 공급기를 켜고 전류 범위를 20 μA~101 mA로 설정한다(4.53 mA).

⑤ OUTPUT/OPERATE를 눌러 시편에 전류를 공급한다.

⑥ 디지털 멀티미터의 전압을 읽는다.

⑦ OUTPUT/OPERATE 버튼을 눌러서 전류 공급을 차단한다.

⑧ 헤드를 올리고 시편을 꺼낸다.

⑨ 면저항 $(Rs) = q/t = (V/I)\mathrm{C.F.}_{\cdot 1} \times \mathrm{C.F.}_{\cdot 2}$

여기서 q : 고유 저항

t : 두께

$\mathrm{C.F.}_{\cdot 1}$: 면저항 보정 계수(웨이퍼 지름(d)과 프로브 팁 간격(s)에 따라 변함)(표 III-12 참조)

s = 1.6 mm

$d/s \geqq$ 40이면 저항 보정 계수 = 4.5324

$d/s \leqq$ 40이면 표 III-12를 참조한다.

표 III-12 면저항 보정 계수

C.F.₁ (d/s)	원형	정사각형	직사각형 L/W = 2	직사각형 L/W = 3	직사각형 L/W = 4
1.0				0.9988	0.994
1.25				1.2467	1.2248
1.5			1.4788	1.4893	1.4893
1.75			1.7196	1.7238	1.7238
2.0			1.9475	1.9475	1.9475
2.5			2.3532	2.3541	2.3541
3.0	2.2662	2.4575	2.7000	2.7005	2.7005
4.0	2.9289	3.1127	3.2246	3.2248	3.2248
5.0	3.3625	3.5098	3.5749	3.5750	3.5750
7.5	3.9273	4.0095	4.0361	4.0362	4.0362
10.0	4.1716	4.2209	4.2357	4.2357	4.2357
15.0	4.3646	4.3882	4.3947	4.3947	4.3947
20.0	4.4364	4.4516	4.4553	4.4553	4.4553
32.0	4.4791	4.4878	4.4899	4.4899	4.4899
40.0	4.5076	4.5120	4.5129	4.5129	4.5129
무한대	4.5324	4.5324	4.5325	4.5325	4.5324

C.F.₁ (t/s)	〈 0.4	0.400	0.500	0.555	0.625	0.714	0.833	1.000	1.111	1.250	1.429	1.667	2.000
F(t/s)	1.000	0.9995	0.9974	0.9948	0.9896	0.9798	0.9600	0.9214	0.8907	0.8490	0.7938	0.7225	0.6336

21. 두께 측정 실습

조도계를 이용하여 기판 위에 형성된 산화막의 두께 측정 방법을 익힌다. … **실습 목적**

산화 웨이퍼 … **실습 재료**

표면 조도계(profilemeter) … **실습 기기**

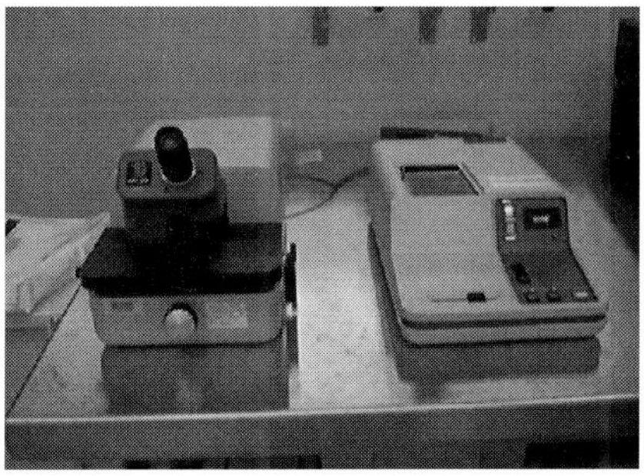

그림 III-24 표면 조도계

… **안전 및 유의사항**

① 웨이퍼에 핀이 접촉된 상태로 이동하면 안 된다.
② 사용 설명서를 실습 전에 충분히 탐독한다.
③ 1000A 이상의 두께에서만 측정이 가능하다.

… **실습 방법**

① 충분히 큰 범위를 설정하여 점차 작은 범위로 진행한다.
② Z 노브를 반시계 방향으로 돌려 받침대를 낮추고 웨이퍼를 중앙에 위치시킨다.
③ 웨이퍼 위에 핀이 오도록 x, y 위치 조절기를 사용하여 받침대를 조정한다.
④ 오른쪽으로 캠 레버를 올려 조도계를 고정하고, 미세 조정 노브를 사용하여 위치를 맞춘다. 핀으로부터 웨이퍼를 낮추기 위해서는 Z 노브를 사용한다.

⑤ 눈으로 보면서 웨이퍼가 첨자와 접촉하도록 받침대를 올린다.
⑥ 리코더의 눈금을 받침대와 Z 노브를 사용하여 맞춘다.
⑦ 자동과 수동을 선택한다.
⑧ 리코더의 방향을 설정한다.
⑨ 펜 스피드를 맞춘다.
50x일 때 : 100 μm, 500x일 때 : 10 μm, 2500x일 때 : 2 μm
⑩ 펜을 종이 중앙에 위치시킨다(slide positioner 사용).
⑪ 시작 버튼을 누른다.
⑫ 웨이퍼를 꺼낸다(먼저 캠 레버를 앞으로 당겨서 낮추어 첨자가 올라오도록 한다). 그 다음에 Z 노브를 반시계 방향으로 돌려 받침대를 낮추고 웨이퍼를 꺼낸다.
⑬ 조도계를 끈다.

22. 웨이퍼 전도 형태 측정

… 실습 목적

열 프로브(hot probe)를 이용한 웨이퍼의 전도 특성(n형, p형 구분)을 측정하는 방법을 익힌다.

… 실습 재료

열 프로브, 웨이퍼, 전압계

… 실습 기기

열 프로브, 전압계, 변압기, 적외선 온도계

… 안전 및 유의사항

① 웨이퍼는 매우 취약하므로 무리한 힘을 가하지 않도록 한다.
② 열 프로브로 남땜 인두를 사용할 경우는 변압기와 적외선 온도계를 사용하여 온도를 알맞게(125℃) 조절한다.
③ 열 프로브의 취급시 화상에 주의하고 실험 후에는 가열부가 노출되지 않도록 덮개를 씌운다.

… 관계지식

반도체 내에서 캐리어의 이동은 드리프트(drift) 운동이나 확산(diffusion) 운동 중 어느 하나에 기인한다. 드리프트 운동이란 전장(電場)에 의한 움직임을 말한다. 전장이 인가되지 않은 반도체 내의 캐리어들은 그림 III-25(a)와 같이 임의의 방향으로 운동한다. 그러나 일단 전장의 영향을 받게 되면 캐리어는 그림 III-25(b)와 같이 일정 방향의 운동 성분을 가지게 되며, 이런 드리프트 성분이 모여 전류를 형성한다. 캐리어는 드리프트 운동 외에 확산 운동에 의해서도 이동하는데, 확산이란 입자들이 농도가 높은 곳에서 낮은 곳으로 랜덤하게 이동하는 것을 말한다. 따라서 물질 내의 전 전류는 캐리어의 드리프트 운동과 확산운동의 합으로 구성된다.

한편, 이동 캐리어의 확산을 이용하면 실리콘 시편의 형태 파악도 가능한데, 고온 영역으로부터 저온 영역으로 확산해 가는 이동 캐리어가 전자이면 시편은 n형, 정공일 때는 p형이라고 판정한다. 예를 들어, 그림 III-26과 같이 실리콘 웨이퍼(wafer)

의 한쪽 영역만을 가열하면 열을 받은 영역으로부터 다수 캐리어가 확산됨에 따라 전압이 유지되므로 시편의 전도율을 측정할 수 있다. 이때 실리콘 시편이 n형이라면 열 프로브(hot probe)의 전압은 상온 프로브에 대해(+)일 것이나 p형이면(−)일 것이다. 이런 측정 기법은 시편 전체를 동일한 불순물로 도핑시킨 모든 경우에 적용 가능하다. 그러나 웨이퍼 표면에 도핑 형태가 다른 물질로 박막을 입힌 경우에는 적용할 수 없다.

실습 방법 …

① 웨이퍼를 웨이퍼 절단용 다이아몬드 팁을 이용하여 3 mm × 20 mm의 크기로 절단한다.

② 열 프로브를 가열하여 125℃ 정도까지 가열한다.

③ 상온 프로브를 전압계의 ⊖측에, 열 프로브를 전압계의 ⊕측에 각각 연결한다.

④ 프로브를 준비된 웨이퍼의 앞면에 가볍게 접촉시킨다.

⑤ 전압계를 관측하여 전압이 ⊕인지 ⊖인지 확인한다(⊕이면 n형, ⊖이면 p형 웨이퍼).

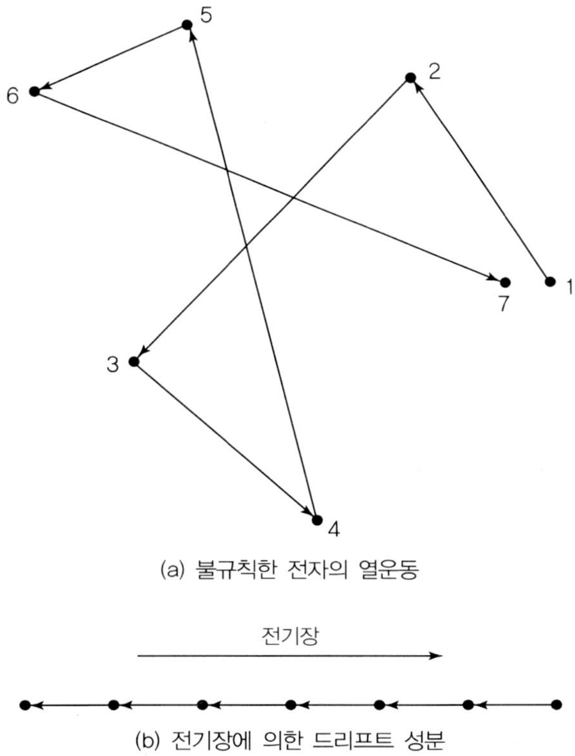

그림 III-25 전기장에 의한 드리프트 운동

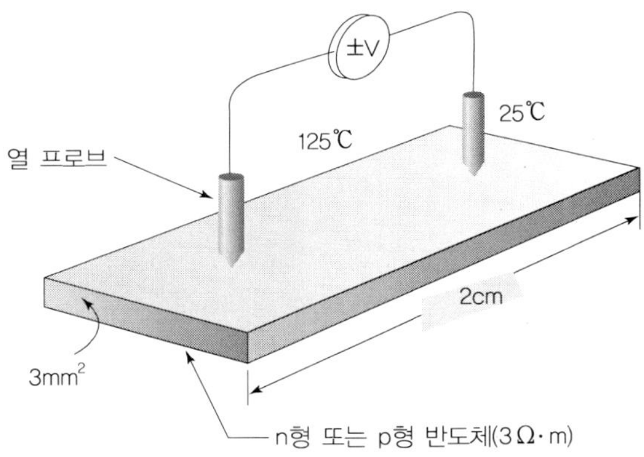

그림 III-26 열 프로브를 이용한 전도 형태 결정

IV

반도체 응용

1. 메모리 반도체
2. 램(RAM)의 동작 원리
3. 비메모리 반도체
4. 반도체 소자 관련 주의사항

21세기 디지털 정보화 시대를 맞이하여 컴퓨터, 디지털 정보, 가전 및 산업용 등 각종 분야에 걸쳐 DRAM(dynamic random access memory)이 널리 사용되고 있다. 이러한 DRAM은 한 개의 트랜지스터와 한 개의 커패시터로 셀을 구성하는 단순한 구조이기 때문에 대용량화와 저렴화가 뛰어나다는 장점을 가지고 있다. 이로 인해 총메모리 수요의 60~70%를 차지하고 있는 PC나 워크스테이션의 주기억장치를 비롯하여 각종 디지털 정보가전 기기에 널리 이용되고 있으며, 그 응용 범위도 계속 확대되고 있다. 따라서 이 단원에서는 반도체의 메모리와 비메모리 제품의 종류와 특성, 반도체 소자 관련 유의사항을 학습한다.

1. 메모리 반도체

학 습 목 표

메모리 반도체를 응용한 제품을 열거할 수 있다.

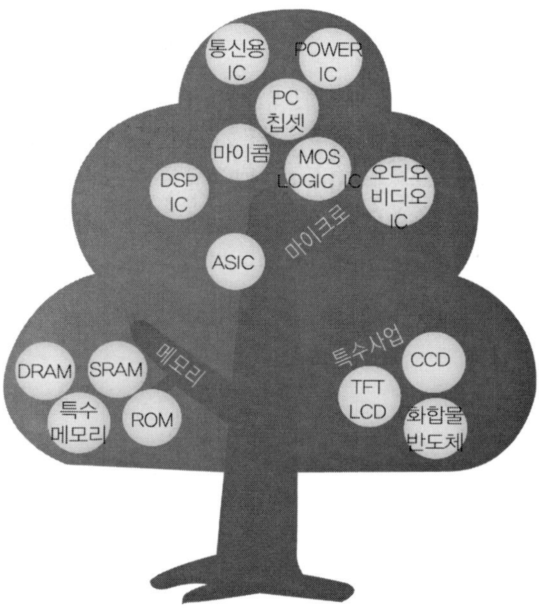

그림 IV-1 반도체 제품 tree

CPU가 필요로 하는 명령이나 데이터를 보관하는 장소를 **메모리**라고 한다. 그 중 데이터를 마음대로 쓰고, 지우고, 읽을 수 있을 것을 RAM(램)이라 하고, 마음대로 쓰고 지울 수 없고 읽을 수만 있는 것을 ROM(롬)이라 한다.

01 RAM(random access memory)

램은 컴퓨터의 메인 메모리(주기억 장치)로 사용되는데, ROM과는 달리 RAM은 데이터의 읽기, 쓰기, 삭제를 할 수 있고, 자기 테이프가 데이터를 찾기 위해 처음부터 주소를 차례차례 읽어나가야 하는 반면, 고속으로 어떤 위치에라도 동일한 시간에 바로 접근(access)할 수 있다. RAM은 기억 방식에 따라 크게 SRAM(static RAM)과 DRAM(dynamic RAM)으로 나뉜다.

SRAM은 구성 회로가 복잡하여 가격이 고가이지만, 속도가 빨라 주로 중앙처리 장치와 주변 장치와의 속도 향상을 위한 캐시 메모리로 사용된다. SRAM에서 2진 정보의 저장은 두 개의 인버터로 만들어진 래치 회로와 두 개의 접근 트랜지스터로 구성된 플립플롭 회로로 되어 있다. 인버터 내부에는 전원 전압과 연결되어 있어서 전하의 누설을 보충해 줄 수 있는 구조이므로 전원을 끄지 않는 한 그 내용이 보존된다.

> ● 용어해설
>
> **래치 회로**
> 어떤 입력에 대한 출력 상태를 다른 입력이 있을 때까지 유지하는 논리 회로

DRAM은 회로가 간단하여 단위 면적당 저장 능력, 소비 전력, 가격 등의 면에서 매우 우수하나, 회로의 특성상 재충전(refresh)을 계속 해주어야 하는 단점이 있다. 이 재충전하는 순간을 대기 상태라고 부르며, 대기 상태에서는 프로세서가 메모리를 읽을 수 없다. 따라서 속도에 치명적인 단점이 있다. D램이 상품화한 것은 1970년 미국 인텔사가 1 KD램을 내놓으면서부터이다.

초기 제품은 대형 컴퓨터에 사용되면서 진화 방향이 주로 용량을 늘리는 데 초점이 맞춰졌으나 1990년대부터 PC에 본격적으로 채택되면서 용량뿐만 아니라 데이터 처리 속도에서도 발전을 거듭하였다. 1990년대 초 나온 EDO(extended data out) D램은 파이프라인이라는 개념을 통해 데이터가 연속적으로 출력되도록 하는 방식을 응용하면서 동작 속도를 기존의 FPM DRAM 제품보다 두 배 수준인 66 MHz로 끌어올렸다.

1990년대 중반부터 PC는 소비자의 '멀티미디어'욕구에 적응해야 하는 과제를 앉게 된다. 이에 따라 등장한 제품이 CPU의 클록 주파수와 DRAM의 신호를 동기화시킨 싱크로너스(sychronous) D램(SD램)으로 처리속도가 100~130 MHz에 달한다. 1990년대 말에는 동작 속도가 기존보다 2~10배 빠른 고속 제품인 DDR SD램과 램버스 D램(RD램)이 등장했다. DDR SD램은 동기 신호(D램을 동작시키는 신호) 한 번에 반응하는 데이터를 기존 D램에 비해 2배로 늘리는 방식을 택해 속도를 2배 이상 향상시켰다. 램버스 D램은 데이터 입출력을 16비트로 구성된 버스라는 독특한 구조를 사용해 동작 속도를 10배 가량 빠른 1 GHz로 향상시킨 제품이다.

표 IV-1 DRAM과 SRAM의 차이점

구분	DRAM	SRAM
충전(reflash)	필요	불필요
접근 속도	저속	고속
회로 구조	단순	복잡
칩 크기	소	대
가격	저가	고가
용도	일반 메모리	캐시 메모리

기존 D램에서 데이터가 1차선 도로를 달린다면 램버스 D램은 8차선 도로를 질주하는 방식이다. D램 진화는 최근에는 속도와 용량 경쟁 외에 D램 자체가 가지는 단점을 극복하는 방향을 추가해 진행 중이다. P램, M램, F램 등이 차세대 제품으로 개발되고 있는데 전력 소모가 적으며 전원이 끊겨도 데이터를 잃어버리지 않는 특징이 있다.

(1) FPM DRAM(Fast Page Mode DRAM)

전통적으로 사용되던 page mode DRAM의 개량된 형태이다. page mode DRAM의 경우 DRAM의 한 셀에 접근할 때마다 행과 열의 주소, 즉 RAS(row address strobe)와 CAS(column address strobe)를 지정하게 되는데, FPM DRAM의 경우 동일 행의 셀에 대해서는 CAS만을 지정하고 차례로 접근하는 방식으로 메모리 접근 속도를 높이는 방식을 취한다. 486급의 PC에서 주로 사용되었다.

> **용어해설**
>
> **RAS(row address strobe)와 CAS(column adress strobe)**
>
> DRAM에서 접근(access)할 때 번지 지정을 위해서 사용하는 신호이다. 대부분의 DRAM은 전체 주소 버스를 두 부분으로 나누어 행(row)과 열(column) 주소를 받아들이는데, RAS는 행주소를 받아들일 때 사용되는 단자이고, CAS(column address strobe)는 열주소를 받아들일 때 사용되는 단자이다. 그러나 경우에 따라서는 행 주소만으로 번지를 지정하는 경우도 있다.

(2) EDO DRAM(Extended Data Output DRAM)

DRAM의 느린 속도와 SDRAM의 비싼 가격을 극복하기 위해 개발되었다. fast page mode보다 발전된 버전으로 CAS 신호를 보관, 유지하는 회로를 추가한 것이다. 이로써 CAS 신호가 주소를 지정하고 나서 계속 활성화되지 않더라도 EDO DRAM측에서는 데이터의 출력이 가능하다. 이로써 한 번 CAS를 지정한 후 바로 대기 상태에 들어갈 수 있기 때문에 FPM과 거의 같은 형태의 메모리이지만, 절반 가까운 타이밍으로 메모리 접근이 가능한 것이다.

(3) SDRAM(Syncronus DRAM)

이전의 램들은 CPU의 높은 클록을 따라가지 못해 DRAM의 신호에 따라 타이밍을 맞추는 비동기식이었다. 이로 인해 빠른 속도의 CPU가 기다려야 하는 타이밍 손실(timing loss) 문제는 시스템 성능을 저하시키는 가장 큰 원인이었다. 이러한 비효율적인 동작을 막기 위해 CPU의 클록과 DRAM의 신호가 동기화되어(synchronous) 동작하는 메모리로 개발된 것이 SDRAM이다. SDRAM이란 명칭은 이어 등장한 DDR SDRAM과 구별하기 위해 SDR SDRAM으로 불리게 되었다.

(4) RDRAM(Rambus DRAM)

램버스사에서 개발한 메모리로 램버스 채널을 이용하여 데이터를 입출력하도록 함으로써 매우 빠른 속도를 낼 수 있다. 이 메모리는 그래픽 전송에서 탁월한 성능을 나타내어 최근 출시되는 고속의 그래픽 카드에 탑재되어 있다. 하지만 RDRAM은 SDRAM에 비해 상당히 낮은 버스 폭을 가지고 있는 약점이 있다. RDRAM의 버스 폭은 16 bit로 대용량 처리의 복잡한 작업을 할 경우 64 bit의 SDRAM에 비해 처리 속도가 낮아진다.

(5) DRDRAM(direct Rambus DRAM)

램버스사에서 SDRAM을 대체하기 위해 개발한 새로운 방식의 D램이다. 메모리 인터페이스에 직렬 버스인 direct Rambus를 채용하여 버스 폭은 16 bit/32bit로 좁지만 높은 전송 속도를 보여 준다. SDRAM의 경우 클록이 높아질수록 메모리 버스상에 병렬로 연결된 DIMM(double inline memory module) 사이의 노이즈 문제가 커지게 되는데, RDRAM에서는 컨트롤러로부터 각 RIMM(Rambus in-line memory module)을 하나로 연결하는 메모리 버스 구조로 이러한 문제를 해결하였다. 그러나 DDR SDRAM에 밀려 주류 메모리로 자리잡는 데에는 실패했다.

표 IV-2 DRAM의 종류와 특성

구분	FPMDRAM	EDORAM	SDRAM	RDRAM	DRDRAM	DDRSDRAM
접근 시간	60~70ns	50~70ns	12~6ns	5ns	2~1ns	2ns
동작 속도	33MHz	66MHz	66~133MHz	600MHz	800MHz	133~200MHz
전송 속도	50MB/s	80MB/s	133~200MB/s	1GB/s	1.6GB/s 6.4GB/s	400MB/s
MPU	386, 486	Pentium	Pentium II Pentium III	Pentium III Pentium 4	Pentium 4	Pentium III Pentium 4
패키지	30pin SIMM	72pin SIMM	168pin DIMM	RIMM	RIMM	DIMM
데이터 버스	8bit	32bit	64bit	8bit	16/32bit	64bit

(6) DDR SDRAM(Double Data Rast Synchronous RAM)

SDRAM의 경우 클록의 첫 신호에 동기해서 데이터를 전송한다. 이의 속도를 개량하기 위해 개발된 DDR SDRAM은 상승 신호(rising edge)와 하강 신호(falling edge)에 각각 동기해서 데이터를 전송하게 된다. 이로써 기존의 SDRAM에 비해 데이터 전송률을 2배로 높일 수 있게 되었다. 소비자와 제조업체 모두 선호하여 PC 플랫폼의 주류 메모리의 자리를 차지하고 있다. 2004년부터는 데이터 처리 속도가 2배 정도 빠른 DDR2SDRAM이 생산되어 차세대 메모리 반도체로 각광을 받고 있다.

(7) F램(Ferroelectric RAM)

F램은 이 강유전체 물질의 특성, 즉 전원을 넣지 않은 상태에서도 축적된 전기를 보존하며, 낮은 전기적 충격에도 민감하게 반응하는 성질을 이용한 램이다. 이로 인해 F램은 D램의 대용량 데이터 저장 기능과 S램의 고속 동작 기능에 전원이 꺼져도 기록된 데이터가 지워지지 않는 장점을 모두 갖추고 있다. FRAM의 재료로는 크게 Y1과 PZT가 있으며, 미국 Symetrix사는 Y_1이 재료의 피로 문제를 극복할 수 있는 구조로 미세화나 대용량화에 맞춘 공정(process)의 진전에 유리하다고 밝히고 있다.

(8) P램(Phase change RAM)

P램이란 물질의 상(phase) 변화를 이용해 데이터를 저장하는 메모리 반도체로, 상이 비정질(非晶質) 상태에서 결정질 상태로 변화될 때 1비트의 데이터를 저장할 수 있다. 이는 기존 반도체의 데이터 저장 방식이나 하나의 셀 내부의 저장 공간에 '0 또는 '1의 데이터를 저장하는 것과 달리 셀에 전류를 흘릴 때 저항이 높은 비정질이 저항이 낮은 결정질로 변하는데서 착안된 것이다. 이때 비정질은 '1, 결정질은 '0으로 기억된다. P램은 기존 메모리들이 실리콘(Si)을 소재로 하는 것과 달리 화합물 반도체(게르마늄 안티몬 텔룰라이드, $Ge_2S_b2Te_5$)를 사용해 이같은 특성을 가질 수 있다. 플래시 메모리의 속도 및 내구성을 1,000배 향상시킨 것으로, 2004년 8월에 국내 S사에 의해 처음으로 64 Mb의 시제품이 개발되어 2006년 상용화될 경우 휴대폰 등에서 폭넓게 사용되고 있는 플래시 메모리를 대체할 것으로 예상된다.

(9) M램(Magnetic RAM)

M램은 정보를 전자적인 형태로 저장하는 기존 반도체 메모리들과 달리 자기적인 형태로 저장하는 메모리로서, 전원을 꺼도 데이터가 유지되는 플래시 메모리의 특성을 지니면서도 대용량 데이터의 고속 입출력을 지원할 수 있다. 비휘발성 메모리이면

● 용어해설

SIMM(single inline memory module)
막대형 기판에 램을 장착하고, 메인보드 슬롯에 기판을 꽂는 형태이다. 보통 기판의 한쪽 면만 사용한다. 설치시에 기판을 약간 기울어진 상태로 슬롯에 끼운 다음, 똑바로 세우면 딸칵 소리가 난다. 30핀, 72핀, 168핀 등이 있다.

DIMM(double inline memory module)
막대형 기판에 램을 장착하고, 메인보드 슬롯에 기판을 꽂는 형태이다. 기판의 양쪽 면을 모두 사용한다. 설치시에 기판을 위에서 아래로 똑바로 딸칵 소리가 날 때까지 끼운다. 그리고 슬롯 양쪽의 고정대를 위로 젖힌다. 144핀, 168핀 등이 있다. 144핀은 주로 노트북에서 사용되고, 168핀은 데스크톱에서 사용된다.

RIMM(Rambus in-line memory module)
RDRAM나 direct RDRAM로 사용되는 메모리 모듈의 규격으로 기본적인 디자인은 DIMM을 답습하고 있지만 호환성은 없다. PC의 메인보드에는 최대 3매까지의 RIMM 모듈을 탑재할 수가 있어 3매 미만을 장착하는 경우는, continuity RIMM라고 불리는 메모리팁을 탑재하지 않는 비어 있는 모듈을 꽂게 된다.

PZT
강유전체 물질로 $Pb(Zr, Ti)O_3$라는 식으로 나타내는 티탄산지르콘산납

Y1합금
Strontium Barium Niobium Tantalate(SBNT)

서 S램과 동등한 속도로 읽고 쓰기가 가능하고 D램과 동등한 고집적도를 실현할 수 있는 잠재력을 가지고 있다. 따라서 모든 반도체 메모리를 대체하여 시장을 석권할 수 있는 품목으로 최근 급속히 주목을 받고 있다. 이런 가운데 M램에 대한 연구가 미국 업체를 중심으로 활발히 이루어지고 있다.

02 ROM(Read Only Memory)

ROM에는 그 쓰임새에 따라 제조시 데이터가 프로그램 되지 않은 상태로 판매되어 사용자가 직접 필요한 정보를 현장에서 프로그램하여 쓰는 필드 프로 그래머블 ROM과 제조시 사용자의 주문에 의한 데이터를 미리 프로그램하여 판매하는 마스크 ROM의 2종류가 있다. 필드 프로그래머블 ROM은 내부의 메모리 셀에 퓨즈 형태의 구조가 있어 프로그램시에는 전기적으로 퓨즈를 차단하는데, 차단된 퓨즈에는 전류가 흐르지 않으므로 전류의 흐름 여부에 따라 2진 정보를 구분하여 낸다. 지금은 필드 프로그래머블 ROM(PROM)보다 여러 번 고쳐 쓰기가 가능한 EPROM이 대부분 쓰이거나 고쳐 쓸 필요가 없이 고정된 데이터가 필요한 곳에는 대부분 마스크 ROM을 사용하고 있다.

(1) mask ROM

마스크 롬은 롬(ROM)의 종류로 제조 과정에서 이미 내용을 미리 기억시켜 놓은 메모리로 사용자가 그 내용을 변경할 수 없는 롬이다. 일반적으로 대부분의 롬은 공장에서 0과 1로 각인되거나 또는 다이 안에 내장된다. 이 다이는 실제로 실리콘 칩을

표 IV-3 롬의 종류

종류	특징
마스크 롬(mask ROM)	– 제조시 내용(프로그램)을 미리 입력하여 한 번 입력된 내용은 변경 불가함 – 대량 생산이 가능함
피롬(PROM)	– 사용자가 내용(프로그램)을 한 번 입력할 수 있음
이피롬(EPROM)	– 기억된 내용(프로그램)을 자외선을 이용하여 지우고 몇 번이라도 다른 내용을 입력할 수 있음
이이피롬(EEPROM)	– 기억된 내용(프로그램)을 전기적인 방법을 이용하여 지우고 쉽게 다른 내용을 입력할 수 있음

말한다. 이것을 마스크 롬이라고 한다. 롬 다이는 사진 석판 기술로 제작한다. 일반적으로 화면에 표시할 수 있는 여러 가지의 문자를 저장해 놓은 컴퓨터의 비디오 카드의 폰트 롬에 많이 사용된다.

(2) PROM(Programmable ROM)

PROM은 아무 내용이 들어 있지 않은 빈 상태로 판매되고 사용자가 PROM 라이터를 이용하여 내용을 써넣을 수 있다. PROM은 PROM 프로그래머라고 불리는 특별한 장치를 사용하여 사용자가 마이크로코드 프로그램을 맞추어 만들 수 있게 허용하는 방법이다. 이 장치는 실제로 퓨즈가 녹도록 전류를 롬 내의 특정 셀에 공급한다. 이 과정을 흔히 PROM을 '굽는다'라고 말한다. PROM은 한 번 이상의 수정이 불가능하기 때문에 사용자에 의해 수정될 수 있도록 설계된 대부분의 롬 칩들은 EPROM이나 EEPROM을 사용한다.

(3) EPROM(Erasable Programmable ROM)

EPROM은 메모리 속에 저장된 내용을 지우고 재사용할 수 있는 PROM으로서 메모리칩의 표면에 부착된 유리창을 통해 강렬한 자외선을 비추면 ROM 내의 내용이 삭제된다.

(4) EEPROM(Electrically Erasable Programmable ROM)

EEPROM은 사용자가 메모리 내의 내용을 수정할 수 있는 롬으로서, 정상 보다 더 높은 전압을 이용하여 반복적으로 지우거나, 다시 기록할 수 있다. EEPROM은 기록된 내용을 수정하기 위해 컴퓨터에서 빼낼 필요가 없다. EEPROM의 특별한 형태가 플래시 메모리인데, 이것은 메모리의 내용을 지우고, 다시 프로그래밍할 때 정상적인 PC 전압을 사용한다.

그림 IV-2 EEPROM 반도체 제품

(5) 플래시 메모리(Flash Memory)

플래시 메모리(플래시 램)는 비휘발성 메모리로서 블록 단위로 내용을 지울 수도 있고, 다시 프로그램할 수도 있다. EEPROM에서 선택 트랜지스터를 제거하여 집적도가 높게 제조할 수 있도록 한 것인데, 선택 트랜지스터가 없으므로 지우기 동작시에 여러 개의 메모리 셀을 블록 또는 섹터 단위로 한꺼번에 지울 수 있어 속도가 빠르다. 플래시 메모리가 일반 램처럼 유용하지는 못 한 이유는 램은 블록이 아닌 바이트 단위의 주소 지정이 가능해야 하기 때문이다.

플래시 메모리는 메모리 셀들의 한 부분이 섬광(flash)처럼 단 한 번의 동작으로 지워질 수 있도록 마이크로칩이 조직화되었기 때문에 이런 이름을 얻었다. 지우기는 Fowler-Nordheim 터널 효과에 의해 일어나는데, 전자들이 얇은 유전체(誘電體) 물질을 관통하여 각 메모리 셀과 결합하여 있는 부유 게이트로부터 전하를 제거한다. 비휘발성 메모리 가운데서 가장 쓰기가 편리하고 집적도 측면에서도 유리하므로 플래시 메모리가 처음 등장했을 때는 하드디스크를 대체할 수 있을 것으로 생각했으나 터널 산화막의 신뢰성 문제로 개발 속도가 늦어져 하드 디스크의 대체 보다는 디지털 휴대 전화, 디지털 카메라, 랜 스위치, 노트북 컴퓨터의 PC 카드, 디지털 셋톱박스, 내장 컨트롤러 등과 같은 다양한 장치들에 사용된다.

그림 IV-3 플래시 메모리 응용 제품

2. 램(RAM)의 동작 원리

학 습 목 표

램의 작동 원리를 설명할 수 있다.

RAM은 어떻게 작동하나?

메모리와 프로세서 사이에는 2종류의 선이 있는데, 하나는 데이터를 전송하기 위한 선으로 데이터 버스(data BUS)이며, 이 선을 통해서 프로세서에서 메모리로, 메모리에서 프로세서로 데이터가 전송된다. 또 하나는 어떤 메모리를 대상으로 하는가를 나타내는 선으로, 어드레스 버스(address BUS)라 부르며, 어드레스 버스는 데이터 버스와는 달리 프로세서에서 메모리로 일방통행을 한다. 어드레스는 PC 내부에서 전화번호처럼 사용된다. 먼저 프로세서는 대상으로 할 메모리를 나타내는 번호를 2진수로 바꾼 후에 어드레스에 보낸다. 이것을 받는 것은 어드레스에 접속되어 있는 어드레스 디코더(address decoder)라는 제어 회로(교환기와 같은 역할을 하는 회로)가 보내오는 어드레스를 해독해서 어떤 메모리칩에 대상 메모리가 있는가를 결정하며, 그 칩만을 사용 가능한 상태로 만든다. 그 이후는 메모리용 칩의 구성에 따라 다르지만 8비트 단위에서 데이터를 꺼낼 수 있는 칩이라면 그 출력을 데이터 버스에 보내 서 프로세서가 꺼낼 수 있도록 하는 것이다.

그러면, 램(RAM)에 데이터를 저장(write)하는 방법과 읽는(read) 방법을 그림을 이용하여 알아보자.

01 | 데이터 저장하기 – write

〈참고〉 컴퓨터가 이진수로만 작업하기 때문에 대문자 A는 2진수 01000001로 RAM과 디스크에 저장된다. 대문자 B는 01000010이다. 그림 IV-5(a)는 RAM칩에 바이트로 저장된 대문자 A를 보여준다. 어드레스 라인에 있는 8개의 축전지 중 첫째는 충전되어 있지 않고, 둘째는 충전되어 있으며, 다음 5개는 충전되어 있지 않고 여덟째는 충전되어 있다.

1 OS와 조화를 이룬 소프트웨어는 RAM칩에 식 각(etching)되어 있는 미세한 섬유 물질인 전도성 어드레스 라인을 따라 전류를 보낸다. 이 전기 신호는 RAM칩의 많은 어드레스 라인 중에서 기록된 데이터가 있는 곳을 알려준다.

2 데이터가 저장될 수 있는 RAM칩의 각 메모리 위치에 전기 신호가 데이터 라인에 연결된 트랜지스터를 켜거나 닫는다. 트랜지스터는 미세한 전기 스위치라고 볼 수 있다.

3 트랜지스터가 켜지는 동안 소프트웨어는 선택된 데이터 라인을 따라 전기 신호를 보낸다. 각각의 신호는 비트-프로세서의 본래 언어이고 컴퓨터가 조작하는 정보의 최종 적인 단위인 1이나 0을 나타낸다.

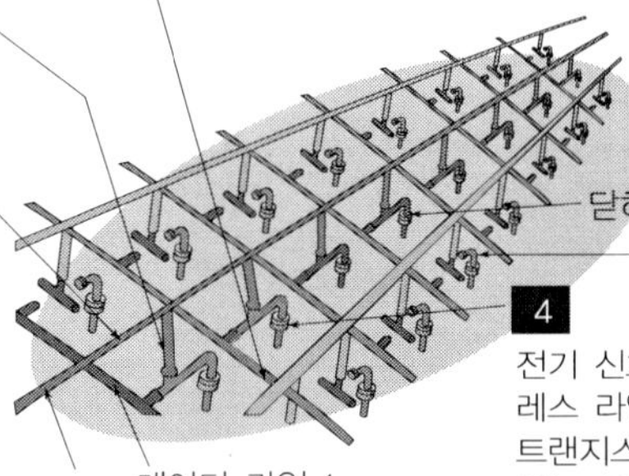

4 전기 신호가 트랜지스터가 켜졌던 어드레스 라인에 도달할 때 펄스는 닫혀 진 트랜지스터를 통해 흐르고 전기를 저장하는 전기장치인 축전기에 충전시켜준다. 이러한 과정은 축전기의 충전을 다시 시작할 때까지 계속적으로 반복되는데, 그렇지 않으면 천천히 전기가 새어 나간다. 컴퓨터의 전원이 꺼지면 모든 축전기가 그 전하를 잃는다. 어드레스 라인 안에 있는 각 충전된 축전기는 2진수의 1을 나타낸다. 충전되지 않은 축전기는 2진수의 0을 나타낸다. PC는 모든 정보를 저장하고 조작하는 데에 2진수인 1과 0을 사용한다.

(a) 가상도

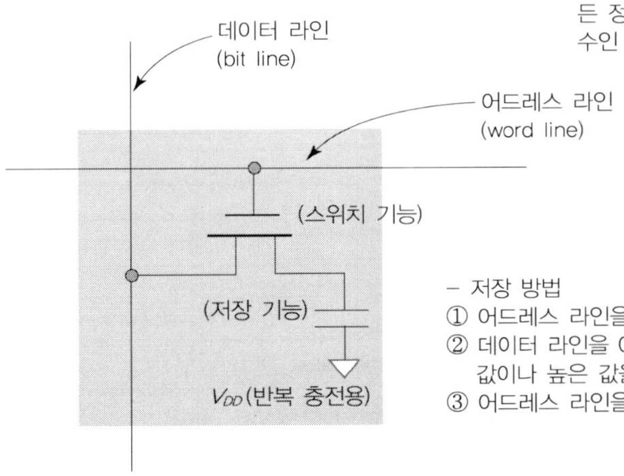

– 저장 방법
① 어드레스 라인을 높은 값으로 가지게 한다.
② 데이터 라인을 0이나 1을 저장하기 위해 낮은 값이나 높은 값을 선정한다.
③ 어드레스 라인을 낮은 값으로 한다.

(b) 회로도(1 bit DRAM cell)

그림 IV-4 램(RAM)에 데이터가 기록되는 원리

02 데이터 읽어오기-read

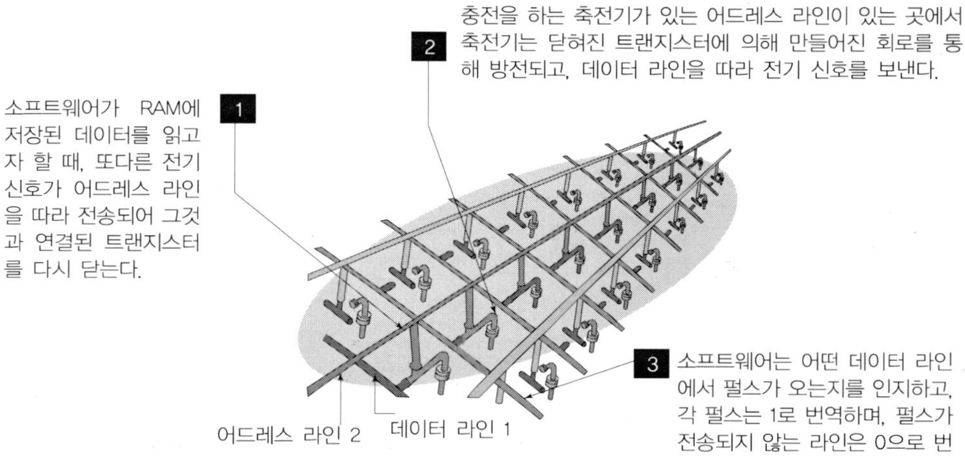

(a) 가상도

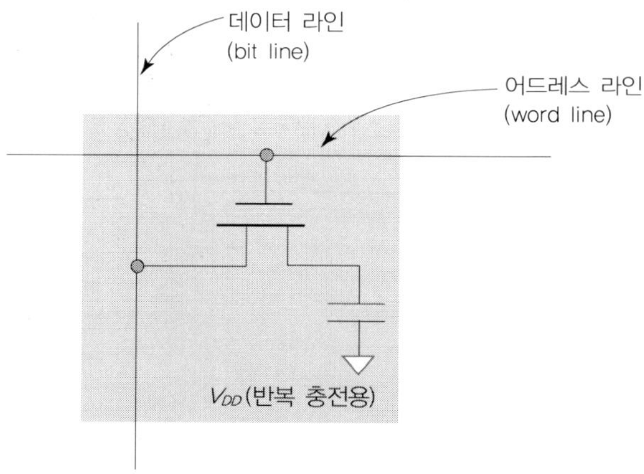

(b) 회로도(1 bit DRAM cell)

- 읽는 방법

① $\frac{V_{DD}}{2}$로 데이터 라인을 미리 충전한다.
② 어드레스 라인을 높은 값으로 한다.
③ 데이터 라인을 통해 셀의 내·외로 전류가 흐르는지 확인한다.

그림 IV-5 램(RAM)에서 데이터가 읽히는 원리

3. 비메모리 반도체

학 습 목 표

- 비메모리 반도체 제품의 특징을 설명할 수 있다.
- 특수 반도체에 해당하는 소자들의 특성과 활용 분야를 열거할 수 있다.
- 비메모리 반도체 제품의 시장 동향과 앞으로의 전망을 예측하여 발표할 수 있다.

비메모리 반도체는 크게 특정 업체의 요구(need)에 맞게 설계된 전통적인 ASIC 제품과 특정 용도이긴 하나 응용 시장에서 검증되어 다수의 업체에게 공급되는 범용 IC인 ASSP(Application Specific Standard Product) 제품과 특수 반도체 제품으로 구분된다.

메모리를 제외한 반도체 제품을 통칭하여 비메모리 또는 마이크로(micro) 제품이라고 한다. 범용 IC(standard integrated circuit)는 우리가 필요에 따라 쉽게 구할 수 있는 IC들을 지칭한다. 반면, 주문형 IC(custom integrated circuit)는 특별한 사용자를 위해 개발된 IC로서 개발을 의뢰한 사용자에게만 공급되기 때문에 특정한 용도의 목적에만 사용할 수 있는 IC라 하여 ASIC라고 하기도 한다.

01 ASIC

ASIC는 어플리케이션 스페시픽(application specific) IC의 약자로 고객의 주문에 의하여 설계된 특정 회로를 반도체 IC로 응용 설계하여 주문자에게 독점 공급하는 고객(user) 전용 규격의 IC를 말한다. 신속하고 다양한 설계 능력을 필요로 하는 제품으로서, 다품종 소량 생산 체제에 맞는 유망한 사업 분야이다.

주문형 IC는 표 IV-3과 같이 완전 주문형 집적 회로(full-custom IC)와 반 주문형 집적 회로(semi-custom IC)로 구분되고, 반주문형 집적 회로는 PLD와 게이트 어레이(gate array), 스탠더드 셀(standard cell)로 대표되며, 스탠더드 셀의 개념을 확장하여 셀 라이브러리(cell library)를 포함하는 설계 방법이 응용되고 있다.

이러한 비메모리 반도체는 알고리듬(algorithm) 개발이 선행되어야 하는 고부가가치 산업으로 알고리듬 개발은 오랜 연구기간이 필수적이며, 한 번 시장이 열리면 상당 기간 시장의 주도권을 행사할 수 있다.

● 용어해설

알고리듬(Algorithm) 또는 알고리즘(algorism)
계산법[算法]·해법·작도·정보 처리의 순서·과정의 뜻으로 사용되는 수학·정보 과학·컴퓨터 용어.

(1) ASIC 디자인 방법의 변천사

표 IV-4 ASIC 디자인 방법의 변천사

제1세대 (1980년대)	캐드(CAD)를 사용하여 회로(schematic entry) 설계, 시뮬레이션(simulation) 및 배치 설계(layout) 수행
제2세대 (1990년대)	회로 설계를 HDL이라는 언어를 이용하여 표현하고, 합성(synthesis)을 수행함으로 써 원하는 회로를 구현하는 시대
제3세대 (1990년대 말)	회로 설계를 유한 상태 기계(finite state machine), 진리표(truth table), 흐름도(flow chart) 등의 도식적인 설계(graphical entry)로 구현하고, 이를 컴파일(compile)하여 HDL 코드(code)를 생성, 이를 합성(synthesis)하여 회로를 구현하는 시대

(2) 개발 순서

아이템 선정 → 알고리즘 개발 → 논리 회로(logic) 설계 → 제조업체 선정

제조 공정에 맞는 배치도 제작 → 양산 → 시장 공급

(3) 장점 및 단점

표 IV-5 주문형 반도체의 장점 및 단점

장 점	단 점
– 경박 단소화(고집적화, 소형 경량화, 성능 향상) – 저전력화, 시스템 기술 보호 – 부품 수급난 해소, 경쟁력 강화 – 설계 시간 단축 : HDL 및 FPGA로 시스템 설계 – 원가 절감 : 비용, SOC, 생산성 향상 – 신뢰성 향상 : 부품의 최적화, 공정의 단순화, 자동화, 기능의 복합화에 대처	– 초기 개발 비용이 고가 – 설계 실패 부담감 과중 – 목표 변경에 따른 수정이 어렵다. – 수량이 적을 때 가격이 고가

(4) 분류

표 IV-6 주문형(ASIC) 반도체의 종류

반주문형	PLD	최종적으로 제조한 후에 프로그램되는 IC
	게이트 어레이	기본적인 게이트들을 여러 개 배열해 놓고 이들 사이의 배선만 이어 주는 것
	스탠더드 셀	카운터, 타이머, 플립플롭 등 기본적인 부품을 칩에 미리 구성해 놓은 설계 라이브러리(library)를 이용하여 원하는 회로를 구성하고 제품화 하는 것
완전 주문형		사용자 주문 그대로 처음부터 회로를 설계하여 만드는 것

용어해설

PLD(programmable logic device)
프로그램이 가능한 논리 회로 소자

(5) 비교

표 IV-7 주문형 반도체의 종류에 따른 특징

구분		면적	성능	NRE 비용	칩당 제작비	개발 기간
반주문형	PLD	매우 큼	저속	없음	초고가	단기
	게이트 어레이	큼	중속	보통	고	중기
	스탠더드 셀	보통	중고속	고가	중	중장기
완전 주문형		작음	고속	초고가	저	장기

NRE(non-recurring engineering : ASIC 시작품 제작을 위해 드는 순수 개발 비용으로 마스크 비용, 웨이퍼 비용, 설계용역 비용 등)

02 범용 IC(ASSP)

(1) Microcomponent

마이크로컴퓨터를 구성하기 위한 핵심적인 부품으로 MPU(Micro Processor Unit), MCU(Micro Controller Unit), DSP(Digital Signal Processor), chip set, graphic IC를 총칭한다.

(2) 선형(liner) IC

제반 신호의 표현, 처리를 연속적인 신호 변환에 의해 인식하는 아날로그(analog) IC를 말하며, 민생용의 audio/video IC, 통신용 IC, 신호 변환기용 IC, LCD driver IC 등이 이에 속한다.

(3) 전력(power) IC

전원 전력 시스템에 적용되는 스위칭용 소자 및 컨트롤(control) 핵심 부품으로 power TR, power MOSFET, PWM IC 등을 총칭한다. 응용 분야로는 SMPS, ballast, UPS, 인버터(inverter), AC-DC 컨버터(converter) 등 모든 전원 분야에 사용된다.

● 용어해설

- PWM(pulse width modulation)
  펄스폭 변조
- SMPS(switching mode power supply
  스위칭 방식 전원 공급 장치
- UPS(uninterruptible power supply)
  무정전 전원 공급 장치
- ballast
  전자식 안정기
- TN(시계용)
  twisted nematic
- STN(초기 노트북용)
  super twisted nematic
- TFT(현재 대부분 사용)
  thin film transistor

03 특수 반도체

(1) LCD

리퀴드 크리스털 디스플레이(liquid crystal display)의 약자이다. 액정 표시 소자를 이용하여 문자, 숫자, 그래픽, 그리고 영상 등을 표시하는 장치이다. 2개의 유리판 사이에 액정을 넣고 전압을 가해 줌으로써 원하는 화면을 나타내도록 한 디스플레이 장치이다. 1968년 미국 RCA사에 의해 처음 디스플레이에 응용되었으며, 제조 방식에 따라 시계용의 TN과 초기 노트북용의 STN, 현재 가장 많이 사용되는 TFT로 구분된다.

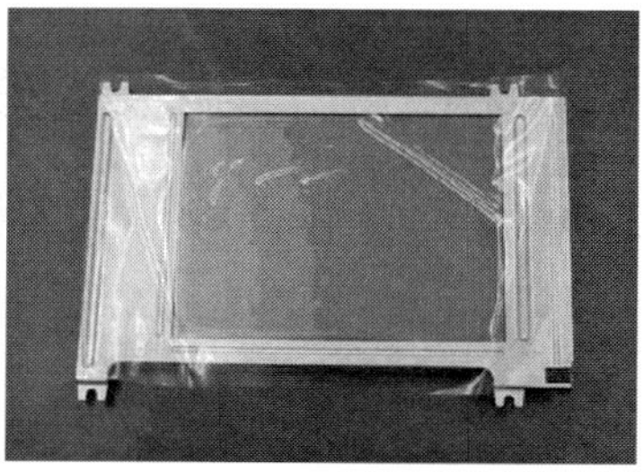

그림 IV-6 LCD 완성품

(2) 이미지 센서

최근 디지털 카메라가 큰 인기이다. 필름도 없는 디지털 카메라가 어떻게 사진을 찍을 수 있을까? 이는 디지털 카메라 안에 있는 이미지 센서가 필름의 역할을 하기 때문이다. 이미지 센서는 수많은 광센서를 결합시킨 것이다. 디지털 카메라에서 '몇 백만 화소'라는 말을 하는데 화소 수가 많을수록 사진의 화질이 좋다. 2004년 현재 일반 제품 중 가장 좋은 것은 800만 화소 정도이며, 값은 100만원 정도이다. 이런 디지털 카메라는 사진을 찍은 뒤 A4 크기로 사진을 출력해도 아날로그 카메라와 큰 차이가 없다. 이미지 센서는 네모난 판처럼 되어 있고, 그 위에 수많은 광센서들이 화소 수만큼 붙어 있다. 따라서 400만 화소라면 400만 개의 광센서가 이미지 센서에 붙어 있다.

이미지 센서는 각 화소로부터 반사광의 강, 약을 전기적인 신호로 변환한다. 광자를 전자로 전환하여 디스플레이로 표시하거나 저장 장치에 저장할 수 있게 하는 반도체로서 고체 촬상 소자(CCD : Charge Coupled Devices)와 상보성 금속산화물 반도체(CMOS : Complementary Metal Oxide Semiconductor) 센서인 밀착형 이미지 센서(CIS : Contact Image Sensor)가 있다. 또, 이미지 센서는 기능의 특성에 따라 영역(area) 이미지 센서와 선형(linear) 이미지 센서로 나눌 수 있다.

그림 IV-7 이미지 센서

(3) 화합물 반도체

주기율표상의 III족과 V족 원소들의 화합물을 이용한 반도체 제품으로 갈륨비소(GaAs), 질화갈륨(GaN) 반도체가 대표적이다. 실리콘 반도체와는 달리 빛을 내고 동작 속도가 매우 빠르기 때문에 전광판이나 전자제품의 전원 램프에 사용되는 발광 소자와 정보 전달 속도가 매우 빠른 고속 소자로 사용되고 있다. 현재 개발되고 있는 대부분의 차세대 메모리 소자는 화합물 반도체를 사용하고 있는데, P램은 게르마늄-안티몬-텔루라이드, F램은 납-지르코늄-티타늄 등을 사용한다.

04 시장 동향

세계 반도체 시장에서의 시장 규모는 메모리 반도체가 20%, 비메모리 반도체가 70%, 개별 소자가 10% 정도로 비메모리 반도체가 3배 이상 많다. 2000년에 전세계 ASIC가 기본이 되는 비메모리 반도체 시장 규모는 1,380억 달러에 대해 전체 반도체 시장 1,820억 달러의 76%를 차지하였으며, 오는 2006년까지 연평균 10% 내외의 안정적인 성장을 지속할 것으로 예상하고 있다. 시장 성장을 주도하는 품목은 인터넷, 휴대폰, 디지털 가입자 회선(XDSL) 모뎀, 케이블 모뎀 등 통신 네트워크와 디지털 TV, 디지털 다기능 디스크(DVD) 플레이어 등 멀티미디어 분야이다.

CCD와 CMOS(CIS) 등 이미지 센서 전체 매출 규모는 2002년 13억 8,635만 달러에서 2006년에는 15억 6,669만 달러로 성장할 것으로 예상된다.

국내의 ASIC 시장은 2000년에 약 53억 달러에 달했으며, 이 중에서 70% 가까운 37억 달러 상당의 제품을 수입에 의존하였다.

4. 반도체 소자 관련 주의사항

학 습 목 표

반도체 소자의 사용시 주의사항을 설명할 수 있다.

01 IC 제작 환경상의 주의사항

(1) 정전기

IC는 정전기에 약하며, 특히 건조한 겨울철에는 정전기가 발생하기 쉽기 때문에 각별한 주의가 필요하다. IC를 취급할 때에는 먼저 지면에 손을 접촉시켜 인체의 정전기를 완전히 방전해야 한다. IC의 소형화와 집적화에 의해 감당할 수 있는 전력이 작아 정전기에 의한 손상이 크다. 주된 손상으로는 반도체 소자의 성능 저하, 고감도의 미세한 회로의 파괴, 디지털 시스템의 교란으로 인한 저장 프로그램의 파괴 등이 있다.

(2) 납땜

가장 주의해야 할 점은 온도이며, 특히 땜납에 담글 때에는 더욱 주의가 필요하다. 납땜을 할 때에는 누전에 주의하고, AC 전원이 누전되어 IC를 파괴할 수도 있다.

(3) 방열판

반도체 소자와 방열판 간의 열전도를 잘 되게 하기 위해 실리콘 수지를 사용하며, 실리콘 수지는 틈새가 없도록 가능한 한 얇게 바르는 것이 좋다. 방열기를 나사로 고정할 때에는 너무 힘주어 조이지 않도록 조심할 필요가 있다. 너무 세게 조이면 내부의 칩이 깨져 버리는 경우도 있다. 또, 소자와 방열기 사이에 이물질이 들어가지 않도록 주의해야 한다.

02 사용 환경상의 주의사항

(1) 온도 환경

일반적인 IC는 사용 온도를 섭씨 85℃까지만 보증하고 있다. 기온이 85℃ 가까이 오르는 일은 없지만, 밀폐된 케이스에 설치되어 있거나 방열이 나쁘면, 주위 온도가 85℃를 넘는 경우가 있다. 특히, 소비 전력이 큰 소자는 더욱 주의가 필요하다.

(2) 강한 전류계 강자기장

IC를 강한 자기장에 노출시킬 경우, 몰드 수지와 IC 칩 내부의 분극 현상으로 누설 전류가 증가하는 일이 있다. 텔레비전의 편향 요크의 근방에 LSI를 설치한 경우, 오동작을 일으켰다고 하는 사례도 있다. 이러한 경우에는 설치 장소의 변경이나 전기장·자기장의 차폐가 필요하다.

(3) 외부 광(적외선)

반도체 소자는 빛에 노출되면 광전 효과에 의해 유도 전압이 발생해 오작동을 일으키는 경우가 있다. 몰드 수지에 따라서 적외선을 통하는 것이 있으므로 주의가 필요하다.

03 시스템 설계상의 주의사항

(1) 최대 정격

최대 정격이란, 한 순간이라도 초과되면 안 되는 규격이다. 최대 정격의 항목에는 단자 전압, 전류, 허용 전력, 온도 등이 있다. 최대 정격을 초과하면 소자가 열화되거나 파손될 수 있다. 외부로부터의 서지 전압이 걸리는 우려가 있는 경우에는 최대 정격을 초과하지 않도록 보호 회로를 사용할 필요가 있다.

● 용어해설

서지 전압(surge voltage)
스위치의 개폐시에 생기는 과도 전압으로 수 μs 정도의 짧은 시간으로도 반도체 소자가 파괴될 수 있다.

(2) 래치 업(latch up)

CMOS 구조의 소자에 래치 업(latch up)으로 불리는 특이한 상태가 있다. 이것은 CMOS IC에 있는 PNPN 접합(사이리스터 구조)부가 외부의 전압 변동이나 전기적 잡음 등으로 작동(turn on)해 IC에 수백 mA 이상의 대전류가 흘러 소자의 동작을 방해 또는 파괴에 이르게 하는 현상이다. 래치 업은 입·출력 전압이 정격을 초과하여 내부 소자에 큰 전류가 흘렀을 경우, 또는 전원 단자의 전압이 정격을 넘어 내부 소자가 항복 상태가 되었을 때에 일어난다. 이 경우 정격 외의 전압 인가가 순간이라도 한 번 IC가 래치 업 상태에 도달하면 대전류는 사이리스터 구조에 의하여 전원을 끌 때까지 계속 유지되면서 흐른다. 래치 업을 방지하려면 다음 사항에 유의하여야 한다.

- 입출력 단자의 전압 레벨을 V_{CC}(공급 전압)보다 높게 하거나 V_{SS}(접지 전압)보다 낮게 하지 않는다.
- 비정상인 노이즈나 서지가 들어가지 않게 한다.
- 미사용 입력 단자의 전위를 V_{CC} 또는 V_{SS}에 고정한다.
- 출력 단자를 합선시키지 않는다.
- SOI 기판을 사용한다.
- 에피층을 사용한다.

(3) 열 설계

반도체 소자의 고장률은 사용 온도에 의해 크게 영향을 받으며, 내부의 온도는 주위 온도와 소자의 소비 전력에 의해 온도가 상승된다. 신뢰성 확보를 위해서는 다음 사항에 유의해야 한다.

- 소자 주변의 온도는 발열의 영향을 피해 가능한 한 낮게 유지한다.
- 소자의 소비 전력이 커지는 경우에는 방열기와 강제 공랭을 사용한다.
- 소비 전력을 낮추기 위해 디레이팅(derating)하여 사용한다.

> ● 용어해설
> **디레이팅(derating)**
> 신뢰성을 개선하기 위하여 계획적으로 부하(負荷)를 정격치로부터 경감하는 것

04 반도체 소자의 수명

(1) 열 응력

온도는 수명을 짧게 하는 주요인이다. 특히, 소비 전력이 큰 소자는 디레이팅(derating)시켜 온도를 낮추는 것이 신뢰성을 높이는 가장 좋은 방법이다. 온/오프의

반복에 의한 온도 변화도 수명에 영향이 있다. 온도 변화가 있으면 열팽창 계수의 차에 의해 반복 응력이 발생하여 접합 부분이 파손(단락)된다.

(2) 전류 유동(electro migration)

배선에 전류가 흐를 때 배선을 구성하는 원자가 줄 열에 의한 온도 상승으로 전자의 흐름에 밀려 이동하는 현상을 의미한다. IC의 칩에서는 수 마이크로미터 굵기의 알루미늄으로 배선을 하고 있다. 따라서 알루미늄은 전류 밀도가 높아지면 원자들이 입계를 따라 유동을 일으켜 단선되게 된다. 일반적으로는 이러한 것들이 발생되지 않게 충분한 굵기로 설계하고 있다.

(3) 응력 유동(stress migration)

알루미늄 배선은 실리콘 기판과 보호막(SiO_2) 사이에 위치해 있다. 보호막은 수백 ℃의 고온에서 형성되므로 상온으로 냉각될 때 열팽창 계수의 차로 알루미늄과의 계면에서 응력이 발생한다. 이러한 응력이 커지면 알루미늄 원자가 유동(migration)을 일으켜 단선되게 된다.

(4) 알루미늄 부식

몰드 수지는 어느 정도 수분을 흡수한다. 또, 수지와 리드(leed)의 계면은 박리하기 쉬워서 그 사이로부터 수분이 침입할 수 있다. 수분과 함께 염소 이온이 유입되면, 알루미늄 배선을 부식시켜 단선이 되게 한다. 납땜의 플럭스에는 염소 이온이 들어있어 납땜 후에 세정이 충분하지 않으면 알루미늄을 부식시킨다.

(5) 표면 오염

수분과 함께 나트륨 이온이 칩에 유입되면 오염에 의한 장해가 생긴다. 나트륨 이온은 실리콘 산화막 중에서 자유롭게 이동해 전위가 낮은 곳에 모이게 되며, 모인 이온이 칩 표면에 누설 전류를 발생시켜 고장의 원인이 된다. 보호막은 나트륨 이온을 차단하지만, 이 막에 결함이 있으면 침투하게 된다.

(6) 납땜 취화(embrittlement) · 리드 금속 피로

전원의 온/오프 등에 의한 온도 구배가 있으면, 열팽창 계수의 차에 의해 응력이 발생한다. 기판과 소자 간의 열팽창 계수의 차에 의한 응력은 리드와 납땜에 대부분 흡수되어 응력이 반복되면 리드 금속은 피로가 쌓이게 되고, 납땜의 취화가 진행되어 리드가 변형되든지 납땜 부분이 떨어져 나간다.

읽을거리

IC의 가격은 왜 이렇게 내리는 것인가?

IC의 가격을 정하는 요소는 직접도와 양품률이라고 할 수 있다. 집적도라고 하는 것은 단위 면적에 어느 정도의 많은 소자가 들어가 있는가를 나타내는 것으로서 미세화가 진행될수록 더 높아지게 된다. 미세화에 관해서는 스켈링 이론이라는 것이 있다. 이것은 어떤 조건을 기준으로 하여 IC의 크기를 그대로 비례 축소한다는 것이다. 스켈링 이론대로 하면 크기가 70% 축소하면, 면적은 약 반 정도로 작게 되므로 단순히 가격도 반으로 떨어지는 것이 된다. 이 결과 날마다 '더 빨리, 더 싸게, 더 작게' 디지털 데이터를 처리할 수 있다.

※ 무어의 법칙=디지털 기술의 원천인 반도체의 집적도(集積度)는 3년마다 4배로 증가한다.

찾아보기

Related Title

반도체 알고보면 쉬워요

I S B N	9788972835813
저 자	김영석, 조경록
정 가	9,000원
출간년도	2007

반도체 설비 자동화

I S B N	9788972839514
저 자	허준영
정 가	19,000원
출간년도	2011

반도체 공정

I S B N	9788972836605
저 자	김학동
정 가	15,000원
출간년도	2008

CMOS IC 레이아웃 : 개념, 방법론 및 도구

I S B N	9788972837299
저 자	이제현, 안태원
정 가	22,000원
출간년도	2009

저자약력

김학동
現 대중금속공업고등학교 재직 중

이선우
2004. 4 ~ 2010. 2 삼성전자 반도체 연구소 책임연구원
現 인하공업전문대학 전기정보과 교수

이세현
現 한국조명연구원 선임연구원

정가 17,000원

반도체 공정과 장비의 기초

2012년 8월 23일 초판 인쇄
2012년 8월 30일 초판 발행

저　자 : 김 학 동·이 선 우·이 세 현
발행자 : 우 명 찬·송　준
발행처 : 홍릉과학출판사
주　소 : ㊝ 142-885 서울시 강북구 인수동 455-60
등　록 : 1976년 10월 21일 제5-66호
전　화 : 999-2274~5, 996-8341, 903-7037
팩　스 : 905-6729
ISBN : 978-89-97570-34-8

hongpub@hongpub.co.kr
www.hongpub.co.kr

저자와의 협의하에 인지생략